U0174595

汤欢 著

传统文化中的草木之美

古典植物园

2

商务印书馆
The Commercial Press

图书在版编目(CIP)数据

古典植物园.2,传统文化中的草木之美/汤欢著.—北京:商务印书馆,2023

（自然感悟）

ISBN 978-7-100-22578-6

Ⅰ.①古… Ⅱ.①汤… Ⅲ.①植物—文化研究—文集 Ⅳ.①Q94-05

中国国家版本馆CIP数据核字(2023)第104694号

古典植物园2:传统文化中的草木之美

汤 欢 著

———————————————————

商 务 印 书 馆 出 版

（北京王府井大街36号 邮政编码100710）

商 务 印 书 馆 发 行

北京雅昌艺术印刷有限公司印刷

ISBN 978-7-100-22578-6

———————————————————

2023年10月第1版　　　　开本880×1230 1/32

2023年10月北京第1次印刷　印张13

定价:78.00元

盛夏时节，收到汤欢新著《古典植物园2》清样。读其中银杏篇时，思绪飘飞，想起自己大学时的一次春游。二十多年前的那天下午，我与伙伴们沿鹫峰脚下的窄轨铁路迤逦南行，和大觉寺不期而遇。乘兴入寺，便发现了那棵巨大的银杏。它悄无声息地生长在无量寿佛殿北，需四五人才能合抱；虽已历千年，仍满树新枝嫩叶，在渐渐昏黄的日光里，绿得优雅，绿得敦厚，沉静中隐隐有生机无穷。大化中自有这样的灵物，阅尽沧桑，仍渊默地生、博大地生，和代代过客适然相逢。

我也是这过客中的一个。在如此相逢的一瞬间，心头温暖，好似得到耆老的抚慰，同时难免浮想联翩——如我一般的游人们，他们在和此树偶遇时，曾有怎样的感发、生出过怎样的故事呢？

随之意识到，在人的生命世界里，草木不可能只是冰冷的物。不用说这历劫犹存的古树，哪怕一株负霜速朽的衰草，都不可能只是冰冷的物。我辈在一花一树前匆匆转身也好，盘桓良久也好，所生之感发，都是会在性灵中留下印记的。这感发或不过是无牵无挂的生命直觉，或浸透着深厚的人生滋味，要之，岂能离草木而孤生。感发既真，则此心中，草木自然美好、自然含情。

这样说来，能与草木共在，于人是何等地幸运。至于如何珍惜这幸运，倒也是因人而异的。

有一种珍惜更在意心物相感的瞬间，更在意美的愉悦。正所谓"相逢何必曾相识"，大觉寺那株古树是叫作银杏还是别的什么，它在人间有哪些故事，于此都不必刻意追索。这样的珍惜，自有一份洒落超卓在其中。

另一种珍惜便并不如此。它以执着地追问为特征。在人的世界里，草木有过哪些名字、性状怎样？它们在何种情境中被人写入诗章、形诸图像？追问这些，看起来不甚超卓，却正开显着此生的滋味。我相信西哲的话：求知乃人的本性。我辈可以并不在乎某株古树的名字与故事，但一种对所有草木均不知其名、不问其故事的生命状态是否可能？果真有那种状态，生命似乎也会在洒落的同时，变得轻飘飘远离人间意趣了。何况此类追问，本就是与兴发感动"合则双美"的。"求知"与"感发"间，哪里存在什么不可跨越的鸿沟呢？除开求知，人的本性恐怕另有一端，那便是渴求理解、渴求共鸣。而经追问才有身份可辨、有故事可说的草木，会让这理解、共鸣成为可能。一旦它们成为晤言的内容，我辈或许会和随缘偶遇者倾盖如故，会在与良朋相逢时意兴更浓。至于尚友古人时，也是这样。在先贤遗作中与自己熟悉的草木相见，该是一种怎样的幸福与感动？那一瞬间，古今界限消失了。那一位位非凡的作者，他们在世间真实地爱过、写过。他们曾因我熟悉的草木生发真切的悲和喜，为我熟悉的草木挥毫造境。念及这些，他们和我就再没有隔阂。

于是可知，多识于草木之名，在活泼的情境中品读草木、领会草木，其义大矣。至于如何去"识"、如何"品读""领会"，爱草木者自有不同的路。在我眼中，将名物考辨、作品品读、人生情趣熔于一炉，打通"认知"与"审美"，在古今中西草木情境中自由驰骋，是汤欢努力在走的路。进入他笔下四季草木的世界，我于植物知识不求甚解的旧病是得到了医治的。他谈及草木与饮食关系的文字，又让我馋虫大动，齿颊生香。而他征引、玩味的古人诗章，也多有深趣、引人沉思——杨万里咏银杏那句"小苦微甘韵最高"便是佳例之一。当然，另有一些文意探究，或还有见仁见智的余地。《卫风·木瓜》是否确如《小序》所说，系卫人感念齐桓公而作？如何看待诸般花草在《红楼梦》中的寓意？此类问题所涉文本语境每多虚灵，相关可信外围史料又未必足征，故而有关"本意"的答案就不见得是唯一的。在这些地方，汤欢给出自家观点，读者"疑义相与析"，亦属读书之乐。不管怎样，汤欢在这条路上的尝试，是让我敬佩的。他曾借用前辈学人的话，把自己的尝试称作"探险"，我觉得颇为恰切。因为从这本书里，我读得出真诚的探究、朴实的感发、可贵的好奇心。它们正是我所理解的探险精神之要质。而且在我心里，一个丰盈、活泼的生命，理应兼容这些品格。

岁月飘忽，转眼间，我和汤欢已相识十三年了。课堂内外的讨论、大洋彼岸的问候、音乐沙龙里的分享、热闹非常的毕业季，诸多旧事虽已过去好久，却好像近在眼前。过往三载，世事扰攘。此际读到故人佳作，觉得精神清畅。草木故事能成为我和故人彼此理解、共鸣的新机缘，这在很多年前是不曾想到的。也许他日校园重逢，我们会边走边聊，和熟悉的石榴、蜡梅、海棠、梧桐欣然相遇。那时候，该生出多少美妙的感发。可能另有某一天，我们会怀着新的期待，一拍即合，同去大觉寺探访那棵古老的银杏。

徐楠

2023 年 7 月 8 日

目 录

春辑

夏辑

秋辑

冬辑

后记：如同探险

……

春辑

苜蓿随天马，葡萄逐汉臣

家乡的长江边上，春来江水绿如蓝，江堤也变成绿油油的一片。每年正月间，如果天气晴好，三叔一家会去江堤上采一种野菜，回来洗净用油炒，据说味道鲜美。后来我才知道，那野菜就是两千多年前从西域传入的汗血宝马的食物——苜蓿。

1. 苜蓿是张骞带回的吗？

与汗血宝马从西域传入一样，其食用的苜蓿也产自西域。在美籍学者劳费尔《中国伊朗编》（1919）这部学术著作中，苜蓿是全书的开篇。《中国伊朗编》主要介绍中国与古伊朗之间栽培植物的交流史，劳费尔推断，苜蓿的原始种植中心就在伊朗。波斯第二帝国萨珊王朝的霍司鲁一世（531—578）曾将苜蓿纳入土地税，"在古代伊朗，苜蓿是极重要的农作物，与饲养良种马匹有密切关系"，"苜蓿税七倍于小麦及大麦，可见对这饲料估价之高"。[1]也正是这个缘故，苜蓿才作为汗血宝马的饲料作物被引入我国。

以基本史料为基础，劳费尔在《中国伊朗编》中还原了苜蓿传入我国的来龙去脉。他补充了很多生

---

1 〔美〕劳费尔著，林筠因译：《中国伊朗编》，商务印书馆，2015年，第31—32页。

动的细节，尽管这些细节大部分源于他的想象，但极大地增强了故事的可读性：

> 武帝常派遣使者到伊朗诸国，逐渐进而和大宛（Fergana）与安息（帕提亚）经常用驼队进行贸易，他主要的动机是在于得马。一年之中派遣这种使节多则十余次，至少也不下于五六次。最初这种良马是得自乌孙，后来张骞发现大宛的马种更优良，名叫"汗血"，相传是"天马"的后嗣。这种贵马所嗜的饲料就是苜蓿。张骞为人重实际，处理经济事务非常有见地，他断定这渴求已久的马若要在中国保持壮健，非把它们的主要食料一并带来不可。于是他在大宛获得苜蓿种子，于公元前126年献给武帝。帝命人于宫旁广阔地面遍植这新奇植物，颇以拥有很多天马以自娱。不久，这饲草由宫中迅速地蔓延到了民间，遍布华北。[1]

按照劳费尔的讲述，这段历史的主要人物张骞在大宛发现了汗血宝马，而这种马最喜欢吃的就是苜蓿，为了引入汗血宝马，势必要将它的饲料——苜蓿一并带回大汉。自此以后，苜蓿在中国安家，从皇宫传至民间，遍布我国华北地区。

苜蓿由张骞带回，这种说法见诸不少魏晋文献。例如南朝任昉《述异记》卷下记载："张骞苜蓿园，今在洛中，苜蓿本胡中菜也，张骞始于西戎得之。"不仅是苜蓿，很多源自西域的植物都被归附于张骞的名下。北魏贾思勰《齐民要术·种蒜第十九》引东汉王逸："张

---

[1] 《中国伊朗编》，第33页。

紫苜蓿，李聪颖／手绘

茎直立，花紫色，早春叶绿，春风拂过时如同麦浪，此乃从西域引入的汗血宝马的饲料——紫苜蓿。

骞周流绝域，始得大蒜、葡萄、苜蓿。"唐代段公路《北户录》卷三所引《博物志》的记载更多："张骞使西域，还，得大蒜、安石榴、胡桃、蒲桃、沙葱、苜蓿、胡荽、黄蓝，可作燕支也。"胡桃即核桃，原产波斯；蒲桃此处指葡萄，原产亚洲西部；胡荽即伞形科芫荽，俗名香菜，原产欧洲地中海；黄蓝乃菊科的红花，花含红色素，故可做"燕支"（胭脂）。

张骞是西汉最为著名的外交使节，汉武帝时期先后两次出使西域，对于西行之路具有"凿空"之功，被誉为陆上丝绸之路的开拓者。《史记·大宛列传》详载其迹，《汉书》也专列一篇《张骞传》以标举其历史功绩。因此，人们自然愿意将这些外来植物的传入，归附于大名鼎鼎的张骞。也许正是依据以上文献，劳费尔确信苜蓿就是张骞带回来的。

但是，在《史记》这样更早也更可靠的文献中，并没有关于张骞带回苜蓿或其他植物的任何记载。《史记·大宛列传》在记录苜蓿引入我国的这段历史时，只提到了一位"汉使"，但并未指明这位汉朝使臣就是张骞：

> 宛左右以蒲陶为酒，富人藏酒至万余石，久者数十岁不败。俗嗜酒，马嗜苜蓿。汉使取其实来，于是天子始种苜蓿、蒲陶肥饶地。及天马多，外国使来众，则离宫别观旁尽种蒲陶、苜蓿极望。[1]

南宋学者罗愿就发现了这一问题，其《尔雅翼》卷八在引述《史记》《汉书》中关于苜蓿的相关记载之后指出："然不言所携来使者之名。"之所以冠名为张骞，"盖以汉使之中，骞最名著，故云然"。罗愿判断，由于张骞在汉使中的名声最大，因此后世文献都将这位带回苜蓿的汉朝使臣记载为张骞。

---

1 《汉书·西域传》中的相关记载源自《史记》，述及苜蓿时亦只言"汉使"："宛王蝉封与汉约，岁献天马二匹。汉使采蒲陶、目宿种归。天子以天马多，又外国使来众，益种蒲陶、目宿离宫馆旁，极望焉。"

其实，上文所引《史记》中的场景发生在大宛被征服以后，彼时张骞已故，因此《史记》中取回苜蓿种子的"汉使"，绝不可能是张骞。但是从魏晋开始，张骞带回苜蓿等植物的说法已深入人心。到明代，《本草纲目》所载为张骞引入的植物已多达十种。名人效应，可见一斑。

2. 紫苜蓿与南苜蓿

"苜蓿"在古籍中又写作目宿、牧蓿、木粟。据劳费尔所言，这些名称都是古伊朗语 buksuk、buxsux、buxsuk 的记音字，读作 muk-suk。此外，苜蓿别名"怀风""光风"，为什么会有这样的名字？南北朝之前，一部记载西汉故事的《西京杂记》解释说：

> 乐游苑自生玫瑰树，树下多苜蓿。苜蓿一名怀风，时人或谓之光风。风在其间，常萧萧然，日照其花有光彩，故名苜蓿为怀风。茂陵人谓之连枝草。

辽阔无边的草原，风吹草低，湛蓝的天空和大朵的白云之下，一望无际的苜蓿，海浪一样泛着粼粼波光。苜蓿因此又被称作"怀风""光风"。清代植物学家吴其濬一定是亲眼见过这番景象，才明白这些名称的妙处，其《植物名实图考》卷三"苜蓿"条写道：

> 西北种之畦中，宿根肥雪，绿叶早春，与麦齐浪，被陇如云，"怀风"之名，信非虚矣。夏时紫萼颖竖，映日争辉。《西

京杂记》谓花有光采，不经目验，殆未能作斯语。

虽然"怀风""光风"等名字没有流传下来，但是"武皇开边"的历史没有被遗忘。草地上那无边的苜蓿，总能激起世人有关金戈铁马的豪迈想象。后世的诗歌在写到苜蓿时，也多指向西汉征伐西域的那段历史。例如王维这首《送刘司直赴安西》：

> 绝域阳关道，胡沙与塞尘。
> 三春时有雁，万里少行人。
> 苜蓿随天马，葡萄逐汉臣。
> 当令外国惧，不敢觅和亲。[1]

前两联描写塞外边疆的艰苦环境，后两联是对友人赴边、弘扬国威的殷切祝愿。盛唐国力强盛，在王维这首边塞诗中，效命疆场、卫国安邦的万丈豪情溢于言表。而到了南宋，积贫积弱的大宋王朝偏安一隅，昔日的辉煌气象早已不再。同样以"苜蓿"为典，我们在陆游这首《夏夜》中读到的，更多的是愤懑不平与无可奈何：

> 我昔在南郑，夜过东骆谷。
> 平川月如霜，万马皆露宿。
> 思从六月师，关辅谈笑复。
> 那知二十年，秋风枯苜蓿。

---

1 汉代使臣从大宛带回了苜蓿，同时也带来了葡萄。所以在古诗中，苜蓿常常与葡萄一起出现，如唐代鲍防《杂感》"天马常衔苜蓿花，胡人岁献葡萄酒"、杜甫《寓目》"一县蒲萄熟，秋山苜蓿多"，北宋梅尧臣《咏苜蓿》"苜蓿来西域，蒲萄亦既随"。

〔清〕吴其濬《植物名实图考》，三种苜蓿，1848

《植物名实图考》载有三种苜蓿，左图题名"苜蓿"："夏时紫萼颖竖，映日争辉。"此为紫苜蓿。中图题名"野苜蓿"："花黄三瓣，干则紫黑，唯拖秧铺地，不能植立。"右图题名"野苜蓿又一种"："长蔓拖地，一枝三叶，叶圆有缺，茎际开小黄花。"中、右两种为南苜蓿或其近似种。

　　值得注意的是，古籍中记载的苜蓿并非一种。豆科下的苜蓿属约有 70 种，而我国有 13 种，1 变种，其中较有代表性的是紫苜蓿（*Medicago sativa*）和南苜蓿（*M. polymorpha*）。

　　二者区别明显，紫苜蓿多年生，茎多挺立，花紫色；南苜蓿为一、二年生，茎多平卧，花黄色。《植物名实图考》所述"宿根肥雪""紫萼颖竖""与麦齐浪"者即是紫苜蓿，汗血宝马的饲料正是它。而李时珍则将紫苜蓿和南苜蓿弄混，《本草纲目》卷二十七"苜蓿"条：

〔明〕王磐《野菜谱》，黄花儿，即南苜蓿，1524

《野菜谱》共收入野菜60种，作者"取其象而图之，俾人人易识"。这些图虽不够精细，但外形特征大体不差，例如此图画出了苜蓿的羽状三出复叶，其小叶为倒卵形或三角状倒卵形。

今处处田野有之，陕、陇人亦有种者，年年自生。……一枝三叶，叶似决明叶，而小如指顶，绿色碧艳。入夏及秋，开细黄花，结小荚圆扁，旋转有刺，数荚累累，老则黑色，内有米如穄米，可为饭，亦可酿酒。

陕西、甘肃所种"年年自生"者为紫苜蓿，而"开细黄花，结小荚圆扁，旋转有刺"者当为南苜蓿。日本本草学者岩崎灌园《本草图谱》为苜蓿所配插图，正是开黄花的南苜蓿。民国初年的《清稗类钞·植物类》注意到苜蓿分黄花和紫花两类，较以上文献有所进步：

苜蓿为蔬类植物，叶为三小叶所合成，似豌豆而小，茎卧地，南方土人呼曰金花菜，以其花色黄也。产于秦、陇者，花色紫，叶为羽状复叶，茎高尺余。

南苜蓿是我国南方土生土长的物种，由于开黄色花，浙江一带称之为黄花草子、金花菜，明代王磐所著《野菜谱》称之为"黄花儿"，并注明是"正二月采"。[1] 汪曾祺的散文《黄花头》说的也是南苜蓿，对于它那黄色的小细花，汪老的描述十分精彩：

黄花头开起花来也确实一片灿烂的黄，其实与油菜花倒有相近处，然而不同于油菜花黄得扎眼、过于喧哗的是，黄花头的黄是细碎、处低而谦和的，似乎有些害羞，内敛，但因为多，不经意间终于成了气势，如点点碎金，撒在大片的绿毯上，平常中可见旺盛的生命力，别有让人心惊之处——而那样的一片黄在生命的繁华时却又被翻入土中，碾作尘泥肥田。[2]

看得出来，汪老很喜欢这种"极其平常的草"，如果没有深厚的

---

1 《野菜谱》不同于一般的野菜采摘指南，书中的每一种野菜都配有一首乐府诗，诗歌多反映民间疾苦。关于"黄花儿"的这首如下："黄花儿，郊外草。不爱尔花，爱尔充我饱。洛阳姚家深院深，一年一赏费千金。""洛阳姚家"产黄色重瓣牡丹品种，名为"姚黄"，欧阳修《洛阳牡丹谱》以"姚黄"为第一。《野菜谱》此处将黄花苜蓿与黄牡丹对比，以富家赏牡丹时的一掷千金，来反衬灾民采野菜充饥之贫穷疾苦。

2 汪曾祺《黄花头》："黄花头严格的学名应叫黄花苜蓿，与书本上所见苜蓿较高且形似豌豆不同的是，黄花头个子并不高，多卧地而生，茎呈方管状，手捏上去有细微声音，节处有毛，极细，伸出的小枝都会叉出三片小小叶子。"按，《中国植物志》并无"黄花苜蓿"一名，其中文正式名（学名）为"南苜蓿"。

情感，不会赋予它"处低而谦和"、平凡处见伟大的品质；如果不是亲眼所见，也写不出"点点碎金，撒在大片的绿毯上"这样的比喻。

3. 苜蓿堆盘莫笑贫

古文中写到苜蓿的，大多没有描述其外形特征，无法区分究竟是哪种苜蓿，姑且泛指苜蓿属植物。这类植物大多是优良牧草，亦可在早春嫩绿时采做蔬菜食用。

魏晋时，北方人爱吃苜蓿的嫩苗。成书于北魏末年的《齐民要术》主要介绍黄河流域的农业技术，其卷三已载有苜蓿的种植方法，并指出"春初既中生啖，为羹甚香"。苜蓿为北人所爱，但南方人以其味道平淡而不甚喜爱。《本草纲目》引用南朝陶弘景的话说："长安中乃有苜蓿园，北人甚重之，江南不甚食之，以无味故也。"到元朝，政府曾下令广种苜蓿，以防饥荒。明代官修《救荒本草》、民间《野菜谱》中都少不了它。一直到清末民初，苜蓿还是人们食用的蔬菜之一。如今长三角地区一带仍在春天采为野蔬，当地人称之为"草头""黄花头"。

在《黄花头》这篇色香味俱全的散文中，美食家汪曾祺对于苜蓿的烹饪过程有着动人的描述。他强调需"多下些油"，并且要"快速淋些许自家酿的黄豆酱油汁（起鲜味），起锅前再喷些白酒——一切动作几乎是在两分钟内完成的"，炒出来的苜蓿是什么味道？

　　黄花头吃到嘴里却是不经意的鲜，然而这不经意间却又咂

〔日〕岩崎灌园《本草图谱》，南苜蓿，1828

《本草纲目》传入日本后，在日本本草学中占有重要地位，江户时期岩崎灌园
《本草图谱》可视作《本草纲目》的药物图鉴，《本草纲目》所载南苜蓿"开细
黄花，结小荚圆扁，旋转有刺"的特点，在此图中均有体现。

摸出一种柔媚温婉的清香，还有裹着一层薄雾似的看不甚清的狷介，似乎君子之交，其淡若水，却又让人回味不已。

这样高的评价、如此形象的描述，让我们对这种野菜更加好奇。生活在长江之滨的人称苜蓿为"秧草"，因为苜蓿常生于水稻育秧苗的田里。秧苗蒸鲫鱼、拌红烧江鲢、与野生河豚同煮，看来都是绝顶的美味，汪曾祺赞不绝口。在江苏扬州，"河豚焴秧草"是当地特色菜品的代表。

但是唐代开元年间，有个名叫薛令之的官员因为吃苜蓿而心生怨气，并且很不幸地因此丢了官。薛令之，长溪县（今福建福安）人，唐神龙二年（706）进士，唐玄宗时与贺知章并侍东宫，陪太子李亨读书。时任宰相李林甫权倾朝野、打压东宫，薛令之也备受排挤，就连伙食也很糟糕。对此，他写了一首《自悼》诗，其中就点名提到了苜蓿：

> 朝日上团团，照见先生盘。
> 盘中何所有，苜蓿长阑干。
> 饭涩匙难绾，羹稀箸易宽。
> 以此谋朝夕，何由保岁寒。

"盘中何所有，苜蓿长阑干"，"长阑干"是指苜蓿的茎长且硬，摆在盘中纵横交错的样子。上文我们提到，苜蓿要嫩的才好吃，老苜蓿应该用来喂马才对。堂堂东宫太子侍读，待遇竟然与马无异，难怪要发出"何由保岁寒"的感叹。

此后，薛令之笔下的"苜蓿"成为典故，后世诗文以此象征生活之清苦，比如陆游这首《书怀》：

> 苜蓿堆盘莫笑贫，家园瓜瓠渐轮囷。
>
> 但令烂熟如蒸鸭，不著盐醯也自珍。

　　与陆游晚年的安贫乐道不同，薛令之写的是对时局和前途感到担忧。南宋林洪《山家清供》记载苜蓿这道菜时，也提到薛令之的这个故事。他从朋友那里要来种子，种后采收，"用汤焯油炒，姜、盐如意，羹、茹皆可"，然后提出疑问："风味本不恶，令之何为厌苦如此？"苜蓿的口感还不错，为何薛令之如此讨厌它呢？林洪想到了历史上"食无鱼"的故事。

　　据《战国策·齐策四》记载，齐人冯谖寄食于孟尝君门下，由于无所好、无所能而不受重用。孟尝君左右幕僚都看不起他，"食以草具"，给他吃粗劣的饭菜。大概也是伙食待遇太差，住了一段时间，冯谖待不下去了，靠着柱子一边弹他的剑一边唱道："长铗归来乎！食无鱼。"意思是："我的宝剑啊，咱们走吧！这里的伙食太差劲，连条鱼都没有。"孟尝君知道后，下令"食之，比门下之客"。接着冯谖又提出"无车""无家"，孟尝君都一一予以满足。后来，冯谖果然派上用场，孟尝君为相数十年高枕无忧，少不了他的功劳。

　　所以，薛令之哪里是抱怨苜蓿难吃呢？林洪说："令之寄兴，恐不在此盘。宾僚之选，至起'食无鱼'之叹。"他真正想表达的是自己不被优待、不受重用。他笔下的那盘苜蓿，不单单是生活清贫的写照，更有对时运不济、仕途不顺的嗟叹。

　　当年冯谖抱怨"食无鱼"，孟尝君立即改变态度，礼贤下士。而当唐玄宗来到东宫，看到薛令之这首诗后，立即提笔在旁边写了这样几句：

啄木嘴距长，凤凰毛羽短。

若嫌松桂寒，任逐桑榆暖。

这是很明确地告诉薛令之，若嫌东宫清苦，自可另谋生路。薛令之看到这首诗后惶惶不可终日，随即托病，辞官归隐。林洪对此评价说："上之人乃讽以去。吁，薄矣！"意思是，唐玄宗这样做，也未免太刻薄了。想来也是，九五之尊的嘲讽，谁受得了？

故事说到这里，我还没有尝过苜蓿究竟是何滋味。直到几年前，正月十五刚过，我在北京南城的一家菜市场里见到了苜蓿，着实叫我惊喜！老板也叫它"草头"，跟江浙一带的叫法一样。问价格，十五元一斤，如今野菜都不便宜。我抓了一把，问老板怎么做。他说起锅之前要倒点白酒，跟汪曾祺文章里写的一样！可惜家中没有白酒，只好清炒，并且按照汪老指示的那样多放了些油，快速翻炒后起锅，色泽和味道都觉得似曾相识，有点像——豌豆苗。

原来，这就是汪老所说"柔媚温婉的清香"。

每年三月中旬，天气回暖，北京公园里白色、紫色的玉兰花竞相开放，是这个城市最明媚的春景。清代李渔《闲情偶寄》说玉兰"千干万蕊，尽放一时，殊盛事也"。此等盛事往往因为一场夜雨"尽皆变色"而转为恨事，加上玉兰花"一败俱败，半瓣不留"，李渔因此忠告赏花之人：此花一开，则需"急急玩赏，玩得一日是一日，赏得一时是一时"。现代人很懂得这个道理，每逢玉兰盛放，玉兰树下便人头攒动。

玉兰古名辛夷，唐朝诗人王维有首著名的《辛夷坞》："木末芙蓉花，山中发红萼。"你看到的玉兰与王维看到的是同一种吗？辛夷是开白花的玉兰还是开紫花的玉兰？

1. 区分几种玉兰花

公园里不同的玉兰花，在颜色和花期上均有区别，它们是木兰科木兰属的不同品种。在北京，我们常见的玉兰花包括玉兰、望春玉兰和二乔玉兰，紫玉兰少见。

望春玉兰（*Yulania biondii*）开花最早，比玉兰、二乔玉兰早一到两周，枝条较纤细，花被的外轮紫红色，中内白色。[1] 玉兰（*Y. denudata*）又称白玉兰，花白色，但基部常常也带有粉红色条纹，枝条较粗。二乔玉兰（*Y. × soulangeana*）是玉兰与紫玉兰的杂交种，所以花色呈紫色或近白色。上述三种玉兰都是花先于叶开放。

紫玉兰（*Y. liliiflora*）与以上三种均不同，它是一种灌木，丛生，开花的同时叶片发芽，花叶同出，花瓣外是浓郁的紫红色。所以，紫玉兰最容易辨识。为表述方便，如无特指，我们将各种供观赏的玉兰统称为玉兰或玉兰花。

玉兰花是中国人民大学的校花。校园里最有名的玉兰是环境学院门前的两棵白玉兰。这两棵玉兰很有些年头，开花时花朵缀满枝头，其外形呈圆锥状，恰似两棵落满白雪的圣诞树。我读硕士时所住的人大红一楼门前有一排二乔玉兰，除了早春开一季花之外，到了夏天又会冒出紫红色的花苞。不过夏天开花的玉兰，隐藏在层层绿叶中间不太醒目，要看玉兰花还是得在春天。

以上玉兰在北方多见，秋冬树叶凋零。而在南方，我所熟知的玉兰花，冬夏常青，花开似荷，洁白芳香，中文正式名为荷花玉兰（*Magnolia grandiflora*），也是木兰科木兰属，俗称广玉兰。荷花玉兰原产北美洲东南部，在当地可高达 30 米，我国长江流域以南各城市都有栽培。比如我的家乡武汉，广玉兰是常见的绿化树。按道理，这种玉兰是无法在北方存活的。不过北京大学燕南园内有两棵，虽不如生于南方的广玉兰那般茂盛挺拔，但由于长在避风处（北边是

1　花被是花萼、花冠的总称，由扁平状瓣片组成，着生于花托的外围或边缘部。

〔清〕董诰《绮序罗芳图册》，玉兰（上），紫玉兰（下）

董诰（1740—1818），富阳县（今浙江杭州）人，曾任文华殿大学士、领班军机大臣等，是工部尚书、书画家董邦达（1696—1769）长子，为官之外亦擅绘事，兼攻山水花鸟。《绮序罗芳图册》现藏故宫博物院，共十册，每册十开，共百幅折枝花卉。下图的紫玉兰，花叶同出是其重要特征。

一层院落，西边是一棵高大的柏树），能挨过风霜雨雪，春夏也能开花，着实不易。

说起来，玉兰身上包含不少植物的原始信息，其所属的木兰科，是被子植物中较为原始的一科。"原始"是与"进化"相对的概念："原始"是说某个物种在演化历程中出现较早、更加接近此类物种共同的祖先；而"进化"则意味着其在演化历程中出现较晚。

玉兰的茎、叶、花、果都具有植物的原始特征。首先看茎和叶，玉兰的茎为木本，叶为单叶；相对的，茎为草本，叶为复叶，则是

〔日〕岩崎灌园《本草图谱》，玉兰果实，1828

玉兰的茎、叶、花、果都具有植物的原始特征，例如其果实就是外形不规则的聚合蓇葖果。

植物进化之后的特征。再看花，玉兰的花单生于枝头，未形成花序，且花被片同形，并未分化为花瓣与萼片；而进化之后的花朵会排列成各种复杂的花序，花被会分化为花瓣与花萼。最后看果，玉兰的果实是典型的聚合蓇葖果。蓇葖果是仅沿一条缝线开裂的果实，这样的果实聚合在一起，就是聚合蓇葖果，例如八角。玉兰的果实成熟后沿背缝纵裂，露出里面鲜红的种子。

2. 寻找古籍中的辛夷

介绍完几种玉兰的植物学知识，我们回到"辛夷"这个古老的名字上。古籍里的辛夷，究竟是哪种玉兰花呢？

最早知道"辛夷"，还是读了王维《辋川集》中的《辛夷坞》。辋川位于今陕西蓝田县，距唐长安城不远。天宝三载至十五载（744—756），王维在此过着半隐居的生活。有感于辋川怡人的自然风光，他写下二十首五言绝句，与友人裴迪的二十首同题诗作一起编为《辋川集》。《辋川集》是王维山水诗的代表，其中《辛夷坞》写的是僻静的辋川山谷某处的辛夷花，"坞"指的是四面高中间低的谷底：

> 木末芙蓉花，山中发红萼。
>
> 涧户寂无人，纷纷开且落。

辛夷开于枝头，状如芙蓉花（荷花），所以叫"木末芙蓉花"。山谷寂静，鲜有人烟，这些美丽的辛夷花如莲花一样盛开于枝头，然后又一瓣一瓣兀自飘落。这首《辛夷坞》与《鹿柴》一样，极富禅意。

辛夷这样美丽的开花乔木，很早就引起先民的注意。屈原就将辛夷写进了楚辞里。《九歌·湘夫人》"桂栋兮兰橑，辛夷楣兮药房"，以辛夷木做门楣。《九歌·山鬼》"乘赤豹兮从文狸，辛夷车兮结桂旗"，以辛夷木造车。对于以上"辛夷"，最早完整注释楚辞的东汉学者王逸均注为"香草"。在楚辞中，辛夷与其他香草一样，寓意高洁，可比君子。楚辞之后，辛夷被载入我国最早的医书——约成书于东汉的《神农本草经》，位列上品。

辛夷何以得名？《本草纲目》卷三十四"辛夷"这样解释："夷者，荑也。其苞初生如荑而味辛也。""荑"作名词时，指草木初生时的嫩芽。辛夷的花苞经过一个冬天的孕育，花苞外层的苞片上裹着一层绒毛，活像一个个毛笔头峭立于枝头。春风一到，那些圆鼓鼓的笔头就会在一夜之间炸裂，露出里面柔嫩的花瓣。可以说，尚未开花时，花苞是辛夷较为明显的特征，其药用部分，也正是那如同笔头的花苞。辛夷是以又名木笔。

老北京民间传统手工艺品毛猴，其躯干就是长满毛的辛夷花苞，头和四肢则取自蝉蜕（知了的壳），形态逼真，极其可爱。辛夷和蝉蜕都是中药，据说毛猴一开始就是在中药铺里制作出来的。

至于辛夷究竟是哪种玉兰，古籍中的说法不一。南宋胡仔《苕溪渔隐丛话后集》卷十："木笔丛生，二月方开；迎春树高，立春已开。然则辛夷，乃此花耳。""木笔"丛生，可见是紫玉兰；而"迎春"开花最早，当是望春玉兰。胡仔认为望春玉兰才是辛夷，而紫玉兰不是。

《中国植物志》中，紫玉兰和望春玉兰的别名中都包含"辛夷"。

〔荷兰〕亚伯拉罕·雅克布斯·温德尔《荷兰园林植物志》，球形花玉兰，1868

温德尔（Abraham Jacobus Wendel，1826—1915）是荷兰石版画家、制图员、科学植物画、古生物画插画师，曾为许多书籍、杂志绘制插画。此图标注拉丁名 *Magnola lennei* Hybr.，Hybr. 是 hybrida 的缩写，意为种间杂交，花朵如球形灯泡。

但在《中华人民共和国药典》（2015）中，望春玉兰、玉兰、武当玉兰三种皆为辛夷的正品。

3. "玉兰"一名的出现

上节我们在古籍里寻找辛夷的身影时，并未见到"玉兰"一名。事实上，与战国时就出现于文献中的"辛夷"不同，"玉兰"见诸记

〔比利时〕皮埃尔－约瑟夫·雷杜德，白色的二乔玉兰

雷杜德（Pierre-Joseph Redouté，1759—1840）是世界著名的花卉画家，被誉为"花之拉斐尔"（the Raphael of flowers），拿破仑的第一任妻子约瑟芬皇后曾是他的顾客。将其画作放大后能看到无数个小点，这是一种点刻雕版画的技法。

载的时间要晚得多。五代张翊所著《花经》，以"九品九命"为次第将观赏花卉排序。其中有辛夷（四品六命）、木笔（七品三命），却没有玉兰。清代植物类书《广群芳谱》中关于玉兰的记载，则全部源自明代。

在本草书籍中，较早提及"玉兰"一名的是《本草纲目》。《本草纲目》并未将"玉兰"单列，而是在介绍"辛夷"时提到玉兰：

辛夷花，初出枝头，苞长半寸，而尖锐俨如笔头，重重有青黄茸毛顺铺，长半分许。及开则似莲花而小如盏，紫苞红焰，作莲及兰花香。亦有白色者，人呼为玉兰。又有千叶者。诸家言苞似小桃者，比类欠当。

李时珍先介绍了辛夷的花苞密布青黄色、半分长的茸毛，再说开花之后是紫色的花苞、红色的花蕊。接着补充说"亦有白色者，人呼为玉兰"，以与开紫花的品种相区别。可见，"玉兰"一名乃是作为辛夷的一个品种，此时的"辛夷"包含"玉兰"。

开白花的辛夷为玉兰，这种说法一直延续到晚清民国。《清稗类钞·植物类》在记载辛夷时，也补充说花白者乃玉兰，并以花瓣的数量和长短来区分辛夷和玉兰[1]，说明当时的植物学家已经认识到开紫花的与开白花的是两个不同的种类。于是《清稗类钞》在介绍完辛夷后，将玉兰单独列出来，且在排序上未与辛夷并列。辛夷在前，中间隔了杨、柳、樱、梅、海棠等非木兰科植物，然后才是玉兰：

玉兰为落叶亚乔木，高数丈，不易成长。叶与花瓣皆倒卵形，一干一花，皆着于木末。春初开花九瓣，大而厚，色白。隆冬结蕾，而裹以厚苞，其苞密生细毛，花落后，始从蒂中生嫩

---

1 《清稗类钞·植物类》"辛夷"条："今植物学家谓辛夷、玉兰，皆为白色，惟玉兰九瓣而长，辛夷六瓣而短阔，以此别。旧亦名为迎春花。"这里的"花瓣"是指玉兰花宽大且醒目的花被。望春玉兰外轮 3 枚花被极小，长仅 1 厘米，且容易早落，因此常常被误认为仅有 6 枚花被；而这 6 枚花被都是白色，只是在外面基部的地方呈紫红色。因此，《清稗类钞》中色白、"六瓣而短阔"的辛夷，可以确定就是望春玉兰。

叶。南方多植之庭园。又一种，花瓣内白外紫者，俗称紫玉兰，植物学家谓即木兰。

此处的"玉兰"，就是如今植物学上的玉兰。《清稗类钞》成书于民国初年，其中的"植物类"已受近代植物学影响。这段关于玉兰的描述已包含现代植物学的专业术语，但行文简洁凝练，具有传统本草学的美感。值得注意的是，此段关于玉兰的植物学介绍中，已完全不提辛夷。到了《中国植物志》，木兰科木兰属植物足有 31 种，而"辛夷"仅仅是作为紫玉兰和望春玉兰的别名而存在。

一番梳理后我们发现，从一开始作为辛夷的一个品种，到后来完全独立出来，"玉兰"作为一种植物名称似乎完全取代了辛夷。"辛夷"，曾经是楚辞、唐诗中的植物名，在民间接受和植物学发展的历史进程中，逐渐销声匿迹。如今，我们大概只有在古诗词和中药铺里，才能见到"辛夷"这个古雅却生涩的名字。相比之下，"玉兰"既通俗又形象，更容易为大众所接受。清代李渔《闲情偶寄》评价玉兰："世无玉树，请以此花当之。"大概也觉得"玉兰"这个名字起得好，恰如其分。

4. 玉兰与木兰

我们弄清楚了"辛夷"和"玉兰"的身世，不禁会想到另一个植物名——木兰。我们对木兰并不陌生，它是一种可用于造船的优质木材。唐代崔国辅《采莲曲》写江南采莲儿女"相逢畏相失，并著

《中国自然历史绘画》，白玉兰，18—19 世纪

《中国自然历史绘画》是一套关于中国的记录型绘画集，由当时的法国商人、传教士绘制或收集，目的是供法国王室更好地了解中国。其内容极其丰富，除了动植物图谱外，还包括表现茶叶生产、陶瓷烧制等工艺流程的通草画。乾隆二十二年（1757），清朝实施严格的闭关政策，只保留广州作为唯一的通商口岸，这些绘画成为外界了解中国社会及动植物资源的主要途径。

木兰舟"（一说"并著采莲舟"），李白《江上吟》"木兰之枻沙棠舟，玉箫金管坐两头"，"枻"是船舷。除了造船，木兰还用于建造宫殿，想必是一种高大粗壮的乔木。南朝任昉《述异记》介绍说：

> 木兰洲在浔阳江中，多木兰树。昔吴王阖闾植木兰于此，用构宫殿也。七里洲中有鲁班刻木兰为舟，舟至今在洲中，诗家云木兰舟，出于此。

查《中国植物志》，木兰是玉兰的异名，也就是说，木兰就是玉兰。但是古籍中的各种"木兰"，与今日之玉兰并不相同。例如，对于西晋文学家左思《蜀都赋》"其树则有木兰梫桂"中的"木兰"，同时代的学者刘渊林解释说："木兰，大树也，叶似长生，冬夏荣，常以冬华，其实如小柿，甘美。南人以为梅，其皮可食。"单凭果实如小柿子，便可知这里的木兰，绝不是玉兰。

历代医家对于"木兰"的解释也莫衷一是。南朝陶弘景说木兰"状如楠树，皮甚薄而味辛香"。五代韩保升《蜀本草》说木兰"叶似菌桂叶，有三道纵纹"，但玉兰树叶的纵向叶脉只有一条。宋代苏颂《本草图经》倾向于认为木兰是"桂中之一种"，即樟科肉桂一类。李时珍则认为木兰乃木兰科的木莲。

那么，《中国植物志》为何说木兰是玉兰呢？清初陈淏在其园艺著作《花镜》中说："玉兰，古名木兰。"吴其濬《植物名实图考》卷三十三"辛夷"也说："余谓木兰、玉兰，一类二种。"他为木兰所配插图，正是玉兰花。近代植物学家认同他们的观点，上文所引《清稗类钞》认为"紫玉兰，植物学家谓即木兰"。《中国植物志》将木兰作为玉兰的异名，应当源自这里。

不仅如此，"木兰"还是玉兰、厚朴这类植物的科名和属名。到了英文修订版《中国植物志》（*Flora of China*）中，木兰属（Magnolia）则改为玉兰属（Yulania），属内的天目木兰、二乔木兰等植物的中文名，也相应地修订为天目玉兰、二乔玉兰。这样的修订有其道理，毕竟"木兰"作为植物名，它的所指在历史上不断变化，并没有"玉兰"那样稳定。

晚唐李商隐曾作《木兰花》，他在诗中表现了将木兰舟与木兰花对应起来的欣喜，遗憾的是并没有给出任何植物形态方面的描述：

> 洞庭波冷晓侵云，日日征帆送远人。
> 几度木兰舟上望，不知元是此花身。

一千多年以后，我们不禁还是要问，"相逢畏相失，并著木兰舟"，古诗词中常见的"木兰舟"，究竟是哪种树做成的舟？

杏花

——

日边红杏倚云栽

春到北国，城里开得最热闹的就是这些蔷薇科的成员：梅花、桃花、杏花、梨花、李花、海棠……远远看过去，如烟似霞，而且大多相似。走近观察，如果花朵的萼片反折、与花瓣之间的夹角较大，那么你看到的极有可能是杏花。

1. 美丽的杏花诗

杏，这种耐寒、喜光、抗旱的果树起源于我国北方（包括西北）。其栽培历史十分悠久，《山海经》已有记载。两汉时，杏树已从中国向西传入伊朗、亚美尼亚、希腊和罗马[1]，如今已遍布世界各地。不同的种类，可食用的部位不同：肥厚多汁者食其果肉，肉薄但果仁大者食其仁，是谓杏仁。

据晋人《洛阳宫殿簿》，历史上洛阳城的宫殿前种有杏树，除了夏日尝果，早春杏花开时，必定是一处明亮的风景。唐代起，"杏花"这一意象屡见于诗词。唐代杜牧《清明》"借问酒家何处有，牧童遥指杏花村"，南宋僧人志南《绝句》"沾衣欲湿杏花雨，吹面不寒杨

1　"水果里主要以桃和杏是由中国传到西方的。这两个礼物或许是由绸缎商人带去的，首先是带到伊朗（公元前二百年或一百年），从那里再到亚美尼亚、希腊和罗马（公元第一世纪）。"见〔美〕劳费尔著，林筠因译：《中国伊朗编》，商务印书馆，2015年，第398页。

〔日〕岩崎灌园《本草图谱》，杏，1828

作为观赏植物，"杏花无奇，多种成林则佳"，因此《红楼梦》大观园里稻香村附近有几百株杏花，以达到"喷火蒸霞一般"的效果。

柳风"，元代虞集《风入松·寄柯敬仲》"报道先生归也，杏花春雨江南"，都是脍炙人口的杏花诗词，其中的杏花多与春雨相伴。

这其中，最为人知的当是南宋叶绍翁《游园不值》"春色满园关不住，一枝红杏出墙来"。值得一提的是，这两句并非叶绍翁原创。晚唐诗人吴融早有这样的诗句，其《途中见杏花》首联"一枝红杏出墙头，墙外行人正独愁"，抒发的是内心的忧愁；另一首《杏花》颈联"独照影时临水畔，最含情处出墙头"，赋予墙头杏花含情脉脉的拟人化色彩。陆游也有两首诗写到墙头的杏花，《马上作》"杨柳不遮春色断，一枝红杏出墙头"，《小园花盛开》"鸭头绿涨池平岸，猩血红深杏出墙"。不过，终究还是叶绍翁的那两句流传最广。

关于杏花，陆游写得最好的是这首《临安春雨初霁》：

> 世味年来薄似纱，谁令骑马客京华。
> 小楼一夜听春雨，深巷明朝卖杏花。
> 矮纸斜行闲作草，晴窗细乳戏分茶。
> 素衣莫起风尘叹，犹及清明可到家。

淳熙十三年（1186）春，陆游闲居山阴的第五个年头，朝廷终于决定重新起用他为严州（今浙江建德）知州。住在西湖边的客栈，春雨下了一夜，诗人一宿未眠，于是写下这首诗以排遣心中隐忧。五年前，江西水灾，时任江西常平提举（主管粮食、水利事宜）的陆游号令各郡开仓放粮，同时上奏朝廷告急、请求开仓赈灾，结果被给事中赵汝愚弹劾"不自检饬，所为多越于规矩"，陆游于是愤然辞官。"世味年来薄似纱"或指此事，而诗人内心更深的愤懑，恐怕是面对眼前破碎的山河却"报国欲死无战场",年过六旬而壮志难酬。就在这年春天被朝廷召见之前,陆游才写下那首著名的《书愤》:"塞上长城空自许,镜中衰鬓已先斑。"

回到上面这首诗,颔联"小楼一夜听春雨,深巷明朝卖杏花"最为有名。早春卖杏花,在当时确有其事。比陆游稍晚的史达祖《夜行船·正月十八日闻卖杏花有感》有"小雨空帘,无人深巷,已早杏花先卖",与史达祖同时的戴复古《都中冬日》亦有"一冬天气如春暖,昨日街头卖杏花"。

然而,杏花有何可买呢?毕竟它的花期不长,若是买回来用作插花,也开不了多久。而且,杏花若是单看,并无甚特别。明人王世懋《学圃杂疏》说:"杏花无奇,多种成林则佳。"杏花本身平凡无奇,要成片成林才好看。《红楼梦》李纨的住处稻香村附近有杏花几百株,花开时"如喷火蒸霞一般",即是取杏花之多。

2. 贾探春与杏花签

曹雪芹写《红楼梦》善于以花喻人,书中与杏花有关的人物是探春。第六十三回"寿怡红群芳开夜宴 死金丹独艳理亲丧",宝玉生日当晚在怡红院设宴,众姐妹行酒令抽签,探春抽到的就是杏花。签上题"瑶池仙品"四字和一句诗"日边红杏倚云栽",签下注云:"得此签者,必得贵婿,大家恭贺一杯,共同饮一杯。"

"红杏"与"得贵婿"有何联系?关键就在于签上那句"日边红杏倚云栽",这句诗出自唐代高蟾《下第后上永崇高侍郎》:

天上碧桃和露种，日边红杏倚云栽。

芙蓉生在秋江上，不向东风怨未开。

　　这是高蟾在一次科考落榜后写给礼部高侍郎的一首诗。"高侍郎"指礼部侍郎高湜，于唐懿宗咸通十二年（871）以中书舍人权知贡举，拜礼部侍郎，掌管全国学校事务与科举考试。诗的前两句反映的是唐代科举考试存在的弊端。根据唐代科举制度，达官显贵可直接向主考官举荐人才，因此举子在考试前若能投谒权贵、得其赏识，那么在考试中脱颖而出的概率就会大大增加。"和露种""倚云栽"，就是比喻这类考生有所凭恃，因而能够金榜题名、春风得意。

　　具体到探春抽到的这枚杏花签，"日边红杏倚云栽"这一句与科举无关，它指的是探春有朝一日能够得到权贵的恩宠，而这一权贵就是签上所注之"贵婿"。众人于是恭贺："我们家已有了个王妃，难道你也是王妃不成？大喜，大喜！"因此，杏花本身与"得贵婿"并无关系，只是因为高蟾的这首诗，这枚签才有此意。

　　探春抽到的这枚杏花签，暗示了她未来的前途命运。在《红楼梦》程高本后四十回续书中，探春所嫁是镇海总制之子，这与杏花签的暗示并不相符。"镇海总制"远不及公侯，如果嫁给镇海总制之子，探春分明是"下嫁"，称不上"得贵婿"。因此《红楼梦》探佚学的开创人梁归智先生认为，探春的结局应该是"嫁到中国以外的一个海岛小国去做王妃"。[1]

1　梁归智：《探春的结局——海外王妃》，《红楼梦研究集刊》（第九辑），上海古籍出版社，1982年，第267页。

这么说是有道理的，关于探春的命运，曹雪芹在金陵十二钗正册第三幅有关探春的判词中已埋下伏笔：

> 后面又画着两个人放风筝，一片大海，一只大船，船中有一女子，掩面泣涕之状。也有四句写云：

> 才自精明志自高，生于末世运偏消。
> 清明涕送江边望，千里东风一梦遥。

同样在第五回"贾宝玉神游太虚境　警幻仙曲演红楼梦"，警幻仙子新制的《红楼梦》曲子第五支《分骨肉》写道：

> 一帆风雨路三千，把骨肉家园，齐来抛闪。恐哭损残年。告爹娘，休把儿悬念：自古穷通皆有定，离合岂无缘？从今分两地，各自保平安。奴去也，莫牵连。

庚辰本《脂砚斋重评石头记》第七十回"林黛玉重建桃花社　史湘云偶填柳絮词"末尾写探春放风筝，以回应判词：

> 探春正要剪自己的凤凰，见天上也有一个凤凰，因道："这也不知是谁家的。"众人皆笑说："且别剪你的，看他倒像要来绞的样儿。"说着，只见那凤凰渐逼近来，遂与这凤凰绞在一处。众人方要往下收线，那一家也要收线，正不开交，又见一个门扇大的玲珑喜字带响鞭，在半天如钟鸣一般，也逼近来。众人笑道："这一个也来绞了。且别收，让他三个绞在一处倒有趣呢。"说着，那喜字果然与这两个凤凰绞在一处。三下齐收乱顿，谁

〔日〕岩崎灌园《本草图谱》，梅杏树，1828

梅杏树见于明朱元璋第五子朱橚所著《救荒本草》："结实如杏实大，生青熟则黄色，味微酸。"虽然名中有"杏"，但它实则是李属下的李梅杏或杏李。

知线都断了，那三个风筝飘飘摇摇都去了。

"凤凰风筝"即暗示探春日后"飞上枝头作凤凰"，而探春这只风筝被另一只凤凰风筝来绞住，则是日后岛国国王前来提亲。与此同时，一个门扇大的玲珑"喜"字风筝来逼近，而且还带着响鞭，明显是婚礼的场面。探春告别家国，远赴海外与岛国国王成亲的寓意已十分明显，即所谓"一帆风雨路三千，把骨肉家园，齐来抛闪"。

自古公主等女子和亲，结局多半悲惨。"一去紫台连朔漠，独留青冢向黄昏。画图省识春风面，环珮空归夜月魂。"在杜甫写王昭君的这首《咏怀古迹五首·其三》中，隐约可以听见和亲女子的哀怨之声。王维《送刘司直赴安西》"当令外国惧，不敢觅和亲"，也是一个侧面。

想起几年前去敦煌莫高窟看过的一幅壁画，与一般洞窟里的壁画不同，画中人物既不是佛、菩萨也不是供养人，而是一排身着红妆的少女。据莫高窟的专业讲解员介绍，她们都是当年和亲的贵族女子，从小生活在府内深闺，过着无忧无虑、锦衣玉食的贵族生活。一朝出门，就是远嫁异国他乡。她们中的绝大多数都没能返回故土，有的甚至死在漫天黄沙的旅途之中。她们是那段腥风血雨历史中的牺牲品，为守护家园的和平安宁做出过不可磨灭的贡献。因此，才有了这样一幅壁画来纪念她们。那次游览莫高窟看了十几个洞窟，我对这幅壁画的印象最深。

联想到《红楼梦》里的三姑娘探春，她远嫁岛国之后，命运又能好多少呢？如果像续书中那样，探春只是嫁到海疆，后来又回京归省，不仅与曹雪芹的本意不符，故事本身所具有的悲剧力量也将被大大地削弱。

这是由杏花所联想到的《红楼梦》里的人和事。通过杏花，我又想到了梵·高。

扁桃

——梵·高的巴旦杏花

在梵·高众多知名的画作中，有一幅以蓝天为背景的 *Almond Blossoms*。almond 通常译为"杏仁"，所以这幅画也多被译为"杏花"或"开花的杏树"。其实，画中所绘并非我国江南春雨中的杏花，因为 almond 的准确翻译应当是扁桃，俗称巴旦杏，其种仁就是大名鼎鼎的坚果——巴旦木。

1. 源自西域的果树

扁桃（*Amygdalus communis*）是蔷薇科桃属的中型乔木或灌木，与桃树的关系更近。它的花朵在春寒料峭的时候就会开放，和北京的山桃一样都是春天的使者。据《中国植物志》，扁桃是舶来品，原产于亚洲西部，在当地布满石砾的干旱坡地上自由生长。据美籍学者劳费尔《中国伊朗编》介绍：伊朗是巴旦杏的中心产地，一面传播到欧洲，一面传播到印度、中国西藏和其他地区。其传入中国的历史可以追溯至唐代，唐段成式《酉阳杂俎》记载：

> 偏桃，出波斯国，波斯呼为婆淡。树长五六丈，围四五尺，叶似桃而阔大。三月开花，白色。花落结实，状如桃子而形偏，故谓之偏桃。其肉苦涩，不可啖，核中仁甘甜，西域诸国并珍之。

〔日〕岩崎灌园《本草图谱》，巴旦杏的花，1828

巴旦杏原产于亚洲西部，作为舶来品拥有诸多音译名，有的译自波斯语，有的
译自叙利亚语。

可见，"偏桃"乃是以果实的外形"状如桃子而形偏"得名。这里的"偏"应作"扁"来讲，"扁"又通"匾"，宋以后的文献中，"偏桃"也被写作"扁桃""匾桃"。

扁桃在波斯国被称为"婆淡"。据劳费尔考证，"婆淡"是中古波斯语 vadam 和新波斯语 bādām 的音译。元代忽思慧《饮膳正要》称之为"八担杏"，《本草纲目》作"巴旦杏"，民国初年《清稗类钞·植物类》作"叭哒杏""八达杏"。以上诸名与"婆淡"相近，都是从波斯语音译而来。

除了以上名称外，史籍中还能见到巴榄、巴榄子、杷榄、芭榄等

〔日〕岩崎灌园《本草图谱》，巴旦杏的叶片与果核，1828

巴旦杏虽然名中有"杏"，但它其实是桃属植物，其叶片为披针形，果核外表密布纵横沟纹和孔穴，这些特点都与桃相似。

异名，乃叙利亚语 palam 的音译。朱熹的祖父朱弁的笔记《曲洧旧闻》卷四载："巴榄，子如杏核，色白，扁而尖长，来自西番。……后移植禁御。"这种唐时源自波斯的果树，在宋代已移植到皇宫。

杷榄、芭榄这些名称，也经常出现于蒙元名臣耶律楚材那些记录西域见闻的诗歌中。[1] 1218 年，耶律楚材随成吉思汗西征，在今乌兹别克斯坦等中亚地区生活长达六年之久。扁桃花、扁桃仁是令他

1　据元代宋子贞《中书令耶律公神道碑》记载，耶律楚材（1190—1244）是辽朝东丹王耶律倍八世孙、金朝尚书右丞耶律履之子，自幼接受儒家教育，在金朝官至左右司员外郎。成吉思汗攻占金中都后，听闻耶律楚材之名，收其为辅臣。此后，身长八尺、美髯宏声的耶律楚材跟随成吉思汗"既怀八荒，遂定中原"，于窝阔台汗三年（1231）官至中书令（宰相），在成吉思汗、窝阔台汗两朝效力近三十年。他致力于以儒治国，定制度、设科举、省刑罚、薄赋敛、劝农桑、赈困穷，为蒙古帝国的发展和元朝的建立打下了坚实基础，同时对于保存并延续中原农耕文明做出了贡献。

印象深刻的异域风物，常常与同样源自西域的葡萄一同作为吟咏对象，例如《赠蒲察元帅七首·其二》"葡萄架底葡萄酒，杷榄花前杷榄仁"。

尽管扁桃曾有过如此多的异名，但自从《本草纲目》将"巴旦杏"作为条目名后，明清不少类书、本草书籍在写到这种植物时，皆称之为"巴旦杏"。相比之下，包括"扁桃"在内的其他名称则逐渐被人遗忘。不过根据《清稗类钞·植物类》"叭哒杏"条记载，在晚清民国时，邻国日本依然称之为扁桃，大概这个物种在唐以后东渡日本，源自《酉阳杂俎》中的这一名称也在日本保留下来。

2. 波斯王的"每日坚果"

作为一种美味的坚果，扁桃仁刚传入我国时就享有美名。前文在引用《酉阳杂俎》时说到，扁桃仁"核中仁甘甜，西域诸国并珍之"，《中国伊朗编》说"波斯王每餐必有一定数量的干甜杏仁"，有些类似我们的"每日坚果"。

南宋时，扁桃仁是茶坊酒肆中常见的小食。吴自牧在宋亡后回忆故国都城临安（今杭州）城市风貌，其《梦粱录》"分茶酒店"条记载了各色菜品点心。其中，水果制品"干果子"就包含"巴榄子"，而"杭城食店，多是效学京师人，开张亦效御厨体式，贵官家品件"。既然是仿照"御厨体式""贵官家品件"，可见巴榄子也曾供宋代的皇室和贵族享用。

绍兴二十一年（1151）十月，宋高宗巡幸清河郡王张俊府第。

为了迎接圣驾，张俊准备了一桌豪华筵席，除了下酒菜十五盏之外，还包括饭前、饭中、饭后所用各色水果、干果，等等。在同样描述临安旧貌的《武林旧事》一书中，作者周密记录下这份令人瞠目的菜单。其中，饭前"垂手八盘子"中有"巴榄子"，饭中"劝酒果子库十番"中有"独装巴榄子"。[1]

设宴的主人张俊是何许人也？南宋初年，他是与岳飞、韩世忠齐名的军事将领，后来投靠秦桧，转为投降派。此后张俊一路飞黄腾达，成为临安远近闻名的官宦豪门，从这份菜单即可窥见其家资之厚。

到元代，扁桃已在我国北方有所种植。元代诗人杨允孚《滦京杂咏》[2]中有诗写到内蒙古锡林郭勒地区的扁桃仁：

> 海红不似花红好，杏子何如巴榄良。
>
> 更说高丽生菜美，总输山后蘑菇香。

作者在诗后自注云："海红、花红、巴榄仁，皆果名。高丽人以生菜裹饭食之，尖山产蘑菇。""海红"即苹果属海棠的果实，比花红

1　"独装"应是一种包装方式，与此相对的是"对装"，例如菜单中的"对装拣松番葡萄"。

2　滦京又名滦阳，位于今内蒙古自治区锡林郭勒盟正蓝旗旗政府以东二十公里处，因滦河上游流经城南而得名。中统元年（1260），元世祖忽必烈在此即位，四年升滦京为上都，九年升中都（北京）为大都。每年夏天，元朝皇帝从大都前往上都避暑，百官随行。杨允孚曾在元顺帝在位时（1333—1370）任尚食供奉官，掌管皇帝膳食。顺帝夏季前往上都时，杨允孚亦侍奉在列，其《滦京杂咏》共108首七言绝句，"诗中所记元一代避暑行幸之典，多史所未详。其诗下自注，亦皆赅悉"。（《四库全书总目提要·滦京杂咏》）

的果实小，"花红"亦苹果属，别名林檎；而"杏子"当指本土杏仁。本土杏仁哪里比得上巴榄仁？负责掌管皇帝膳食的杨允乎此言甚是。

由元入明，扁桃仁成为人们饮茶时所配之小食。《本草纲目》卷二十九"巴旦杏"介绍："其核如梅核，壳薄而仁甘美。点茶食之，味如榛子。西人以充方物。""点茶"是盛行于宋代的一种沏茶方法，与唐代的煎茶法不同，点茶是将烧好的沸水直接注入装有茶叶碎末的茶盏中，同时用工具搅动，使碎末上浮。杨万里《和张功父梡木巴榄花韵》"不餐酥酪却餐茶"，所说即是以扁桃仁供点茶而食。时下一些咖啡店里有卖小包装的扁桃仁，点一杯柠檬红茶，再配几颗扁桃仁，就可以感受明代人的饮茶乐趣。

上文《本草纲目》所谓"西人以充方物"，是说西域人以扁桃仁为特产。明万历二年（1574），扁桃作为埃及的特产，被载入当时外交使节必备的参考书《殊域周咨录》。[1] 清初王士禛《香祖笔记》则说："巴旦杏出哈烈国，今北方皆有之。"哈烈国即今阿富汗赫里河北岸之赫拉特。抗旱性强的巴旦杏，在陆上丝绸之路上的大部分国家，想必都有产出。

尽管巴旦杏在我国北方有栽培，但一直到清末，民间商贩仍以产自国外的巴旦杏仁为美。18世纪，西班牙殖民者将巴旦杏带到美国

---

1 〔明〕严从简《殊域周咨录》卷十二："拂菻，古名密昔儿……其产金、银、珠、西锦、千年枣、马、独峰驼、巴榄、葡萄。"《殊域周咨录》共二十四卷，开篇作者序言作于万历二年（1574）正月，主要介绍大明王朝周边各国，以及与明朝有交往的国家和地区之人文风俗、山川地理、交往历史等。该书将周边国家按地理方位分为东夷、西戎、南蛮、北狄、东北夷。由于将女真称为东北夷，该书在清代被列为禁书。

加州，那里适宜于巴旦杏的生长，如今已成为巴旦杏仁的主要产区。根据 BBC 纪录片《绿色星球》（2022）介绍，在美国加州的中央谷地，40 万公顷的土地上种着 1.4 亿棵扁桃树。今天国内市场上的巴旦杏仁多从美国进口，所以才被称为"美国大杏仁"。但这个名字毕竟容易与中国本土杏仁相混淆，导致本土杏仁受到冲击。直到 2012 年经历一场与之相关的"正名"官司，包装袋上的"美国大杏仁"几个字，才更名为巴旦木或扁桃仁。

3. 梵·高与《杏花》

除了向东传入亚洲东部和南部，巴旦杏也向西传入欧洲，抵达法国南部的中央高原一带，所以我们才能在梵·高的作品中看到它。

1888 年 3 月，为追求宁静、阳光和色彩，梵·高离开巴黎，前往法国东南部的城市阿尔勒。尽管刚刚下过雪，天气还有些冷，但是桃、李、巴旦杏等果树已开始冒出花骨朵儿，它们正以蓬勃的生命力提醒着画家，春天已经来了。

梵·高被眼前大自然的景色所打动，他写信告诉弟弟提奥："虽然天气多变，彤云密布的天空经常刮起大风，但是周遭的巴旦杏已经开花了。"趁着明媚的春光，梵·高在一个月之内创作了十多幅开花的果树。这些作品明亮又纯净，让人强烈地感受到春天来临时的欢愉。其中一幅画的是一枝巴旦杏花，插在一个透明的玻璃杯里，金色的阳光洒在桌子上。

正是从这时起，梵·高开启他绘画生涯中最高产、最绚烂的时

〔荷兰〕文森特·梵·高《玻璃杯中盛开的杏花》(*Blossoming Almond Branch in a Glass*)，1888

画中是法国南部中央高原的巴旦杏花，盛开于冰雪尚未消融的早春三月。

期，他从早到晚拼命地工作，一直到两年多之后去世。梵·高绝大部分知名画作，例如《向日葵》《丝柏树》《星夜》《鸢尾》《麦田与鸦群》，都是在这个时期完成的。在此期间，他的精神疾病也不时发作，严重的时候甚至割伤自己的耳朵。

1890 年 1 月底，弟弟提奥的儿子出生，提奥和他的妻子决定以

〔荷兰〕文森特·梵·高《杏花》(*Almond Blossom*)，1890

这幅知名的《杏花》(73.3cm×92.4cm) 是梵·高送给侄儿的礼物，梵·高自称这是他画过的最耐心也是最满意的一件作品。

哥哥的名字来为这个新生儿命名。当时，梵·高已在圣雷米的一家精神病院住了八个月之久。得知侄儿出生的消息，梵·高喜出望外，他立即决定画一幅画作为礼物。画什么呢？彼时正值早春时节，麦田里刚冒出嫩绿的幼苗，淡紫色的远山逐渐焕发生机，圣雷米的巴旦杏正开始四处开花，与他刚刚来到法国东南部时一样。他想起两年前在阿尔勒的春天画过的那些开花的果树，那些在严寒中绽放的花朵，不正象征着新生命的到来吗？

怀着无比激动的心情，梵·高写信告诉母亲，他决定画一幅杏花，挂在弟弟提奥一家的卧室。与梵·高的许多作品一样，通过厚涂颜料，他在这幅作品里倾注了真挚、强烈的情感，细心地呈现每一处细节，包括"每一朵含苞待放的花朵、每一个斜逸旁出的嫩芽、每一个粉红色的花蕾"，"树枝遍布整个画面，包括每个角度——甚至是最年老、最谦卑、最弯曲和有病害的树枝也可以长出果园中最漂亮的花朵"。除了花朵和枝干，画中别无他物，背景是清澈、纯净的蓝天，"经过反复调配，他重新调出了超脱尘世的蓝色，在每一根饱经风霜的树干和勇敢的花朵周围涂色，用热烈的浓重笔墨在每处参差不齐的空隙、每个丑陋的裂隙里都涂上他称为'蔚蓝色'的颜料。"[1] 从观看的视角而言，我们仿佛躺在草地上，仰望头顶的这株开花的树。而这些美丽的花枝如同飘浮在天上，散发着圣洁的光芒。

在写给提奥的信里，梵·高自信地说，这是他画过的最耐心也是最满意的一幅画。1890 年 2 月底完成这件作品后，梵·高又一次被病魔击倒；就在这一年的 7 月，三十七岁的梵·高结束了自己的生命。半年后，体弱多病的弟弟提奥也离开了人世。

根据梵·高博物馆的介绍，提奥的遗孀继承了梵·高的全部画作，她卖过梵·高的一些作品，但这幅《杏花》从未被出售。作为

---

1 〔美〕史蒂文·奈菲、格雷戈里·怀特·史密斯著，沈语冰等译：《梵高传》，译林出版社，2015 年，第 801—802 页。

梵·高留给小文森特的礼物，它一直被家人细心地珍藏。一开始，提奥将它挂在客厅里钢琴的上方；提奥去世后，这幅作品被挂在小文森特的卧室，陪伴着他的成长。小文森特后来将梵·高的作品捐出，今天我们得以在荷兰阿姆斯特丹的梵·高博物馆里见到它的真容。[1]

以上就是梵·高这幅《杏花》背后的故事。当我们回过头去看这件作品时，相信我们能够感受到，那个贫穷、孤独、对家人深怀歉疚、被疾病百般折磨的梵·高，曾经多么炽热地爱过这个世界。

---

1 梵·高《杏花》背后的故事源自梵·高博物馆官网：https://www.vangoghmuseum.nl/en/art-and-stories/stories/5-things-you-need-to-know-about-van-goghs-almond-blossom。

丁香、鸡舌香

——芭蕉不展丁香结

我一直觉得北京是一座没有花香的城市，不像江南的许多地方，春天有香樟，秋天有丹桂，花开时满城都能闻到，生活在其中的人可能不觉得，这是多么幸福的一件事。在北京，似乎只有每年四月丁香盛开的时候，才能够短暂地享受到这种幸福。有一段时间，我骑车上下班，南二环护城河边沿路丁香怒放，那种质朴、野性的香味，在温柔的晚风中尤其醉人。

1. 结着愁怨的姑娘

初识丁香花，还是在大学一年级五一假期，家住呼和浩特的室友邀请我们去内蒙古旅行。刚下火车，就闻到一阵浓郁的香味。"什么味道这么香？"室友指着路旁一丛开紫花的灌木告诉我们："是丁香。""原来这就是丁香！"

丁香这个名字并不陌生，戴望舒在那悠长的雨巷中，希望逢着"一个丁香一样地结着愁怨的姑娘"。现在终于知道，什么是"丁香一样的颜色，丁香一样的芬芳"。等坐上大巴车，看见沿路的绿化带里种的全是它，紫色、白色的两种花开得无比繁盛，怪不得这么香。后来室友告诉我们，呼和浩特的市花就是丁香，这个城市的大街小巷都有栽种，一到五月就香飘满城。

丁香是丁香属落叶灌木或小乔木，丁香属约19种，大部分产于我国。其中不少种类的花可被用于提取香精、配制高级香料，它们与桂花、茉莉一样，是木樨科著名的香料作物。今天我们在公园中常见的丁香包括紫丁香、北京丁香，以及原产东南欧的欧丁香等，区别不是很大。我们所说的"丁香"或"丁香花"泛指丁香属各类观赏品种。

古籍中关于丁香的记载，最早可追溯至唐代。在唐宋以来的诗词中，关于丁香花的典型意象是它尚未开放的花苞：以其含苞不放的花骨朵，象征心中愁思郁结，难以排解，此即"丁香结"。例如李商隐《代赠二首·其一》：

> 楼上黄昏欲望休，玉梯横绝月如钩。
> 芭蕉不展丁香结，同向春风各自愁。

诗人以女子的口吻，书写相思而不能相见的忧愁。这首诗未编年，具体创作背景不详，与李商隐许多隐晦的情诗同属于一类。相比之下，晚唐牛峤《感恩多》这首词的主题则很明确，属于传统闺怨题材。下阕写别后相思，同样用到了"丁香结"：

> 自从南浦别，愁见丁香结。近来情转深，忆鸳衾。几度将书托烟雁，泪盈襟。泪盈襟，礼月求天，愿君知我心。

再比如晚唐尹鹗《何满子》这首词的下阕：

〔比利时〕皮埃尔－约瑟夫·雷杜德，丁香

方喜正同鸳帐，又言将往皇州。每忆良宵公子伴，梦魂长挂红楼。欲表伤离情味，丁香结在心头。

北宋时，周邦彦以"丁香结"作词牌名："苍藓沿阶，冷萤黏屋，庭树望秋先陨。……汉姬纨扇在，重吟玩、弃掷未忍。"后世以此为调者，主题大多写离愁别怨，因而词风清冷寂寥。

2. 丁香结与盘花扣

"丁香结"既然是诗词中的常见意象，我们不禁要问，究竟什么是丁香结呢？作家宗璞当年也有此疑问，她在《丁香结》一文中写道：

只是赏过这么多年的丁香，却一直不解，何以古人发明了丁香结的说法。今年一次春雨，久立窗前，望着斜伸过来的丁香枝条上一柄花蕾。小小的花苞圆圆的，鼓鼓的，恰如衣襟上的盘花扣。我才恍然，果然是丁香结。

衣襟上这种圆圆鼓鼓的盘花扣，的确可以被称作"丁香"，例如清孔尚任《桃花扇·却奁》"两个在那里交扣丁香，并照菱花，梳洗才完，穿戴未毕"，这里的"丁香"就是盘花扣。

此外，明代亦将金银耳环式样最简单且尺寸最小的一种称为丁香或丁香儿。[1]例如明冯梦龙《醒世恒言》卷八《乔太守乱点鸳鸯谱》

1　扬之水：《读物小札：明代耳环与耳坠》，《南方文物》，2013 年第 2 期，第 126 页。

写道："第二件是耳上的环儿，乃女子平常时所戴，爱轻巧的也少不得戴对丁香儿。那极贫小户人家，没有金的银的，就是铜锡的，也要买对儿戴着。"这里"戴对丁香儿"就是戴一种轻巧的耳环，乃是平常所戴之物，明代女子无论富贵贫穷皆可佩戴，只不过材质不同。清代也是如此。李渔《闲情偶寄·声容部》介绍："饰耳之环，愈小愈佳，或珠一粒，或金银一点，此家常佩戴之物，俗名丁香，肖其形也。"可见，之所以称这种平常佩戴的小巧耳环为丁香，以其似丁香花一样小巧玲珑。

"丁香"可以是盘花扣或小巧的耳环，"丁香结"是什么呢？在有关古代服饰的文献中，尚未见到关于"丁香结"的直接记载。纵观上文所引唐宋诗词可知，"结"在这里作动词，乃含苞不吐之意。因此"丁香结"并非专有名词，"丁香"和"结"能拆开来用，例如南唐李璟《摊破浣溪沙》"青鸟不传云外信，丁香空结雨中愁"。总之，在传统文化中，丁香总是与愁怨联系在一起。难怪戴望舒要说，雨巷里丁香一样的姑娘，有着"丁香一样的忧愁"。

虽然丁香是唐宋文人常用的意象，但唐宋本草、园艺类文献却很少记载它。唐代段成式笔记《酉阳杂俎》续集卷九："卫公平泉庄有黄辛夷、紫丁香。"[1]此外并无更多介绍，加上瑞香亦名紫丁香，因此很难判断段成式此处所说的是否就是木樨科的丁香。较早描述丁香花植物形态的，是明代万历年间高濂《遵生八笺》"四时花纪"中的

---

1 "卫公"指晚唐名相李德裕（787—850）。李德裕，封卫国公，人称"李卫公"。他在洛阳城外建有平泉山庄，著有《平泉山居草木记》一书。

"紫丁香花"：

> 木本，花如细小丁香，而瓣柔色紫，蓓蕾而生，接种俱可。自是一种，非瑞香别名。

高濂明确指出此种丁香并非瑞香别名。清吴其濬《植物名实图考》"丁香花"条引高濂《草花谱》，内容同上，然后解释说：

> 按丁香北地极多。树高丈余，叶如茉莉而色深绿，二月开小喇叭花，有紫、白两种，百十朵攒簇，白者香清，花罢结实如连翘。

小喇叭花，紫色和白色两种，百十朵攒成一簇，果实如连翘，这是古籍中所见对丁香最为详细的描述。紫色的丁香是原变种，白色是变种。丁香的果实成熟后从前端裂开，一如连翘。

为什么一直到《遵生八笺》《植物名实图考》，才有对丁香较为详细的记录呢？细读高濂的上句描述，这种名叫紫丁香的树，其花"如细小丁香"，这是将紫丁香的花，与一种细且小的"丁香"类比。难道还有一种别的丁香不成？

3. 热带香料鸡舌香

的确另有一种"丁香"。此"丁香"并非前文所述木樨科植物，而是桃金娘科蒲桃属的常绿乔木丁香蒲桃（*Syzygium aromaticum*），其干燥的花蕾和果实曾是名贵一时的东方香料，俗称丁子香。

〔德〕赫尔曼·阿道夫·科勒《科勒药用植物》，丁香蒲桃，即鸡舌香，1890

丁香蒲桃原产于印度尼西亚马鲁古群岛北部的五座小型火山岛，这些小岛被古代东方商人誉为香料群岛。大约从公元前1500年开始，这种香料就已通过海上贸易出口到其他地区。

16世纪初，葡萄牙人取得香料群岛的开发权，他们宣称仅靠这里的香料就足以支撑整个王国的繁荣。对于这些能带来巨大财富的香料，后来居上的海上霸主荷兰自然不会放过。为了垄断这种香料，荷兰殖民者于17世纪初将其移植到其他岛屿，然后将香料群岛上的这种树摧毁殆尽，由此给岛上的居民带来经济和信仰上的双重灾难。按照习俗，原住民会在新生儿降生时种下一棵丁香蒲桃，并相信两者的命运紧密关联。殖民者将这些树连根拔起的时候，势必与原住民发生激烈的冲突，说起来还是一部血腥的殖民史。如今，这种香料早已失去昔日的辉煌，它最主要的用途是制造香烟，印度尼西亚的绝大部分烟民是其消费者。[1]

早在汉代，产于热带的丁子香已由南海传入我国，文献中称之为鸡舌香。鸡舌香并非丁香蒲桃的花蕾，而是其果实，以两片子叶形似鸡舌而得名。关于这种香料，东汉应劭《汉官仪》中记载了一个很有趣的故事：

> 桓帝侍中乃存，年老口臭，上出鸡舌香与含之。鸡舌颇小，辛螫，不敢咀咽，嫌有过，赐毒药。归舍，辞决就便宜。家人哀泣，不知其故。僚友求视其药，出在口香，咸嗤笑之。（转引

---

1 〔葡〕若泽·爱德华多·门德斯·费朗著，时征译：《改变人类历史的植物》，商务印书馆，2021年，第107—108页。

自《太平御览》卷九百八十一）

话说东汉时，桓帝身边有一位老臣名叫乃存（一说刁存）。这位老臣有口臭的毛病，于是桓帝赐给他一些鸡舌香含在嘴里。鸡舌香状如枣核，乃存不敢咀嚼不敢吞咽，以为是自己犯了过错被赐予的毒药。回到家后便交代后事，家人悲痛不已，但也不知道究竟是何原因。乃存的同僚们闻讯赶来，想看看皇帝赐的何种毒药，一看原来是鸡舌香，于是都嘲笑他：这不是什么毒药，而是一种香料，皇上让你含在嘴里，是为了治疗你的口臭，让你呵气如兰。

此外，《汉官仪》还记载，皇帝身边处理政务的尚书郎奏事时，嘴里也要含着鸡舌香，所以叫"怀香握兰"。（转引自《初学记》卷十一）"香"即鸡舌香，"兰"即屈原"纫秋兰以为佩"的菊科泽兰。

因此之故，"鸡舌香"也成为在朝为官的象征，后世不少诗句用到这个典故。例如白居易《渭村退居》："对秉鹅毛笔，俱含鸡舌香。"这是诗人丁忧期间寄给同僚的诗，回忆的是当年在朝共事的情景。再如明陈汝元的传奇《金莲记》第三十五出《接武》："棣萼联芳。御杯共醉龙头榜，春雪同含鸡舌香。"《金莲记》叙苏轼生平事迹，结局被改编成阖家团圆、一门荣贵。《接武》一出写苏轼二子苏过、苏迈双双高中，所以叫"同含鸡舌香"。"鸡舌香"也简称"鸡舌""鸡香"。

回到汉末三国时。曹操曾给诸葛亮写过一封信："今奉鸡舌香五斤，以表微意。"结合鸡舌香的寓意，推测曹操写这封短札，可能是想招揽诸葛亮。

〔日〕岩崎灌园《本草图谱》，丁香蒲桃（左）、丁香（右），1828

李时珍《本草纲目》未能区分丁香花与产自热带的丁香蒲桃，岩崎灌园《本草图谱》依从《本草纲目》，将两种丁香绘于一处，认为丁香是丁香蒲桃的另一种。右图所绘乃木樨科丁香，其果实裂开如连翘。

4.鸡舌香何以名"丁香"？

《太平御览》所引魏晋文献中，鸡舌香还没有"丁香"一名。这个舶来的香料，后来为什么被称为"丁香"呢？原因在于其干燥花蕾的外形如同钉子。贾思勰《齐民要术》卷五载"合香泽法"用鸡舌香，注云："俗人以其似丁子，故为'丁子香'也。"

到了唐代，"丁子香"已省略为"丁香"。《本草纲目》卷三十四"丁香"引陈藏器《本草拾遗》："鸡舌香与丁香同种，花实丛生，其中心最大者为鸡舌（击破有顺理而解为两向，如鸡舌，故名），乃是母丁香也。"中药称其花蕾为公丁香，果实为母丁香。北宋医家马志开始对这种源自海外的香料有较为详细准确的记载，《本草纲目》引其《开宝重定本草》云：

> 丁香生交、广、南番。按广州图上丁香，树高丈余，木类桂，叶似栎叶。花圆细，黄色，凌冬不凋。其子出枝蕊上如钉，长三四分，紫色。

"交"即交州，三国时包括广东、广西及越南北部，西晋至隋唐时指今越南北部红河流域，宋以后分离出去。"广"是两广地区。可见北宋时，鸡舌香已引种于我国南部沿海地区。当时的广州图中，有这种植物的手绘图。

之后，苏颂等人奉命以《开宝重定本草》为蓝本，扩充药物并加以注释后撰成《嘉祐本草》。其中，丁香与鸡舌香分别独立成条，但说的其实都是丁香蒲桃。沈括在《梦溪笔谈·药议》"鸡舌香"条中，就指出了这个问题。李时珍在《本草纲目》中将《嘉祐本草》中的丁香与鸡舌香合并，以"丁香"作为条目。于是，"丁香"成为这种香料更为通用的名称。

一种是汉朝时即从南海传入的名贵香料，一种是生活中和诗词里都很常见的美丽花卉，同名而异物，很容易混淆。比如民国初年的《清稗类钞·植物类》就将二者混在一起：

> 丁香为常绿乔木，一名鸡舌香，产于两粤，叶长椭圆形，春

开紫花，或白花，四瓣。子黑色，以为香料，并供药用。京师国学东厢旧有丁香一株，明嘉靖壬寅已有之。康熙戊戌，昆明谢司业补栽数本。道光壬寅，尚书花沙纳官祭酒时，复补植紫、白二株。

"常绿乔木""叶长椭圆形"所指乃鸡舌香；而"春开紫花，或白花，四瓣"所指显然是木樨科丁香，"京师国学东厢旧有丁香"所指亦然。20世纪60年代，鸡舌香在我国岭南地区始有正式的栽培，但产量极不稳定。[1]目前，鸡舌香的主要产地仍然在印尼。这种生于赤道附近的热带植物，无法在我国北方露天环境下生存。

自此，两种同样著名的丁香，我们应该能够分得比较清楚了。

1　卢鸿涛、曾珞欣：《丁香考》，《中药材》，1989年第10期，第38页。

海棠

——

只恐夜深花睡去，故烧高烛照红妆

《红楼梦》第六十三回"寿怡红群芳开夜宴　死金丹独艳理亲丧"，宝玉生日那天晚上，众人在怡红院行酒令占花名儿，湘云抽到的是海棠签。上题"香梦沉酣"，签上题诗"只恐夜深花睡去"，出自苏轼这首《海棠》：

> 东风袅袅泛崇光，香雾空蒙月转廊。
> 只恐夜深花睡去，故烧高烛照红妆。

这句诗正好照应湘云白天醉眠芍药裀。《红楼梦》以花喻人，湘云抽中海棠，绝不仅仅是情节上的呼应，那么海棠花之于湘云有何特殊的寓意？

1. 海棠从何而来？

一般来说，要认识一种植物，得先从其名入手。植物的名称往往包含性状、属种、来源等信息。例如番茄、胡椒、洋葱一类，由"番""胡""洋"可知该种植物很可能从国外传入。同样，"海棠"名中有"海"，自唐代起就被认为是从海外引入我国的植物。《广群芳谱》引唐人李德裕《平泉山居草木记》记载："凡花木以海为名者，悉从海外来，如海棠之类是也。"

的确，海棠直到唐代才见诸史籍记载，唐以前不见其名，这就让人不得不怀疑其来源。后世多认同李德裕的观点，如宋代陈思《海棠谱》：

> 《酉阳杂俎》云："唐赞皇李德裕[1]尝言，花名中之带海者，悉从海外来。"故知海棕、海柳、海石榴、海木瓜之类，俱无闻于记述，岂以多而为称耶？又非多也，诚恐近代得之于海外耳。

但海棠究竟从何处来？史籍未有记载。有一种观点是，海棠可能是由新疆的苹果树与蔷薇科其他种类嫁接而成。"海棠"中的"棠"多指向蔷薇科的果树成员，如甘棠、沙棠、棠梨，等等。从现代植物学的分类来看，各种海棠都是蔷薇科苹果属乔木，它们与苹果的关系最近，与其他蔷薇科常见果树——桃、梨、李、杏的关系较远。如今一些北京菜馆里可以吃到红彤彤的冰冻海棠果，那根本就是迷你版的小苹果，冰冰凉凉，酸酸甜甜，尤其适合夏天。

明代植物类书《群芳谱》将海棠分为四种：贴梗海棠、垂丝海棠、西府海棠、木瓜海棠，都是今天公园中常见的观赏花卉。但需要指出的是，贴梗海棠与木瓜海棠并非海棠，而是木瓜之类，多为丛生灌木，以其花梗短或无、花蒂紧贴枝干、结实如木瓜而得名。从外形上看，此二者与真正的海棠花差别很大。

西府海棠树形硬朗，枝条聚拢，指向天空；垂丝海棠树形柔弱，枝条发散，花梗更为细长，花朵低垂。在五代《花经》中，海棠为"六品四命"，而垂丝海棠列"三品七命"，可见在当时，垂丝海棠更

1　李德裕是唐代赵郡赞皇（今河北赞皇）人，故此处称"赞皇李德裕"。

〔清〕钱维城《万有同春》（局部），贴梗海棠（中间深红）、垂丝海棠（右侧粉红）

钱维城（1720—1772），武进县（今江苏常州）人，乾隆十年（1745）状元，官至刑部侍郎。钱维城自幼喜爱绘画，始从祖母学画折枝花果，后师从工部尚书、书画家董邦达学画山水。其画作深得乾隆帝赏识，共有 160 多件作品被乾隆帝收入《石渠宝笈》（清廷内府所藏历代书画藏品名录）。

受欢迎。垂丝海棠，顾名思义，其花梗细长，花朵下垂。《群芳谱》认为垂丝海棠可能是由山樱桃嫁接而成："树生柔枝长蒂，花色浅红，盖山樱桃接之而成，故花梗细长似樱桃，其瓣丛密，而色娇媚，重英向下，有若小莲。"但这种说法并无科学依据，嫁接并不能产生新的物种或者品种。

"西府海棠"一名出现稍晚，明代学者王世懋《学圃余疏》：

海棠品类甚多，曰垂丝，曰西府，曰棠梨，曰木瓜，曰贴

〔清〕董诰《绮序罗芳图册》，西府海棠

西府海棠的嫩叶呈绿色，而垂丝海棠的嫩叶为紫红色，这是区分两者最为直接的方法。

梗。就中西府最佳，而西府之名紫绵者尤佳，以其色重而瓣多也。此花特盛于南都，余所见徐氏西园，树皆参天，花时至不见叶。西园木瓜尤异，定是土产所宜耳。

历史上"西府"泛指陕西关中平原西部，即今宝鸡及其周边部分地区。2009年，西府海棠被选为宝鸡市市花。除西府、垂丝外，偶尔也能见到湖北海棠、美国红海棠等，花色或白，或粉，或艳红，种类繁多。我们所说的"海棠"，代指蔷薇科苹果属下供观赏的各种海棠。

2. 海棠春睡足

在北京，每年清明前后是海棠的盛花期。中国人民大学藏书馆正门左右各有一株海棠，正对校内最大的草坪，开花时耀眼夺目、热闹非凡。藏书馆曾是学校最早的图书馆，那两株茂盛的海棠也很有些年头。

读硕士时，藏书馆开放作为自习室，我常去二楼西边的阅览室看书。硕士最后一年的春天，写完毕业论文，我开始在那里通读《说文解字》，午休时就在门口的海棠花下踱步、晒太阳，那是学生时代结束前最为惬意的一段读书时光。以后每年海棠花开，我都要回趟母校，去看那两棵海棠。有时候刚下完雨，树底下就会铺上一层淡粉色的花瓣。

京城观赏海棠的景点中，元大都遗址公园里的海棠花溪最为知名。大学三年级，班级组织春游就是去的那儿。北三环和北四环之间，数千株海棠沿河盛开，绵延数里，赏花人络绎不绝。我们找了一棵树，席地野餐，有个同学带了一支箫来助兴。箫声幽远，落红阵阵，颇有古人踏青的雅趣。

海棠花溪之外，北京宣武门外法源寺的海棠亦可观。据《清稗类钞·植物类》，"乾隆时，京师法源寺海棠最盛"。法源寺始建于唐太宗贞观十九年（645），是北京最古老的名刹，唐时为悯忠寺，清雍正时重修后更为今名。古刹多古树，法源寺的海棠想必年代久远。

前文说，海棠见于史籍的时间较晚，唐诗中写到海棠花的也不多，李白和杜甫都未留下关于海棠的诗篇。尤其海棠以蜀地为盛，杜甫在成都几年，竟未有一言提及海棠，令后人匪夷所思。根据明代《群芳谱》所引北宋王禹偁《诗话》的解释，杜甫不写海棠诗，是为避讳："杜子美避地蜀中，未尝有一诗说着海棠，以其生母名海棠也。"不过，说杜甫生母名为"海棠"，则纯属猜测。[1]

北宋开始，关于海棠的文学诗词多了起来。宋代园艺业空前发达，世人喜为名花编谱，如欧阳修为"花王"著《洛阳牡丹记》，王观为"花相"著《扬州芍药谱》。南宋陈思则撰有《海棠谱》三卷，卷上叙事，搜罗史籍中与海棠相关的掌故，卷中和卷下收录唐宋之间文人吟咏海棠的诗歌。其卷上云：

> 尝闻真宗皇帝御制后苑杂花十题，以海棠为首章，赐近臣唱和，则知海棠足与牡丹抗衡，而可独步于西州矣。

宋时海棠能够与"花王"牡丹相提并论，可见其地位较五代时有很大的提升。陆游在蜀多年，曾写过多首海棠诗，对海棠极为推崇。例如这首《海棠歌》：

> 我初入蜀鬓未霜，南充樊亭看海棠。
> 当时已谓目未睹，岂知更有碧鸡坊。
> 碧鸡海棠天下绝，枝枝似染猩猩血。
> 蜀姬艳妆肯让人，花前顿觉无颜色。
> 扁舟东下八千里，桃李真成仆奴尔。

---

[1] 洪业著，曾祥波译：《杜甫：中国最伟大的诗人》，上海古籍出版社，2020 年，第 27 页。清代李渔认为杜甫未写到海棠并不奇怪，不必妄自猜测是为母避讳，其《闲情偶寄·种植部》"海棠"条云："生母名海棠，予空疏未得其考，然恐子美即善吟，亦不能物物咏到。一诗偶遗，即使后人议及父母。甚矣，才子之难为也。"

若使海棠根可移，扬州芍药应羞死。

风雨春残杜鹃哭，夜夜寒衾梦还蜀。

何从乞得不死方，更看千年未为足。

乾道八年（1172），枢密使王炎宣抚四川，陆游被辟为幕宾，从夔州（今重庆奉节）赴南郑（今陕西汉中）。途经南充樊亭，他见到当地海棠盛开颇为震动，感叹此花可谓前所未见。等到了成都碧鸡坊，更觉成都海棠天下无双，"碧鸡海棠天下绝，枝枝似染猩猩血"。蜀地美人、春风桃李，乃至于扬州芍药，都无法与成都的海棠相媲美。陆游初见海棠时两鬓未霜，但嘉定元年（1208）写这首诗时已年过八旬。他想念蜀中的海棠，夜夜梦回蜀地，希望能够求得不死之方，将这海棠看上千年。陆游怀念的仅仅是蜀中的海棠吗？海棠花背后，大概是诗人壮年时在川陕军幕那段难忘的时光吧。

在《广群芳谱》中，与海棠相关的诗词，篇幅达一卷半，比芍药还多（芍药共一卷）。而众多的诗词中，最著名的就是开头《红楼梦》所引的那首《海棠》。东坡在这首诗里用到了杨贵妃的典故，详见北宋僧人惠洪《冷斋夜话》：

东坡作《海棠诗》曰："只恐夜深花睡去，高烧银烛照红妆。"事见《太真外传》，曰："上皇登沉香亭，召太真妃子，妃子时卯醉未醒，命力士从侍儿扶掖而至，妃子醉颜残妆，鬓乱钗横，不能再拜。上皇笑曰：'岂是妃子醉，真海棠睡未足耳。'"

卯时是早晨五点到七点，杨贵妃酒醉未醒，脸上醉容残妆，头上鬓乱钗横，见到皇上都不能行再拜之礼。唐明皇笑说，哪里是妃子醉酒，分明是海棠花春睡不足。此处，唐明皇将贵妃酒后未醒的柔美姿态比之于海棠花。

后人写海棠时也多用此典，如宋人陈与义《海棠》"却笑华清夸睡足，只今罗袜久无尘"、杨万里《垂丝海棠盛开》"懒无气力仍春醉，睡起精神欲晓妆"，等等。《红楼梦》里第五回描写秦可卿的闺房，房中那幅唐伯虎《海棠春睡图》，画中人物应该也是杨贵妃。

总结下来，古代诗文中，海棠常意指"贵妃春睡"，而且到北宋时，海棠的地位上升，能与牡丹相抗衡。知道这些，我们就能更好地理解《红楼梦》中海棠花之于史湘云的意义。

3. 史湘云与海棠花

湘云为何抽中海棠签？在周汝昌先生看来，理解小说里的"海棠"与湘云之间的对应关系，对于读懂《红楼梦》至关重要。他在《红楼艺术·怡红院的境界》里说道："在雪芹原著中，本来是黛、钗、湘'三部曲'，黛、钗皆早卒，惟有湘云尚在，而惨遭不幸。"[1]

为何如此说？不妨从怡红院的命名说起。"怡红院"一名中的"红"就是海棠花。第十七回"大观园试才题对额　荣国府归省庆元宵"介绍怡红院的景致时描写道：

1　周汝昌著：《红楼艺术》，人民文学出版社，2016年，第82页。

〔清〕钱维城《万有同春》（局部），垂丝海棠（中间粉红）

贾政与众人进了门，两边尽是游廊相接，院中点衬几块山石，一边种几本芭蕉，那一边是一株西府海棠，其势若伞，丝垂金缕，葩吐丹砂。众人都道："好花，好花！海棠也有，从没见过这样好的。"

众人题咏，其中一人道"崇光泛彩"，得到贾政好评。"崇光泛彩"即来自东坡《海棠》诗的首句"东风袅袅泛崇光"。宝玉认为院内有芭蕉、海棠两种植物，其意暗藏"红""绿"二字，建议题作"红香绿玉"。接着第十八回"皇恩重元妃省父母 天伦乐宝玉呈才藻"，宝玉作《怡红快绿》："绿蜡春犹卷，红妆夜未眠。""绿蜡"即芭蕉，"红妆"即海棠。

周汝昌先生认为："'蕉棠两植'又是全部大书的'核心之核心'，其重要无与伦比！"因为芭蕉与海棠都有象征意义："绿蕉喻黛玉，红棠喻湘云：此二人方是书中重要女角，而这院中竟无宝钗的地位。"[1]本来是"怡红快绿"，元妃却改为"怡红院"，省去"绿"字，在周先生看来，也是大有寓意，周先生对于湘云人物重要性的总结非常全面，故全文录之于此：

> 事实上，雪芹几乎是从第二十一回让湘云初次上场之后，方到第三十六回海棠开社，已是把笔的重心从黛钗逐步而鲜明地转向湘云身上来了。紧接着菊花诗，已是湘云做那一会的主人（做东请客）了。菊花诗十二首，首首是暗写后来的湘云。湘云

---

1 《红楼艺术》，第81页。

也是重起"柳絮词社"的带头人。湘云还又是凹晶馆中秋夜联句与唯一同伴黛玉平分秋色之人。湘云更是芦雪广（音"掩"，真本原字，非今之简化字。其义为广阔而简素的大房屋）争联即景诗的"争"得大胜的诗豪！不但如此，到烤鹿肉时，就由南方新来、未谙北俗的李婶娘口中，说出了惊人的一句："怎么一个带玉的哥儿和那一个挂金麒麟的姐儿，那样干净清秀，又不少吃的……说的有来有去的。……"

这在全书，乃是石破天惊之文——第一次正面点破了"金玉姻缘"的真义。一条脂批也说：玉兄素所最厚者，唯颦、云二人。[1]

由此我们知道，从小说的情节上来看，以"海棠"象征湘云，有理有据。再则，湘云一直与宝钗居住，宝钗有金锁，湘云有金麒麟，皆是"金玉姻缘"的重要映射。宴席上宝钗抽中花签是牡丹，而海棠花的地位也曾与牡丹相当。海棠在传统诗文中指代贵妃酒后春睡的意态，一方面与湘云醉眠芍药裀的情节相呼应，一方面也能与湘云贵族女子的身份相匹配。

自此，我们开头提出的问题应该得到了比较合理的解答。

---

1 《红楼艺术》，第 81—82 页。

蔷薇

——

拟花无品格，在野有光辉

小时候住在乡下，野蔷薇是暮春常见的野花之一。菜园篱笆，田埂山野，都有它的身影。中学时去县城念书，半个月回一次家，下车后有一段靠山的乡村公路。如果是在四五月份，山脚下就会开满野蔷薇，无数花朵缀满枝头，将纤细的枝条压下来，一直延伸到路边。每次我都忍不住走到跟前闻一闻，那种花香是山野丛莽的味道。江城梅雨多，野蔷薇的花瓣和叶片上常伴有水珠，晶莹剔透，单是看看它们，就叫人赏心悦目。

1. 攀缘的蔷薇

野蔷薇（*Rosa multiflora*）是蔷薇科蔷薇属攀缘灌木。据《中国植物志》，蔷薇科是个不小的家族，约 124 属 3300 余种，分布于全世界，北温带较多。我国约有 51 属 1000 余种，分布于全国各地。此科有许多我们经常吃的水果，苹果、梨、李、杏、桃、梅、樱桃、枇杷、山楂、草莓，等等。通常，春天我们去公园里赏花，开得最繁盛的一批也多是蔷薇科植物，月季、樱花、海棠、玫瑰、绣线菊、珍珠梅、黄刺玫、棣棠都是常见的观赏花卉。所以说，蔷薇科与我们的关系十分亲密。

我们常说的"蔷薇"，狭义上指的就是野蔷薇及

〔清〕钱维城《万有同春》（局部），蔷薇（黄色及紫红色）

蔷薇的枝条均蔓生，攀缘附木而生，这是蔷薇区别于月季及玫瑰的重要特征，月季和玫瑰的茎均直立。

其变种，广义上的"蔷薇"还包括它们杂交培育出来的群类。下文单独提及"蔷薇"时，均指广义上的蔷薇。它们有个共同的特点：枝条柔弱，攀缘蔓生。这是蔷薇区别于它的近亲月季和玫瑰的重要特征，月季和玫瑰的茎均直立。

蔷薇原产中国且历史悠久。我国最早的药物学著作《神农本草经》将蔷薇列为上品，名为"营实"，又名墙薇、墙麻、墙蘼等。这些名字中都有一个"墙"字，按照《本草纲目》卷十八的解释，之所以名为"营实、墙蘼"，是因为蔷薇这类植物枝条"柔靡"，需"依墙援而生"。魏晋医书《名医别录》将"墙薇"改为"蔷薇",都是草字头,更像是一种植物的名字,所以后世惯用草字头的"蔷"。蔷薇结实,"成簇而生,如营星然",所以叫"营实"。营星,即营头星,是古时出现于军营上方的星,如坠落会被认为是大凶之兆。中药里的营实,专指野蔷薇的果实。

春天野蔷薇抽出嫩茎,我们小时候会掐来剥皮,吃里面绿色的嫩芯,味道很甜。这种源自大自然的食物我们称之为"芽蓬"(音),《本草纲目》称其为嫩蕻,即嫩茎:

> 蔷薇野生林堑间。春抽嫩蕻,小儿掐去皮刺食之。既长则成丛似蔓,而茎硬多刺,小叶尖薄有细齿。四五月开花,四出,黄心,有白色、粉红二者。结子成簇,生青熟红。

历史上饥荒的年份多,明清尤然,像野蔷薇这样的嫩茎,可充作孩子们的口粮。

除了上述野生的蔷薇外,李时珍还提到一些栽培种。它们花大色浓,有白、黄、红、紫几种颜色,更具观赏性,李时珍夸赞说"皆香艳可人"。成书时间稍晚的《群芳谱》中记录了更多的蔷薇品种:朱千蔷薇、荷花蔷薇、五色蔷薇、黄蔷薇、黑蔷薇,等等,其中黄蔷薇是上品。

除了观赏之外,蔷薇的花瓣可以蒸馏之后制成"露",即蔷薇露,又名蔷薇水,最初是源自西域的一种香水。最早记载蔷薇水的文献是唐代张泌笔记《妆楼记》:"周显德五年,昆明国献蔷薇水十五瓶,云得自西域,以洒衣,衣敝而香不灭。"衣服都穿破了香气还在，虽然夸张，但可想见香味之馥郁。

宋代开始，蔷薇水被用于化妆，并且由于传统化妆方法的原因，蔷薇水常常与香粉一同使用。孟晖梳理了古时化妆用于调粉的几种手段，包括纯水、冰糖水、蜜水、牛奶化冰糖、油性的面脂等，而蔷薇露这样的花露，是最为优雅但也比较奢侈的一种调粉方法。[1]

蔷薇花也可与香粉同蒸，制作成面药，涂在脸上能辟汗、去黑斑。清代赵学敏《本草纲目拾遗》卷七"野蔷薇"引《百草镜》："春月，山人采其花，售予粉店，蒸粉货售，为妇女面药，云其香可辟汗，去䵟黑。"

据孟晖推断，《红楼梦》里湘云用来治疗杏斑癣的蔷薇硝，"就是用野蔷薇花蒸过，熏上了花香，也因此，而被命之以如此宜人的名称"。[2] 这种蔷薇硝成分比较纯，不似市场上普通的水银粉制品会掺有石膏粉等，此外还有蔷薇花加持，正是贾环所说的"蔷薇硝擦癣比外头的银硝强"。

2. "野客"的山野气质

蔷薇虽然有很多用途，但由于带刺而不可近玩，它在群芳中的名气并不大，受欢迎程度也不算高。在五代《花经》中，蔷薇与玫瑰并列"七品三命"，在"九品九命"中位列倒数第三。

1　孟晖著：《贵妃的红汗》，南京大学出版社，2011年，第213—214页。

2　《贵妃的红汗》，第209页。

尽管浑身带刺，并不妨碍人们欣赏蔷薇。这种原本生于山林水涧的野花，自由而顽强，春光一到，春雨一来，它们就在人们看不到的地方悄然绽放，热热闹闹地把枝条压弯了腰。蔷薇是以又名"野客"，这个名字取得极当。魏晋以来，吟咏蔷薇的诗篇非常多。清代植物类书《广群芳谱》收录了不少关于蔷薇的诗词歌赋，其篇幅超过了玫瑰、茉莉、栀子等似乎更受欢迎的花卉，试选几首。

梁简文帝《咏蔷薇》写其花香缭绕：

> 燕来枝益软，风飘花转光。
> 氤氲不肯去，还来阶上香。

南宋姜特立《野蔷薇》写出了这种植物的山野气质：

> 拟花无品格，在野有光辉。
> 香薄当初夏，阴浓蔽夕晖。
> 篱根堆素锦，树杪挂明玑。
> 万物生天地，时来无细微。

明人鲁铎《饮蔷薇下》写诗人花下独酌，借蔷薇表现诗人闭门自守、不妄交人的个性：

> 独酌蔷薇下，花阴乱午风。
> 有时残露滴，刚着酒杯中。

白居易也写过蔷薇花下饮酒，其《蔷薇正开》云：

〔比利时〕皮埃尔－约瑟夫·雷杜德，硫磺蔷薇

硫磺蔷薇以花瓣颜色纯净明艳似硫磺而得名，颇受园艺师的青睐。在我国古
代，开黄花的蔷薇曾被认为是蔷薇中的上品。

〔比利时〕皮埃尔－约瑟夫·雷杜德，百叶蔷薇

本图选自雷杜德的代表作 *Les Roses*。此书收录 100 多种极其精美的蔷薇属花卉
插图，被誉为"玫瑰圣经"。

瓮头竹叶经春熟，阶底蔷薇入夏开。

似火浅深红压架，如饧气味绿粘台。

试将诗句相招去，倘有风情或可来。

明日早花应更好，心期同醉卯时杯。

"饧"同糖，指蔷薇花的味道甜而浓。"卯时"是指早晨五点至七点。又是绿竹，又是蔷薇，春末初夏时节，邀友人花下饮酒，一定是白居易生命中怡然自足的一个时刻。

上文所引唐代和明代诗歌中，都写到蔷薇花下饮酒的雅兴，说明作为庭院观赏植物，蔷薇的确很受欢迎。毕竟它没那么娇贵，易于成活，而且开花繁盛，香气袭人。《红楼梦》大观园里就种了不少蔷薇。第十七回"大观园试才题对额　怡红院迷路探曲折"，贾政领着宝玉逛大观园，为各处亭榭拟写匾额对联，看完"有凤来仪"，前往"蓼汀花溆"，沿途花木繁盛，应接不暇：

> 一面引人出来，转过山坡，穿花度柳，抚石依泉，过了荼蘼架，再入木香棚，越牡丹亭，度芍药圃，入蔷薇院，出芭蕉坞，盘旋曲折。

荼蘼、木香皆是蔷薇属观赏花卉。"荼蘼架""木香棚""蔷薇院"，一路上所见的六种花木小景中，蔷薇属植物占了一半。

荼蘼我们不陌生。宋代王淇《春暮游小园》诗曰："开到荼蘼花事了，丝丝天棘出莓墙。"由于开花稍晚，所以古诗文中多用于表达时光易逝、春光已老。它在古籍中有许多别名，例如《群芳谱》中记有独步春、百宜枝、琼绶带、雪璎珞、沉香蜜友等名，这些名字都非常美，足见人们对它的喜爱。明王圻、王思义《三才图会·草木》："种此花者用高架引之，二三月间漫烂可观。"清陈淏《花镜》卷四也说它："蔓生多刺，绿叶青条，须承之以架则繁。"大观园里的荼蘼花也是以花架支撑，所以叫"荼蘼架"。现代植物学将荼蘼鉴定为"香水月季"（*R. odorata*）。[1]

木香（*R. banksiae*）开白花，花朵繁密且香味浓郁，其枝条长可达 6 米，超过一般蔷薇属植物，特别适合施于棚架，是谓"木香棚"。明王象晋《群芳谱》说木香"高架万条，望如香雪"，是以又名"锦棚儿"。这是古代江南园林的常见布景。明文震亨《长物志》卷二"蔷薇、木香"条说：

> 尝见人家园林中，必以竹为屏，牵五色蔷薇于上。架木为轩，名"木香棚"。花时杂坐其下，此何异酒食肆中？然二种非屏架不堪植。

以竹为屏，架木为轩（长廊），蔷薇与木香花开时，众人杂坐其下，就如同身处酒馆、食肆中一般。可见当时的酒楼饭店，也用到了木香棚这样的造景。

---

1 清代陈淏《花镜》记载荼蘼有三种：一种"大朵千瓣，色白而香"；一种"有蜜色者不及黄蔷薇，枝梗多刺而香"，此种色黄者似酒，所以也加上"酉"字旁写作"酴醾"，吴其濬《植物名实图考》称为"黄酴醾"；还有一种开红花，"俗呼番荼蘼，亦不香"。《中国植物志》将荼蘼鉴定为香水月季，其原变种，花瓣芳香，白色或带粉红色；其变种有橘黄香水月季（花重瓣，黄色或橘黄色）、粉红香水月季（花重瓣，粉红色），或可分别对应《花镜》中的三种荼蘼。

〔比利时〕皮埃尔－约瑟夫·雷杜德，木香

木香枝条较长，园林造景多施之于棚架，是为木香棚。其花朵虽小，但极其繁密，且香味浓郁，所以才说"高架万条，望如香雪"。济南趵突泉公园有两处，四五月可观。

3. 龄官画蔷

关于蔷薇花，《红楼梦》里写得最美的情节是"龄官画蔷"，其中涉及小说里的两个小人物：龄官和贾蔷。

龄官是贾蔷从江南采办的十二名唱戏的女孩之一，也是功底最为出色的一个。贾元春省亲时，她的表演得到元妃的褒奖。第三十回"宝钗借扇机带双敲　龄官划蔷痴及局外",作者借宝玉之眼,写到这位少女外貌体态之不凡:"眉蹙春山,眼颦秋水,面薄腰纤,袅袅婷婷,大有林黛玉之态。"这一回中间的小插曲就是"龄官画蔷",借着蔷薇花,我们一起重温小说中的这个经典片段:

> 且说宝玉见王夫人醒了,自己没趣,忙进大观园来。只见赤日当天,树阴合地,满耳蝉声,静无人语。刚到了蔷薇架,只听见有人哽噎之声,宝玉心中疑惑,便站住细听,果然架下那边有人。此时正是五月,那蔷薇花叶茂盛之际,宝玉悄悄的隔着篱笆洞儿一看,只见一个女孩子蹲在花下,手里拿着根绾头的簪子在地下抠土,一面悄悄的流泪呢。……
>
> 里面的原是早已痴了,画完一个"蔷"又画一个"蔷",已经画了有几十个"蔷"。外面的不觉也看痴了,两个眼睛珠儿只管随着簪子动,心里却想:"这女孩子一定有什么话说不出的大心事,才这么个形景。外面他既是这个形景,心里不知怎么熬煎呢!看他的模样儿这般单薄,心里那里还搁得住熬煎?可恨我不能替你分些过来。"

花繁叶茂的蔷薇花下,龄官一遍一遍地写着心上人贾蔷的名字。贾蔷是宁国府与贾蓉同辈的正派玄孙,父母早亡,从小与贾珍过活,后来自立门户,当上贾府小戏班梨香院的总管,心中所爱正是龄官。一个是宁国府的公子,一个是飘零江湖的优伶,身份地位之悬殊,相爱而不能相伴,正是龄官说不出来的"大心事",是她内心的煎熬。

贾蔷名蔷,所以曹雪芹安排龄官在蔷薇花下画"蔷",自是理所应当。不过仔细想来，龄官的人物设定与蔷薇花也有几分相符。龄官被卖入贾府，寄人篱下，身份卑贱，"没人管没人理"，但容貌堪比林黛玉。如果要找一种花与之相配，牡丹、芍药这些是断然不符的，蔷薇却较为合适，因其别名"野客"，地位也是卑贱的。清初园艺类著作《花镜》称："此种甚贱，编篱最宜。"

龄官虽为优伶，但自尊心极强，就连唱戏也是要讲原则的。第十八回"林黛玉误剪香袋囊　贾元春归省庆元宵"，贾蔷命龄官作《游园》《惊梦》却遭到拒绝："龄官自为此二出原非本角之戏，执意不作，定要作《相约》《相骂》二出。贾蔷扭他不过，只得依他作了。"第三十六回"绣鸳鸯梦兆绛芸轩　识分定情悟梨香院"，贾蔷花一两八钱银子买来一只玉顶金豆哄她开心，她不领情，反说道："你们家把好好的人弄了来，关在这牢坑里学这个劳什子还不算，你这会子又弄个雀儿来，也偏生干这个。你分明是弄了它来打趣形容我们，还问我好不好。"

她的自尊自爱，她性格里的这份倔强，就好像野蔷薇尖锐的芒刺，正如陆龟蒙《蔷薇》诗所云："外布芳菲虽笑日，中含芒刺欲伤人。"而她对贾蔷的痴情，对自由的渴望，就像山野里无人问津却兀自盛放的野蔷薇，潇潇洒洒，义无反顾。

不知曹公在写龄官的时候是否有此寓意。我看到蔷薇，就自然会想起蔷薇花下的龄官。这个大观园里地位卑下的弱女子，有着让人欣赏和尊敬的地方，正如前文姜特立《野蔷薇》一诗中所称赞的——"拟花无品格，在野有光辉"。

紫藤

——

密叶隐歌鸟，香风留美人

　　五一假期去北京西郊大觉寺，寺里的玉兰、丁香已经开败，唯有紫藤花还在盛开。"惆怅春归留不得，紫藤花下渐黄昏"，一千多年前的大唐长安，白居易在暮春前往慈恩寺，寺中春色也只剩下紫藤。

1. 紫藤萝瀑布

　　中学时读《紫藤萝瀑布》，那时并未见过这种开紫花的藤蔓。紫藤（*Wisteria sinensis*）是豆科常见的攀缘藤本，但是我一直没有见到过。后来到北京读大学，在中国人民大学东门求是园的回廊见到紫藤，阳光下那一串串珠光宝气的紫藤花耀眼夺目，令人印象深刻。多年后再回过头去读《紫藤萝瀑布》这篇散文，惊讶于宗璞先生细致的观察和丰富的想象：

　　　　每一穗花都是上面的盛开、下面的待放。颜色便上浅下深，好像那紫色沉淀下来了，沉淀在最嫩最小的花苞里。每一朵盛开的花就像是一个小小的张满了的帆，帆下带着尖底的舱，船舱鼓鼓的；又像一个忍俊不禁的笑容，就要绽开似的。

　　如果要给这段文字配一幅插图，清代画家钱维城的一幅写生紫藤堪称绝配。细看这幅画，的确每

〔清〕钱维城，写生紫藤

紫藤是古代花卉画中常见的题材。画中的紫藤花采用的是没骨画法，即不用勾线，而是直接以颜色晕染。每一朵花的颜色由深到浅，极其自然。整体上活泼灵动，是紫藤写生画中的佳作。

一串花序都是从上到下，依次开花；每一朵花的颜色都是从上到下，由浅变深。钱维城是乾隆年间状元出身的一名官员，擅长用写实的手法画折枝花卉。紫藤是先开花后长叶，紫穗累累、垂如璎珞之时，浅黄娇嫩的羽状复叶刚刚舒展。钱维城这幅画也抓住了这个特征。当我们对照文字去看这幅紫藤，能感受到钱维城在作画时也是倾注了情感的，画里的紫藤像是在冲我们微笑。

画中那些帆船一样的花朵，便是豆科植物所具有的蝶形花冠。

羽状的复叶，宽大的荚果，也是豆科植物的典型特征。紫藤荚果的外壳上密被绒毛，摸上去特别舒服。如果你从紫藤架下走过时正好看见它的荚果，不妨伸手感受一下那独特的质地。

你也可能会遇到两瓣开裂的果壳，它们以优美的弧度扭曲变形，但种子已了无踪迹。也许就在不久之前，那枚荚果刚刚"爆炸"，已经成熟的种子像子弹一样被奋力弹射出去。这是紫藤传播种子的方式。如果种子直接落在地上，发芽之后会被头顶的"母亲"完全遮住阳光，这样不利于它以后的生长。

除了开紫花，紫藤还有开白花的，中文正式名叫白花紫藤（*W. sinensis* f. *alba*），拉丁名中 f. 是 forma 的缩写，表示它是紫藤的"变形"，二者的花序长 15—30 厘米。我们偶尔会见到一种紫藤，其花序长度远远超过一般紫藤花，达到 30—90 厘米，而且花朵极其繁密。这种紫藤名叫多花紫藤（*W. floribunda*）。

多花紫藤原产日本，以发源于大阪市福岛区的野田藤最为有名，它是最长的紫藤花品种，镰仓时代（1185—1333）起已有文人歌咏。日本园艺家柳宗民《四季有花》中介绍的九尺藤就属于野田藤，花序长度可达 2 米。大阪市每年都会举办观赏这种紫藤的活动，同一枝上的花几乎同时开放，可以想象，成片的野田藤盛开时有多么震撼。

2. 自然界的绞杀者

紫藤栽培以观赏的历史可追溯至唐代。据唐陈藏器《本草拾遗》记载，当时的长安人将紫藤作为观赏植物种于庭院，用它的种子来延

〔荷兰〕亚伯拉罕·雅克布斯·温德尔《荷兰园林植物志》，白花紫藤、紫藤，1868

紫藤原产中国，由植物猎人从中国或者日本带到欧洲。

长酒的保质期。

　　同样是在唐代，诗人开始写到紫藤花，例如李白《紫藤树》写到宜阳（今河南洛阳市下属县）紫藤花下的明媚春光："紫藤挂云木，花蔓宜阳春。密叶隐歌鸟，香风留美人。"紫藤从高高的树上垂下来，鸟儿藏在茂密的叶丛后唱歌，春风吹来紫藤花的香味，引得美人流连观赏。

　　白居易则托物言志，在《紫藤》这首长诗中，他将紫藤比作攀附权势的谀佞之徒，或者是蛊惑人夫的妖媚妇人：

藤花紫蒙茸，藤叶青扶疏。

谁谓好颜色，而为害有余。

下如蛇屈盘，上若绳萦纡。

可怜中间树，束缚成枯株。

柔蔓不自胜，袅袅挂空虚。

岂知缠树木，千夫力不如。

先柔后为害，有似谀佞徒。

附着君权势，君迷不肯诛。

又如妖妇人，绸缪蛊其夫。

奇邪坏人室，夫惑不能除。

寄言邦与家，所慎在其初。

毫末不早辨，滋蔓信难图。

愿以藤为戒，铭之于座隅。

"可怜中间树，束缚成枯株"，所说乃是自然界的绞杀现象。绞杀植物通常善于攀缘，它们的根系深入地下，与被攀爬的对象争夺水分和养料。在地面以上，它们勒住被绞杀植物的枝干，阻止其水分和养分的输送；等它们爬上被绞杀植物的顶部，便开始争夺空间和阳光，甚至会妨碍其正常授粉。经过相当长的一段时间，被绞杀植物由于得不到足够的水分和养分，最终走向死亡。

我们知道，绞杀植物中最为著名的是桑科的榕属植物。榕属植物的独特之处在于不定根靠在一起时能够相互融合成一体，最后形成一张密集的网，将原本附生的大树牢牢地勒在中间，大树失去成长的

〔日〕岩崎灌园《本草图谱》，野田藤，1828

野田藤是多花紫藤的一种，多花紫藤的茎是顺时针盘绕而上，植物学术语叫
"茎右旋"，与紫藤正相反。

〔日〕歌川广重《名所江户百景·龟户天神社境内》

龟户天神社被誉为东京第一紫藤名胜，画面近景即是一串长长的多花紫藤，岸边密密麻麻的紫藤花吸引了众多市民前来观赏。

空间，输送水分和无机养料的韧皮得不到更新，最终导致整棵树无法存活。[1] 紫藤、凌霄这类藤本虽然没有这样的不定根，但只要有足够长的时间，它们也能变成绞杀者。

白居易曾作《有木诗八首》，以花木喻人，颇多讽喻，其一即以凌霄讽刺附丽权势之人，与上面这首《紫藤》如出一辙。他将"先柔后为害"的紫藤，比喻为攀附君权的"谀佞徒"、蛊惑其夫的"妖妇人"。

虽然白居易有此类比，但后世文人写到紫藤时，并未像这样托物言志，一味表现其绞杀者的形象。所以，不同于凌霄花，紫藤并未被赋予过多的文化内涵。这就是为何舒婷在《致橡树》里说她绝不做攀缘的凌霄花，而不是攀缘的紫藤花。

1　马炜梁、寿海洋著：《植物的"智慧"》，北京大学出版社，2021年，第34—36页。

泡桐

四五月的北京，如果你在路边见到开满紫色喇叭花的树，那很有可能是一株泡桐。它们先开花后长叶，开花的时候很香，走近它们，就像步入一团香雾。现在城市里很少再种泡桐，不过在一些古老的寺庙，或者有些年头的公园或小区的一角，倒是时常能与它们偶遇。

1. 优质的泡桐木

第一眼看见泡桐花，总觉得似曾相识。漏斗状的钟形花冠，与树底下同时盛开的地黄很像。事实上，地黄正是泡桐的近亲，原本都属于玄参科。旧玄参科约 200 个属，多为草本植物，泡桐属是其中少有的乔木。在新分类系统（APG IV 系统）中，泡桐属从玄参科中分离出来，单独成为泡桐科。

泡桐科植物中，北方常见的是毛泡桐（*Paulownia tomentosa*），花冠紫色，树叶心形，花、叶表面密布绒毛。毛泡桐耐干旱与瘠薄，适于北地生长。另一种花色偏白的是白花泡桐（*P. fortunei*），南方多见，近年来河北等北方省份有引种。不论哪种泡桐，花冠内部都有漂亮的紫色细斑，那是吸引昆虫采蜜授粉的路标。以下"泡桐"均指泡桐科乔木。

白花泡桐在《本草纲目》卷三十五"桐"中有记

〔德〕菲利普·弗朗兹·冯·西博尔德《日本植物志》，毛泡桐，1870

曾孝濂，白花泡桐，植物志专用墨线图，1976

〔日〕佚名《本草图汇》，白花泡桐（左）、毛泡桐（右），19世纪

不论哪种泡桐，花冠内部都有漂亮的紫色细斑，那是吸引昆虫采蜜授粉的路标。

载，李时珍对其名称的由来、用途、形态有详细的描述：

> 桐花成筒，故谓之桐。其材轻虚，色白而有绮文，故俗谓
> 之白桐、泡桐，古谓之椅桐也。……盖白桐即泡桐也。叶大径
> 尺，最易生长。皮色粗白，其木轻虚，不生虫蛀，作器物、屋
> 柱甚良。二月开花，如牵牛花而白色。结实大如巨枣，长寸余，
> 壳内有子片，轻虚如榆荚、葵实之状，老则壳裂，随风飘扬。

"结实大如巨枣"者，正是那卵圆形的果实。其果实成熟后裂成
两半，里面藏着榆钱一样又轻又薄的种子，种子周围有一圈膜质翅，
李时珍称之为"子片"，甚是恰当。借助那薄如蝉翼的膜质翅，泡桐

的种子能够御风远行。由于种子太小，很容易被忽略，加上它的花芽在冬天便开始孕育，很容易与挂在枝上的果实相混淆。所以贾思勰《齐民要术》说："白桐无子，冬结似子者，乃是明年之花房。"

李时珍说泡桐"最易生长"，这是它的优势之一，一般六至十年可成材。民间总结说"一年一根干，三年像把伞，五年能锯板""栽桐不用愁，八年长一楼"。而且泡桐属植物均为高大乔木，例如白花泡桐就高达 30 米，主干笔直，胸径可达 2 米，因此泡桐属乔木曾作为行道树在一些城市被广泛种植。后来，由于这种树树冠较大、树根浅且含水量大而容易脆裂，风雨天时常被刮倒，存在一定的安全隐患，于是逐渐被香樟、栾树和悬铃木等树种替代。

尽管如此，泡桐却是一种优质木材，是制作家具的上好木料，也是制作民族乐器的理想木材，这其中最有名的就是河南兰考县的兰考泡桐。据统计，全国大部分高档民族乐器的板材都源自河南兰考县，以泡桐制作民族乐器是该县的特色产业。这些泡桐树就是 19 世纪 60 年代焦裕禄带领全县人民为治理风沙而种下的，如今已成为当地重要的经济林木。

其实，古人很早就用泡桐制作琴瑟等乐器。《诗经》"椅桐梓漆，爰伐琴瑟"中的"桐"，就是泡桐。

2.《诗经》中的"桐"是哪种桐？

"椅桐梓漆，爰伐琴瑟"出自《鄘风·定之方中》第一章：

定之方中，作于楚宫。揆之以日，作于楚室。树之榛栗，椅桐梓漆，爰伐琴瑟。

这首诗"追述卫文公及卫人于亡国后迁都楚丘、择地筑室、劝课农桑诸事。首章言夏历十月，营室昏中，文公以此农闲之时，聚民定四方而筑宫室，广植树木，以备礼乐、器用"。[1] 这样的树共有六种：榛、栗、椅、桐、梓、漆。东汉学者郑玄笺注说："树此六木于宫者，曰其长大，可伐以为琴瑟。言预备也。"

对于诗中的"桐"，南宋朱熹《诗集传》释为梧桐，这是不对的。梧桐科的梧桐与泡桐科的泡桐，因为名称相近曾混淆不清。日本一些《诗经》研究者并未遵从朱熹，例如冈元凤纂辑、橘国雄绘《毛诗品物图考》以及细井徇《诗经名物图解》，此二书为"桐"所配的插图都是泡桐，而非梧桐。

尽管在《诗经》《庄子》等先秦文献中，"梧桐"是一个固定的名词，所指即梧桐科之梧桐，但"梧"与"桐"原本是两种不同的树。"梧"被解释为"梧桐"，而"桐"却从来不是梧桐，而是一种叫作"荣"的树。一直到唐代，颜师古注西汉童蒙读物《急就篇》时仍然说："桐，即今之白桐木也，一名荣。"此处的"白桐木"就是《齐民要术》和《本草纲目》中所说的白花泡桐。

因此，先秦两汉的典籍中单名为"桐"的植物，多数情况下应解释为泡桐属乔木，而非梧桐。例如《诗经·小雅·湛露》："其桐

---

1 袁行霈、徐建委、程苏东撰：《诗经国风新注》，中华书局，2018年，第182页。

其椅，其实离离。岂弟君子，莫不令仪。""离离"指果实下垂之貌，唐孔颖达解释为"子实离离然垂而蕃多"。相对于梧桐的果实，泡桐的果实大且醒目，也更为繁盛，与诗意更为相符。此外，《礼记·月令》"季春之月……桐始华"中的"桐"也非梧桐。古人把一年十二个月分为四季，正月至三月为春，四月至六月为夏，七月至九月为秋，十月至十二月为冬，每季均分为孟、仲、季三个阶段。季春即农历三月，而梧桐花期在三月至五月，已至夏初。

魏晋时，关于梧桐、泡桐的辨析还很混乱。[1]直到北宋，学者陈翥开始认识到梧桐与泡桐并非同一种树。陈翥早年勤学苦读，屡试不第后退居山林，亲种泡桐树加以研究，于 1050 年前后写成《桐谱》一书。这是我国也是世界上最早论述泡桐的科学技术专著。该书第二篇"类属"介绍有白花桐、紫花桐、油桐、刺桐、梧桐、赪桐。陈翥将白花桐、紫花桐这类泡桐作为一组，将梧桐归为另一组，从而将泡桐与梧桐真正地区别开来。

3. 泡桐、梧桐与琴瑟

关于泡桐和梧桐谁更适合用于制琴，也曾有过一番争论。因为除了泡桐，梧桐也是制作乐器的好材料。《中国植物志》载梧桐"木材轻软，为制木匣和乐器的良材"。

---

1 晋代郭璞给《尔雅》作注时，"梧"与"桐"均被解释为梧桐。南朝陶弘景将"桐"分为四种：青桐、梧桐、白桐、冈桐。北魏贾思勰《齐民要术》"梧桐"条下则包括青桐和白桐两种。

〔日〕细井徇《诗经名物图解》，开紫花的泡桐，1850

泡桐属乔木的材质优良，导音性好，早在先秦时已用于制作琴瑟等乐器。《诗经》等先秦文献中单名为"桐"的植物一般都是指泡桐，而不是梧桐。

　　不过，回顾上节所引本草、植物学文献会发现，它们在描述梧桐时，均未提及梧桐在制作乐器方面的用途。相比之下，泡桐用于制作琴瑟，则很早就见诸记载。《本草纲目》引南朝陶弘景："白桐，一名椅桐，人家多植之，……堪作琴瑟。"北魏贾思勰《齐民要术》卷五载："白桐无子，……成树之后，任为乐器（青桐则不中用）。于

〔日〕岩崎灌园《本草图说》，梧桐，1810

梧桐是传统文学中的经典意象，是能够吸引凤凰神鸟的神木，因此世人多愿意
相信，先秦时人们用来制琴瑟、供礼乐的木材乃是梧桐。

山石之间生者，乐器则鸣。"[1]

1　"木材由许多管状细胞和纤维组成，每一个管状细胞就是一个'共鸣笛'，它们具有传
　　音、扩音和共鸣的作用。大概这种生长在山石之间的白桐，它的无数个管状细胞和年
　　轮的密致性与均匀性，使乐器的'基音'与'泛音'得到了最好的共鸣条件，所以音响
　　特别好。但说青桐不好作乐器，则有未详（青桐适宜于作琴瑟、琵琶等）。"见〔北魏〕
　　贾思勰著，缪启愉、缪桂龙译注：《齐民要术译注》，上海古籍出版社，2009 年，第 307
　　页，注释 5，译注者按。

贾思勰说，白桐宜为乐器，而青桐（梧桐）则不中用。这说明时人尚未认识到梧桐在制作乐器方面的用途。一直到清代，吴其濬《植物名实图考》记载泡桐时，亦将制琴瑟视为其主要用途："桐，《本经》下品，即俗呼泡桐。……其木轻虚，作器不裂，作琴瑟者即此。"

不过，也有关于梧桐宜为琴瑟的记载。《太平御览》卷九百五十六引东汉应劭《风俗通》："梧桐生于峄阳山岩石之上，采东南孙枝为琴，声甚清雅。"但《风俗通》大半已佚，此处引文不知准确与否。此外，《太平御览》引《齐民要术》："梧桐，山石间生者，为乐器则鸣。"对比上文所引《齐民要术》原文会发现，《太平御览》此处是将"白桐"误为"梧桐"。

这是否说明，当时的人已经认识到梧桐可制琴？但北宋陈翥《桐谱》中记载可堪器具之用的都是泡桐，而梧桐"虽得桐之名，而无工度之用，且不近贵色也"。

也许一直到北宋陈翥写《桐谱》时，人们都尚未发现梧桐在制作乐器方面的用途。《太平御览》这样记载，一方面有《风俗通》作为前例，一方面可能是因为梧桐名气太大。

南宋朱熹《诗集传》释"爰伐琴瑟"之"桐"为梧桐，依据的是《风俗通》，还是有其现实依据？无论如何，《诗集传》后来成为明清两代科举取士的教材，此处的注释成为准绳，对后世的影响很大。如冯梦龙《醒世通言》第一卷《俞伯牙摔琴谢知音》，作者借樵夫之口，对伯牙之琴展开一段华丽的描述：

既如此，小子方敢僭谈。此琴乃伏羲氏所琢，见五星之精，飞坠梧桐，凤皇来仪。凤乃百鸟之王，非竹实不食，非梧桐不栖，非醴泉不饮。伏羲氏知梧桐乃树中之良材，夺造化之精气，堪为雅乐，令人伐之。

对于伯牙琴之来源，作者引用了《诗经》《庄子》中关于梧桐的典故，神话意味十足。作为传统文学中的经典意象，梧桐是吸引凤凰神鸟的神木，这是泡桐无可比拟的。这样一来，人们自然更愿意相信，先秦时人们用于制琴瑟、供礼乐的，当然应该是大名鼎鼎的梧桐了。通过这篇文章，我们能了解其中的讹误及缘由。

夏辑

在莎士比亚四大悲剧之一《奥赛罗》的第三幕中，旗官伊阿古暗示奥赛罗，说他的妻子苔丝狄蒙娜与副将卡西奥有私情，奥赛罗渐渐被猜疑与妒恨迷惑心智。幸灾乐祸的伊阿古对奥赛罗说：

> 罂粟，曼陀罗，或是世上一切使人昏迷的药草，都不能使你得到昨晚你还安然享受的酣眠。（朱生豪译）

提到罂粟，我们就会想到鸦片烟和海洛因。但是在成为人尽皆知的毒品之前的很长一段历史中，罂粟的主要作用是止痛和助眠。在这方面，它与同样含有多种生物碱的曼陀罗具有类似的功效。那么，罂粟是如何成为世界级毒品的呢？

1. 从欧洲传入中国

早在 6000 年前，地中海西部地区已将罂粟作为一种油料作物来种植。这里是罂粟的原产地，当地人最早发现了罂粟在麻醉和催眠方面的功效，并将其运用于宗教仪式。在古希腊神话中，睡眠之神许普诺斯所住的山谷，洞口就长有一片罂粟花：

> 在洞门前面，繁茂的罂粟花正在盛开；还

罂粟

——

妍好千态，杀人如剑

有无数花草，到了夜晚披着露水的夜神就从草汁中提炼出睡眠，并把它的威力散布到黑夜的人间。（〔古罗马〕奥维德《变形记》第十一章，杨周翰译）

英语"催眠"（hypnogenesis）一词的语源，就来自许普诺斯的名字 Hypnos。罂粟拉丁语名 *Papaver somniferum* 中的加种词 somniferum，其含义也是催眠。

但是随后人们也发现，罂粟是一把双刃剑。公元前 1 世纪，一部《药物学》记载了从罂粟果壳中获取鸦片的方法。该书特别提示说：如果过频服用这种药物，"它会给人体带来伤害（使人无精打采），会致人死亡"。[1] 这种具有独特功效的植物从地中海地区传入阿拉伯国家，又由波斯人带到更为遥远的东方，在唐代的时候已进入中国。[2]

传入中国后的很长一段时间，罂粟主要供观赏、食用，而非毒品或药品的来源。唐代陈藏器《本草拾遗》是较早记载罂粟的文献，陈藏器引用嵩阳子的话说："罂粟花有四叶，红白色，上有浅红晕子。

---

1 转引自〔英〕珍妮弗·波特著，赵丽洁、刘佳译：《改变世界的七种花》，生活·读书·新知三联书店，2018 年，第 116 页。

2 有学者依据陶弘景《仙方注》，将罂粟的传入时间追溯至魏晋。〔北宋〕惠洪《冷斋夜话》卷一："李太白诗曰：'昔作芙蓉花，今为断肠草。以色事他人，能得几时好？'陶弘景《仙方注》曰：'断肠草不可食，其花美好，名芙蓉花。'"因鸦片名为"阿芙蓉"，故认为此处"芙蓉花"即罂粟花。但"阿芙蓉"实为阿拉伯语 Afyun 之音译名，与芙蓉无关。清代屈大均《广东新语》卷二十七"毒草"条认为，李白诗中断肠草为胡蔓，"花如茶花，黄而小，又名大叶茶；叶按月数多寡，一叶入口，血溃百窍，肠断而死"。此即马钱科钩吻（*Gelsemium elegans*），花冠黄色，漏斗状，全株有大毒。

〔清〕钱维城《万有同春》（局部），罂粟花

罂粟传入中国后的很长一段时间主要供观赏或食用。北宋以后，罂粟多用于庭院装饰，花大色艳，自然也就成为画家笔下的题材。

其囊形如髇头箭，中有细米。"[1] 罂粟的果实里有籽，细如小米，其别名"米囊"亦取此意。五代《花经》将"米囊"列入"七品三命"。

　　北宋以后，罂粟开始广泛栽培，并多用于庭院装饰。《本草纲目》卷二十三"罂粟"引宋代苏颂《本草图经》："处处有之，人多莳以为饰。花有红、白二种，微腥气。"明王象晋《群芳谱》："花有大红、桃红、红紫、纯紫、纯白，一种而具数色。又有千叶、单叶，一花而具二类，艳丽可玩，实如莲房。其子囊数千粒，大小如葶苈子。"清初张岱《陶庵梦忆》追忆前朝往事，"金乳生草花"篇提到友人金乳生喜爱莳花弄草，门前所种"春以罂粟、虞美人为主"。到清初，陈淏园艺著作《花镜》称罂粟花"多植数百本，则五彩杂陈，锦绣夺目"。可见由宋至清，罂粟花都是人们喜爱的观赏植物，古代的花卉画中也多见其美妙身影。

　　罂粟的嫩苗和种子可食用，这是人们种植罂粟的另一个目的。北宋初年的《开宝本草》将罂粟收于"米谷"下品，别名米囊子、御米、象谷，明显将罂粟看作一种农作物。苏辙晚年定居颍川（今河南禹州），家贫无肉，夏秋之交，蔬菜亦匮乏。当地农夫教他种植罂粟、决明两种草药，苏辙听从了农夫的建议，果然益处不少，决定写在诗里广而告之："苗堪春菜，实比秋谷。研作牛乳，烹为佛粥。……柳槌石钵，煎以蜜水，便口利喉，调养肺胃。"（《种药苗二

1　转引自《本草纲目》卷二十三。髇是古代的一种响箭，射时能发出声音，可用来指挥战斗。由此可知，唐代的响箭其箭头如罂粟。

〔日〕岩崎灌园《本草图谱》，罂粟果实，1828

"罂粟"的"罂"是一种盛酒的瓦器，口小腹大，罂粟果实的外形与其相似；"粟"即小米，罂粟果实内的种子黑色或深灰色，形如小米，可食用。苏辙晚年家贫无肉，他听从农夫的建议种植罂粟，秋天取其种子煮粥。

首》）[1] 北宋寇宗奭《本草衍义》还记载，罂粟籽研磨后加蜜，做成一碗罂粟汤，对于服食养生之人甚益。这在当时的修道服食之人中应颇为流行。[2]

---

1 〔北宋〕苏辙《栾城三集》卷五《种药苗二首》序云："予闲居颍川，家贫不能办肉。每夏秋之交，菘芥未成，则槃中索然。或教予种罂粟、决明，以补其匮。寓颍川诸家，多未知此，故作《种药苗》二诗以告之。皆四章，章八句。"

2 〔北宋〕谢幼盘《煎罂粟汤二首·其一》："万粒匀圆剖罂子，作汤和蜜味尤宜。中年强饭却丹石，安用咄嗟成淖糜。"苏轼《归宜兴，留题竹西寺三首·其二》也写道："道人劝饮鸡苏水，童子能煎莺粟汤。"鸡苏是唇形科水苏（*Stachys japonica*），民间以其全草或根入药，《本草纲目》卷十四"水苏"记载"其叶辛香，可以煮鸡"，故而得名。可知鸡苏水、莺粟汤都是道人养生之物。

罂粟的以上用途，在《本草纲目》中有所总结："罂粟秋种冬生，嫩苗作蔬食甚佳。……中有白米极细，可煮粥和饭食。水研滤浆，同绿豆粉作腐食尤佳。亦可取油。"所以，明代吴幼培写《罂粟花》，不仅赞美其花朵娇艳，也夸耀其果实累累："庭院深沉白昼长，阶前仙卉吐群芳。……更夸结子累累硕，何必污邪满稻粱。"

至于罂粟入药，明代以前的记载甚少。李时珍在《本草纲目》中说："其壳入药甚多，而本草不载，乃知古人不用之也。"据《本草纲目》卷二十三记载，在他之前，元代医家朱震亨已认识到罂粟壳作为药物的危险性："今人虚劳咳嗽，多用粟壳止劫；及湿热泄痢者，用之止涩。其治病之功虽急，杀人如剑，宜深戒之。"朱震亨告诫世人，这种药在治疗虚劳咳嗽、湿热腹泻等病症时效果很好，但同时"杀人如剑"，副作用极强，医家最好别用。这可能是"古人不用"的原因所在吧。

但朱震亨所不知道的是，罂粟杀人的真正原因，其实是其未成熟的果实中乳白色的浆液，制干后就是下文要讲的鸦片。

2. 鸦片的出现

罂粟早在唐代已传入我国，但鸦片的出现则要晚上数百年。[1]"鸦

---

1 有学者认为鸦片在元代已传入我国，其依据是《回回药方》中载有"阿肥荣""阿夫荣"（Afyun 音译名），但关于《回回药方》的成书年代尚无定论，包括元末、元末明初、万历四十七年（1619）、万历二十一年至四十四年（1593—1616）四种说法。见王锦、王兴伊：《〈回回药方〉研究进展》，《回族研究》，2013 年第 4 期，第 8 页。也有一种观点是忽必烈征战印度时将鸦片作为战利品带回国，但并无文献依据。

片"一名则源自拉丁文 opos 或英文 opium，又译作阿片。目前所见最早提到"鸦片"一词的文献，是明代学者徐伯龄笔记《蟫精隽》。徐伯龄生活于正统至成化年间（1436—1487），该书卷十有"合甫融"条："海外诸国并西域产有一药，名合甫融，中国又名鸦片。状若没药而深黄，柔韧若牛胶焉。"

"合甫融"是阿拉伯语 afyun 的音译名，又译作阿芙蓉、亚芙蓉、哈芙蓉、阿飞勇等，其颜色深黄，韧若牛胶，类似橄榄科植物的干燥树脂"没药"。徐伯龄明确指出此药"有毒"，主要用途是"助阳事，壮精益元气，方士房中御女之术多用之。又能治远年久痢"，然而性极酷烈，多服则有害，"能发人疔肿痈疽恶疮，并一应热疾"。作者还提到，明成化癸卯（1483），朝廷曾委派有权势的太监"出海南、闽浙、川陕、近西域诸处收买之，其价与黄金等"。

根据清代俞正燮《癸巳类稿》卷十四"鸦片烟事述"，南洋暹罗等国曾向明朝皇室进贡鸦片，时称"乌香"。可能明代皇室成员也领略过鸦片的上述神奇功效，才会派人四处求购，尽管其价格高昂。[1]

同一时期，王玺《医林证类集要》（1488）卷二"痢门"对于鸦片的获取、食用方法有非常详细的记载。作者王玺曾镇守西北边境多年，利用军务之余"外考名医师家议说"写成是书，关于鸦片的相关记载很可能源自阿拉伯人。据他介绍，"阿芙蓉，天方国传，专治久痢不止，及一切冷证"，"天方国"即指阿拉伯国家。

---

[1] 关于明神宗晚年曾长期服用鸦片的说法颇为流行，其依据是考古人员在定陵万历皇帝的头骨中发现吗啡。但学界并无相关考古报告，应属谣传。见龚缨晏著：《鸦片的传播与对华鸦片贸易》，东方出版社，1999 年，第 80 页。

接下来，王玺讲到鸦片的获取方法："于午后壳上用大针刺开外面青皮，里面硬皮不动，或三四处。次日早，津出，用竹刀刮，收入磁器内，阴干。"这种方法是民间常用，简便、易于操作。至于服食方面，也有注意事项："每用小豆大一粒，空心温水化下，忌葱蒜浆水，如热渴，以蜜水解之。小儿黄米大一粒。"由于鸦片药性生猛，所以此处严格区分了成人和小儿的用量，成人小豆大一粒，而小儿只能是黄米大一粒。此处关于鸦片的服用方法，是以温水或蜜水吞食，还非吸食。这一点至关重要，后文我们会讲。

由于鸦片价格高昂，一般人无法享用。因此有明一代，鸦片的食用并不普遍。《医林证类集要》问世近一个世纪后，李时珍在《本草纲目》卷二十三"阿芙蓉"中依然说："阿芙蓉前代罕闻，近方有用者，云是罂粟花之津液也。"连李时珍也只是听说，而未亲眼见过鸦片的产生过程。

事实上，直到李时珍的时代，鸦片仍然是作为一种药物而存在。《本草纲目》记载鸦片疗效包括"泻痢脱肛不止，能涩丈夫精气""俗人房中术用之"等。与《本草纲目》同时的李梴《医学入门》（1575）卷二记载，罂粟壳"虽有劫病之功，然暴嗽、泻者用之，杀人如剑"，而鸦片"治同上，性急，不可多用"。

数十年后的万历四十六年（1618）至天启元年（1621），在云南为官的谢肇淛也发现鸦片有"大毒"。其所编云南地方志《滇略》卷三记载，阿芙蓉与鸦片在纯度上有区别，前者是"以莺粟汁和草乌合成之。其精者为鸦片，价埒黄金"。书中也提到鸦片多用于房中之术，然而"滇人忿争者，往往吞之即毙"。吞之即可丧命，其威力可见一斑。

〔日〕岩崎灌园《本草图谱》，白色的罂粟花，1828

罂粟花的边缘为浅波状或分裂。此图左上为单瓣锯齿，左下为重瓣锯齿；图右的边缘是浅波状，较为平滑。单瓣的罂粟花花瓣共4枚。

梳理下来，以上文献还未提及鸦片使人上瘾的情形。这是因为，鸦片从药品变为毒品，并真正对中国社会造成危害，乃是服用方式的改变——由吞食改为吸食。

〔日〕岩崎灌园《本草图谱》，紫色和红色的罂粟花，1828

罂粟花的颜色极其丰富，包括白色、粉红色、红色、紫色或杂色。图中的重瓣栽培品种主要作庭园观赏。

3. 从药品到毒品

我们熟知的抽鸦片烟，即将鸦片混入烟草一同吸食的方法，源自荷兰的殖民地印度尼西亚。1624 年荷兰人占领台湾后，将鸦片吸食方法传入台湾、福建等东南沿海地区，清初已流行于江南。[1]

被誉为"筹台之宗匠"的清朝官员蓝鼎元，在台湾考察期间就发现鸦片烟对于社会的严重危害。雍正二年（1724），他在《与吴观察论治台湾事宜书》中，详细分析了鸦片烟产生危害的前因后果，学过鸦片战争历史、受过禁毒教育的我们，今天再看这段文字会觉得非常熟悉：

> 鸦片烟不知始自何来，煮以铜锅，烟筒如短棍。无赖恶少，群聚夜饮，遂成风俗。饮时以蜜糖诸品及鲜果十数碟佐之，诱后来者。初赴饮，不用钱，久则不能自已，倾家赴之矣。能通宵不寐、助淫欲，始以为乐，后遂不可复救。一日辍饮，则面皮顿缩，唇齿龂露，脱神欲毙，复饮乃愈。然三年之后，无不死矣。闻此为狡黠岛夷诳倾唐人财命者，愚夫不悟，传入中国已十余年，厦门多有，而台湾特甚，殊可哀也。

从这段文字可知，在东南沿海地区，鸦片烟最初的吸食者是"无赖恶少"，主要目的是"通宵不寐、助淫欲"，然而一旦停止吸食，身体就会出现一系列问题，再次服用方可缓解。这就是鸦片作为毒品的真实面目——药物依赖，长期服用者一旦脱离药物，将出现一系列身体和心理不适，如上文所说的"面皮顿缩，唇齿龂露，脱神欲毙"。此类症状称为戒断综合征，这是鸦片从药品转向毒品的重要标志。蓝鼎元还说，鸦片烟就是狡黠的外国人谋害中国人钱财性命的

---

1 吴志斌、王宏斌：《中国鸦片源流考》，《河南大学学报（社会科学版）》，1995 年第 5 期，第 32 页。

工具，然而本国人民未能意识到，实在可悲。

清政府也逐渐觉察到鸦片吸食的不良影响，于雍正七年（1729）开始禁止贩卖鸦片烟。[1]但鉴于鸦片具有一定的药用价值，关于鸦片的流通则并未禁止。

等到18世纪中叶，鸦片的吸食方法逐渐从与烟草混合吸食，演变为单纯的鸦片吸食。这种吸食方法产生的吗啡含量更高，因此更为刺激，致使鸦片这一毒品向更广泛的阶层和地区蔓延，由此造成的社会问题日益凸显。[2]乾隆三十年（1765）以前，中国每年进口鸦片不超过两百箱，随着单纯吸食法的发明和流行，鸦片的进口量在乾隆六十年（1795）前后达到每年三四千箱的水平。[3]等到嘉庆四年（1799），清廷终于在广州颁布法令，严禁鸦片进口，以杜绝祸根。[4]

但对于以英国为首的西方殖民者来说，鸦片交易能够带来巨额

---

1 该禁令规定："凡与贩鸦片烟，照收买违禁货物例，杖一百，枷号一月；再犯，发近边充军。私开鸦片烟馆，引诱良家子弟者，照邪教惑众律拟绞监候；为从杖一百，流三千里；船户、地保、邻伍人等俱杖一百，徒三年；如兵役人等借端需索，计赃照枉法律治罪；失察地方文武各官并不行监察之海关监督，均交部严加议过。"无论是贩卖鸦片、私开鸦片烟馆者及其从犯，还是借机索贿贪赃的兵役人等、失察渎职的地方官员，均将受到严厉的惩罚。

2 《鸦片的传播与对华鸦片贸易》，第107—111页。

3 王宏斌：《鸦片史事考三则》，《近代史研究》，1993年第5期，第236页。

4 "吸食鸦片者，初只限于流氓与下流之辈，彼等常聚而吸用此项物品，及后蔓延于仕宦之家，尊长及其后辈，并波及生员以至官吏，其中多人迷溺于此，以致成瘾。……以前吸食鸦片流毒，初只限于福建与广东两省，渐而遍及全国各省，各地买卖及吸食此物者之多，甚至超过原来两省。是以外国人用此种无用之粪土，从我国取去莫大利益，但国人则盲目自投罗网，自甘毁灭，甚至死而不知悔，可悲可厌已甚。"见〔美〕马士著，区宗华译：《东印度公司对华贸易编年史（1635—1834年）》，第二卷，广东人民出版社，2016年，第380—381页。按，该法令之中文原稿本尚未发现。

〔清〕柳遇《罂粟》

的利润，是扭转对华贸易逆差的重要手段。在利益的驱使下，官商勾结，腐败横行，鸦片走私屡禁不止。从嘉庆五年（1800）至道光十八年（1838）的39年间，英国将42.7万余箱鸦片输入中国，国内鸦片吸食者的数量急剧上升，"上自官府搢绅，下到工商优隶，以及妇女僧道，随在吸食"。[1]

由于鸦片泛滥，国民身心深受荼毒，社会风气严重败坏，同时白银大量外流。清廷逐渐认识到，"鸦烟流毒，乃中国三千年未有之祸"，并于道光十九年（1839）命林则徐前往广东虎门开展禁烟运动，这就是我们非常熟悉的"虎门销烟"。西方殖民者为保护鸦片贸易，以此为借口发动侵华战争。中国近代史的序幕由此拉开。

战争结束后，鸦片不仅未能禁止，反而成为合法商品予以进口，鸦片流毒贯穿整个清末民国时期。梁实秋《鸦片》一文介绍："从前北平（不知别处是否也是如此）搢绅之家没有不备鸦片待客的，客来即延之上炕（或后炕）或短榻，相对横陈，吞烟吐雾一番。"一直到抗日战争胜利之初，吸食鸦片而倾家荡产者，与鸦片战争之前并无两样："抗战胜利之初，北平烟土价格是一两土抵一两黄金。多少瘾君子不惜典当衣物、家具，拆天棚卖木料，只为了填那烟斗上的无底深渊。最后的结局是家败人亡男盗女娼！"就连贫苦的底层百姓也未能幸免，从下面这段可怕的记载，我们可以想见鸦片对于底层劳苦人民的侵蚀：

1　道光十八年，鸿胪寺卿黄爵滋上书朝廷，力陈鸦片之祸害，见《清史稿·黄爵滋传》。

贫困的人民也多不能免于此厄。我参观过一个烟窟，陋巷中重重小门，曲径通幽，忽然进入一间大室。沿墙一排排的短榻，室内烟雾蒙蒙，隐隐约约的看见短榻上各有一具烟灯，微光荧荧，有如鬼火，再细看每个榻上躺着一个人，三分像人七分像鬼，各个瘦得皮包骨，都在"短笛无腔信口吹"。

中华人民共和国成立后，抽鸦片烟在短时间内得到彻底遏制，鸦片泛滥从此成为教科书上的历史。经世界卫生组织批准，目前全世界只有中国、澳大利亚、土耳其等少数国家被允许合法种植罂粟，以供医药制造。但是土地贫瘠、常年战乱的阿富汗，很长一段时间内仍然大面积种植罂粟，并主要用于生产海洛因，以维持国民经济。人类与鸦片类毒品的斗争并未结束。

文章写完后的第三年立夏，我终于在国家植物园的"活体罂粟暨禁毒展"上见到了真实的罂粟。那样美艳的花卉、饱满的果实、挺拔的躯干，已让人感到一种惊魂摄魄的力量之美。一想到它们是生产鸦片的主要原料，而且隔着一圈铁栅栏，所以明明面前的只是植物，却油然而生出一种敬畏之情。仿佛这些美丽的花朵，瞬间就能变身张牙舞爪的洪水猛兽，幸好被关在了"铁笼子"里。

吴其濬《植物名实图考》卷二十七曾评价罂粟花："近来阿芙蓉流毒天下，与断肠草无异。然其罪不在花也，列之群芳。"然而我们不可能再将罂粟作为普通的花卉来看待，也无法像古人一样将它种在院子里细细观赏，因为我国刑法对于非法种植罂粟是明令禁止的。如果有人说他在公园里见到了罂粟，他看到的应该是虞美人。

虞美人

——

婀娜才胜掌，参差莫梦云

看见罂粟没那么容易，与罂粟外表相近的虞美人则较为常见。一年五月末，我在北京西城区的广阳谷城市森林公园，很惊喜地看到了各种颜色的虞美人，大红、粉红、白色、黄色，缤纷绚烂。如果天气好，虞美人半透明的花瓣被阳光照得透亮；清风拂过，它纤细的身子就跳起舞来，愈显妖媚动人。

1. 区分罂粟和虞美人

在常见的观赏植物中，虞美人（*Papaver rhoeas*）妖娆妩媚、卓尔不群，从其别名"赛牡丹"可见世人对它的赞誉。作为罂粟科罂粟属一年生草本植物，虞美人同大名鼎鼎的罂粟是近亲，二者花朵相似，因此常常被路人混淆，其实若要区分起来也不难。

仔细观察，虞美人与罂粟在茎、叶、花、果这些部位都有差别。虞美人的茎纤细有分枝，叶片是二回羽状深裂；而罂粟的茎稍粗不分枝，叶片是卵形、不分裂，边缘为不规则的波状锯齿。它们都有4枚花瓣、2枚萼片。虞美人的花瓣长达4.5厘米，果实像一枚小小的鼓，顶部扁平的鼓面上，柱头辐射排成盘状；罂粟花瓣是虞美人的两倍还要大，果实大者如乒乓球，顶部还有个盖帽微微翘起，活像一个酒坛子。虞美人全株都有伸展的刚毛；而罂粟则全株光

〔德〕赫尔曼·阿道夫·科勒《科勒药用植物》，罂粟，1887

〔德〕赫尔曼·阿道夫·科勒《科勒药用植物》，虞美人，1898

滑，少数在植株下部或总花梗上有极少的刚毛。

　　此外，我在植物园里见到的栽培罂粟，高可达 1.5 米，旁边种的虞美人比它矮一大截。所以如果真正见过二者，一眼就能看出差别。

〔法〕奥斯卡－克劳德·莫奈《韦特伊附近的罂粟花田》，1879

莫奈画过许多幅这样的作品。画名中的"罂粟"应译为"虞美人"。一战期间，血红的虞美人花在炮火轰炸过的欧洲土地上肆意开放。加拿大军医官约翰·麦克雷（John McCrae）将它写入《在佛兰德斯战场》这首广为流传的著名诗篇。英联邦国家开始用这种颜色鲜艳、生命力顽强的花朵，纪念那些为国牺牲的将士。

一般来说，园林绿化时所种的虞美人花均为红色，但我们经常能见到白、黄、橙、粉等多种花色，这是罂粟属的另一个品种野罂粟（*P. nudicaule*），俗名冰岛虞美人。我在广阳谷城市森林公园里见到的就是它。

冰岛虞美人是罂粟属多年生草本，一开始被发现于寒冷的西伯利亚地区，于是被冠以"冰岛"之名。冰岛虞美人的叶片基生，即仅在贴近地面的基部才有叶子，再往上就是一根毛茸茸的茎顶着一朵花。因此，只要看叶片，就能区分罂粟、虞美人和冰岛虞美人。花色丰富的冰岛虞美人在南宋时已有文献记载，但古人不甚区分，下文我们以"虞美人"统而称之。

上篇文章我们介绍，罂粟的果实是生产鸦片进而提取毒品海洛因的原料，这让它背负起"邪恶之花"的罪名，如今我们只能在植物园里隔着铁栅栏远观。但虞美人、冰岛虞美人无法用于生产鸦片，可以放心大胆地种在院子里细细观赏。它们的确好看，尤其在阳光下，那样半透明的花瓣，在其他植物身上很难见到，似乎超脱于尘俗之外，使我想起它们远在高原的亲戚绿绒蒿。那样的美该如何形容？想了半天，好像也只能说：花如其名！

那么"虞美人"这么恰如其分的名字，是怎么来的呢？

2. "虞美人"的前身

"虞美人"，原是西楚霸王项羽的姬妾，出自《史记·项羽本纪》"有美人名虞，常幸从"。公元前 202 年，楚汉之争中最后一场战役，项羽被困垓下，在四面楚歌之中看到大势已去，不禁悲从中来，于是作了那首著名的《垓下歌》，然后就有了后世戏曲中经常演绎的"霸王别姬"。除了《项羽本纪》，《史记》并未记载虞姬的更多信息。她的年龄、容貌、何许人，如何与项羽相识，最终结局又如何，我们一概不知。但这不妨碍这段历史广为流传，后世对于虞姬形象的塑造也从未停止。

"虞美人"在唐代成为词牌名，后来被用于命名植物，名曰"虞美人草"。相传这种草的叶子，听到《虞美人》一曲便应声摇动。相关记载见于北宋张泊所著唐代轶闻集《贾氏谈录》：

> 褒斜山谷中有虞美人草，状如鸡冠，大而无花，叶相对，行路人见者或唱《虞美人》，则两叶渐摇动，如人抚掌之状，颇应节拍。或唱他辞，即寂然不动也。贾君亲见之。

从外形来看，"状如鸡冠，大而无花"，可知这里的"虞美人草"并非罂粟科的虞美人花。宋代某些地方志有类似的记载，如宋代《全芳备祖》引《益州草木记》："雅州名山县出虞美人草，如鸡冠花，叶两两相对，人或近之，即向人而俯。如为唱《虞美人》曲，则此草应拍而舞，他曲则否。"[1] "益州"是古地名，一般指今成都一带，广义上包括今川、渝、滇、贵等西南地区；"雅州名山县"位于今四川雅安。

---

[1] 宋祁所著《益部方物略记》（关于成都及其附近的地方志）认为，"虞美人草"当写作"娱美人草"："蜀中传虞美人草，予以'虞'作'娱'，意其草柔纤，为歌气所动，故其叶至小者或劲摇，美人以为娱乐耳。"

同样出自雅州，唐代段成式《酉阳杂俎》卷十九中的"舞草"，与上述"虞美人草"有相似之处："舞草，出雅州。独茎三叶，叶如决明。一叶在茎端，两叶居茎之半，相对。人或近之歌，及抵掌讴曲，必动，叶如舞也。"都是叶片相对，听见人唱歌就会转动，如同跳舞。[1]

　　这也太神奇了，世间果真有听到音乐叶片就会舞动的植物？两宋之际的学者王灼就对此感到好奇。他在《碧鸡漫志》卷四中比较了上述文献关于"虞美人草"的记载，同时也提到北宋史学家范镇《东斋记事》所言"虞美人草，唱他曲亦动，传者过矣"，以及北宋沈括《梦溪笔谈》中高邮人桑景舒弹奏吴音、草亦舞动的故事。听说蜀中好几个地方有这种草，王灼想去一探究竟，但结果让他大失所望："皆未之见，恐种族异，则所感歌亦异。"他怀疑是种类不同，对于所感应的音乐也有差异，最终也未能找到答案，"恨无可问者"。

　　那么，舞草跳舞真的只是传说吗？直到我读到《植物的"智慧"》中《舞草是怎样跳舞的》一文，才知道，竟然真有会"跳舞"的植物，它的中文正式名就是源自《酉阳杂俎》中的舞草（*Codoriocalyx motorius*）。

　　原来，"舞草"是豆科的一种直立小灌木，它具有豆科典型的荚果和蝶形花冠，最奇特的是它的叶片，由 3 枚小叶组成，中间的小叶长可达 10 厘米，两侧的小叶很小，只有 2 厘米，即《酉阳杂俎》所谓"一叶在茎端，两叶居茎之半，相对"。正是这两侧的小叶，在生

1　明王象晋《群芳谱》认为，《酉阳杂俎》中的"舞草"，就是《贾氏谈录》中的"虞美人草"。《群芳谱》："虞美人草，独茎，三叶，叶如决明，一叶在茎端，两叶在茎之半，相对而生，人或近之，抵掌讴曲，叶动如舞，故又名舞草。出雅州。见《酉阳杂俎》。"

〔日〕毛利梅园《梅园百花画谱》，题名舞草，实为含羞草，1825

传说舞草在听到人唱歌时会"翩翩起舞"。在日本江户时期毛利梅园《梅园百花画谱》中，舞草被画成一株含羞草。

长期能不停地旋转，"时而两片小叶向上合拢，然后又逐渐展开，似在拍着双手欢迎贵客的光临"，这就是《贾氏谈录》所说的"两叶渐摇动，如人抚掌之状，颇应节拍"。除了像鼓掌一样，这两枚小叶还能"时而一片向上，一片向下，好像在跳芭蕾，而且同一植株上的各小叶的转动有快有慢，似在做艺术体操"，而这就是《酉阳杂俎》所说"必动，叶如舞也"。舞草小叶转动的快慢，与气温有关，气温越高转动越明显，所以舞草跳舞，本质上是它强烈的生命活动产生的一种反应。

那么舞草为什么会"跳舞"呢？有一种假设是：就像豌豆的卷须一样，"舞草的小叶获得了旋转的基因，但没有获得小叶形态改变成须状的基因。因此它的形态没变，却像卷须一样转个不停了。""至于舞草能否听懂音乐，能否被美丽的服饰打动，至今没有实验的依据。"[1] 不过我们可以肯定的是，文献中所谓唱《虞美人》此草则舞，他曲则否，一定是谣传。

在日本江户时期毛利梅园《梅园百花画谱》中，《酉阳杂俎》中的舞草被画成一株含羞草。含羞草也是豆科，我们知道，这种植物的叶片在受到外界刺激时会自动闭合。看来，毛利梅园并不知道真正的舞草，索性拿含羞草代替。

3. 由丽春花到虞美人

从外形上看，豆科别名"虞美人草"的舞草，与罂粟科的虞美人相差十万八千里。那么"虞美人"这个名字，怎么转嫁到罂粟科的美丽花卉身上的呢？

罂粟科虞美人原产欧洲，南宋的诗文中已有关于虞美人的确切记载。在传入我国之初，它的名字还不是"虞美人"，而是"丽春"。

---

1 马炜梁、寿海洋著：《植物的"智慧"》，北京大学出版社，2021年，第142—145页。

〔清〕邹一桂，虞美人

邹一桂（1688—1772），江苏无锡人，雍正五年（1727）二甲第一名进士，官至
内阁学士。师法清初著名画家恽寿平，注重自然写生以展现描绘对象的勃勃生
机。其绘画理论著作《小山画谱》曰："今以万物为师，以生机为运，见一花一
萼，谛视而熟察之，以得其所以然，则韵致丰采自然生动，而造物在我矣。"此幅
虞美人可看作他践行以上理论的代表作。

南宋诗人潘柽《丽春花》一诗专门写到它，颔联"不同罂子粟，别是
石榴裙"，说虞美人花落之后能结果，与罂粟相似但又有区别；其花
瓣像石榴花，殷红且有褶皱。颈联"婀娜才胜掌，参差莫梦云"，写

出了虞美人的婀娜风姿和梦幻般的色彩。

南宋游九言《花谱》记载，淳熙甲辰（1184），他在南京"得异草曰丽春，罂粟别种也"，初见之时就被它的美貌所倾倒："唯花有殊相，姿状葱秀，色泽鲜明，迥出葩蘤精华之上，遇风和晴昼，标吐倍妍。"他所见到的丽春花，包含红、紫、白、粉、黄诸多颜色，可以推测这就是前文所说的冰岛虞美人。这种美丽的花卉在当时就已受到人们的追捧，游九言介绍说，"自余携归，亲朋无不爱玩"。

到明代，《本草纲目》将"丽春"附于"罂子粟"之后，并记载了诸多别名，包括"赛牡丹""锦被花"等，但是尚不包括"虞美人"。那么"虞美人"这个名字是什么时候被借用的呢？时间要推迟到明代后期。

明代学者王世懋在《学圃杂疏》（1587）中记载罂粟的花"妍好千态"，最后称"又有一种小者曰虞美人"。如前文所言，清初张岱《陶庵梦忆》写友人金乳生莳花弄草，门前所种"春以罂粟、虞美人为主"。以上两则文献中，"虞美人"已经取代了"丽春花"。

到清初陈淏园艺著作《花镜》中，"虞美人"已成为条目名，在卷五"花草类考"中列于"罂粟"之后："虞美人原名丽春，一名百般娇，一名蝴蝶满园春，皆美其名而赞之也。……尝因风飞舞，俨如蝶翅扇动，亦花中之妙品，人多有题咏。"陈淏赞美虞美人为花中之妙品，其喜爱之情溢于言表。从它的别名"百般娇""蝴蝶满园春"也可以看出，这种花卉在园艺界十分受宠。自此，"虞美人"一名终于找到了新的寄主。

但是，人们常常将罂粟科的虞美人与豆科的虞美人草相混淆。

例如清代汪灏《广群芳谱》中"虞美人"一条，既有明代类书《群芳谱》中关于舞草的文献，又加入上述《学圃余疏》《花镜》中虞美人的相关内容，将二者混为一谈。

有鉴于此，对于古典诗词中所咏的"虞美人"，我们要注意其真实所指。例如南宋辛弃疾这首《虞美人·赋虞美人草》：

> 当年得意如芳草。日日春风好。拔山力尽忽悲歌。饮罢虞兮从此、奈君何。
>
> 人间不识精诚苦。贪看青青舞。蓦然敛袂却亭亭。怕是曲中犹带、楚歌声。

这首词中的"虞美人草"不应解释为罂粟科的虞美人，因为在那时，虞美人草是舞草，而罂粟科的虞美人名为丽春。从宋代一直到明代，像这般借"虞美人草"吟咏霸王别姬那段历史的诗词，"虞美人草"的所指应该都是豆科之舞草。

大概到明末清初，人们发现"虞美人"这个名字是那么形象，那么符合罂粟科这种观赏花卉的曼妙身姿，于是逐渐为大众所接受和熟知，以至于近代植物学家将其作为中文正式名。而它的原名"丽春"，早已被人遗忘。

《红楼梦》第六十二回"憨湘云醉眠芍药裀　呆香菱情解石榴裙"，宝玉、平儿过寿，众人在芍药栏设宴行酒令，史湘云因多喝了几杯酒，本想着纳凉僻静，结果却在一块石头台阶上睡着了。接下来，就是小说中最美的场景之一：

> 说着，都走来看时，果见湘云卧于山石僻处一个石凳子上，业经香梦沉酣，四面芍药花飞了一身，满头脸衣襟上皆是红香散乱；手中的扇子在地下，也半被落花埋了，一群蜂蝶闹穰穰的围着；又用鲛帕包了一包芍药花瓣枕着。众人看了，又是爱，又是笑，忙上来推唤挽扶。

读这段文字，湘云纯真美丽、憨态可掬的少女形象如在目前。曹雪芹此处描写容易使人想到唐代卢纶的《春词》："北苑罗裙带，尘衢锦绣鞋。醉眠芳树下，半被落花埋。"但此诗并未交代"芳树"是哪种树。而《红楼梦》里湘云醉眠之处为何是芍药，而不是牡丹或者别的花卉？曹雪芹此处的安排，其实别有深意。

1. 赠之以勺药

芍药（*Paeonia lactiflora*）与牡丹（*P. suffruticosa*）

〔荷兰〕亚伯拉罕·雅克布斯·温德尔《荷兰园林植物志》，牡丹，1868

区分牡丹与芍药的方法有二：其一看枝干，牡丹茎干褐色木质，芍药茎干皆为
绿色；其二看叶片，芍药小叶为狭卵形、椭圆形或披针形，不分裂；牡丹小叶
为宽卵形或长圆状卵形，有的分裂，有的不分裂，此图中均有展现。

同为芍药科芍药属植物，它们的花朵相似，植株也一般高，很容易
混淆。但要区分起来也很容易：牡丹的茎干是褐色木质的，每年春
天花和叶都从去年的茎干上冒出来；而芍药的茎和叶每年秋天都会
枯萎，次年春天重新破土而出，开花的时候茎干皆为绿色。换言之，
芍药是草本，而牡丹是木本，因此牡丹也被称作"木芍药"。第二个
容易区分的特征是叶片：芍药的小叶不分裂，而牡丹的小叶多分裂。

〔日〕冈元凤纂辑《毛诗品物图考》，题名芍药，实为牡丹，1784

《毛诗品物图考》配图原为黑白，清光绪十二年（1886）引入我国，时任翰林院编修的戴兆春为之作序，其图版为彩绘，绘者不详。虽然画中题名是"芍药"，但是从其叶片分裂的特征来看，画中所绘其实是牡丹。

作为草药，我国东汉时期的本草著作《神农本草经》，对芍药和牡丹都有著录，芍药位居中品，牡丹位列下品。[1]

---

1 芍药可供入药的地方是其根部，栽培的芍药采集后需经过水煮、去皮的工序，呈现出来的颜色是白色，所以中药名为"白芍"；而野生芍药的根部采集晒干后可以直接使用，表面是棕红色或者紫黑色，名为"赤芍"。见程超寰著：《本草释名考订》，中国中医药出版社，2013年，第128页。

后世在追溯芍药的起源时，有一种观点认为芍药在《诗经》中即已出现，即《郑风·溱洧》中的"勺药"：

> 溱与洧，方涣涣兮。士与女，方秉蕑兮。女曰："观乎？"士曰："既且。""且往观乎？洧之外，洵訏且乐。"维士与女，伊其相谑，赠之以勺药。

> 溱与洧，浏其清矣。士与女，殷其盈矣。女曰："观乎？"士曰："既且。""且往观乎？洧之外，洵訏且乐。"维士与女，伊其将谑，赠之以勺药。

郑国风俗，三月三日上巳节这天，人们要去溱、洧两水岸边，取香草沐浴，招魂续魄、祓除不祥。一位女子邀请男子去水边观此祓浴之景。男子回答："已经看过。"女子追问："再去看一次可好？听说洧水之外，河流宽阔，众人在水边玩耍嬉闹，热闹非常。"男子于是答应同去。临别时，男子以芍药相赠，结其恩情。

临别时为何送芍药？一种说法是，芍药乃离草，别名可离。唐陆德明《经典释文·毛诗音义》引《韩诗》："离草也。言将离别，赠此草也。"西晋崔豹《古今注》亦解释说："芍药一名可离，故将别以赠之。"这就像盼望归人回家时送当归、欲人忘忧时送萱草、平息怒气时送合欢，都是因为植物名称的寓意。但是相比之下，临别时赠以芍药的风俗，并没有流传下来，这是为何？一种可能是，《诗经》中的"勺药"、《韩诗》解释的"离草"，并非之芍药花。

2.《诗经》"勺药"的不同解释

《诗经》中的"勺药",并不能简单地等同于今之芍药花。事实上,汉初《毛传》对"勺药"的解释只有"香草"二字,并无其他别名或形态方面的描述,这就给后世的注疏者带来难题。到三国时,陆玑《毛诗草木鸟兽虫鱼疏》已"未审今何草",原因是"今药草勺药无香气",与《毛诗》所谓"香草"不符。

唐孔颖达《毛诗正义》卷四也只是援引陆玑上文,并未给出答案,可见博学的唐代大儒也不知"勺药"为何物。清代马瑞辰《毛诗笺传通释》卷八认为是蘪芜一类的植物:"古之勺药非今之所云芍药,盖蘪芜之类。"蘪芜是伞形科川芎之类,全株有浓烈香气,是名副其实的"香草"。马瑞辰的观点有一定道理,先秦文献《山海经》有多处提及芍药,而且多与蘪芜、芎䓖并举。今人周振甫《诗经译注》从之。[1]

当然,在以上《诗经》阐释系统之外,另有一部分学者认为"勺药"就是今之芍药花。比较早的是南宋吕祖谦,其《吕氏家塾读诗记》卷八:"勺药即今之芍药,陆玑必指为他物,盖泥毛公香草之言,必欲求香于柯叶,置其花而不论尔。"他反驳陆玑说,"勺药"虽然茎叶不香,但花有香味,所以也称得上"香草"。日本江户时期《毛诗品物图考》在解释"勺药"时,所引用的文献主要就是吕氏此书:

---

1 "勺药:香草名,蘪芜类,一名耳离,非今之芍药花。"见周振甫译注:《诗经译注》,中华书局,2002 年,第 132 页。

"陈氏曰：勺药者，溱洧之地富有之，诗人赋物，有所因也。"[1]

吕祖谦并非第一个提出此观点的人，在他之前，北宋仁宗朝宰相韩琦曾赋诗《北第同赏芍药》，他首先夸赞"芍药名高致亦难，此观妖艳满雕栏"，最后则说"郑诗已取相酬赠，不见诸经载牡丹"，"郑诗"即指《郑风·溱洧》。韩琦为芍药的地位不如牡丹而鸣不平，理由就是芍药在先秦时已载入《诗经》，而牡丹则不见于其他儒家经典。

对于"勺药"的真实身份，至今未有定论。今人袁行霈等《诗经国风新注》亦未指明是何种植物。[2]学者王家葵怀疑，汉代以前的芍药（勺药）恐怕不是今之芍药或牡丹，"而是某种现在未知的香草"。[3]

尽管如此，"勺药"为今之芍药花的观点已经产生了不小的影响，清代学者王念孙《广雅疏证》卷十推断"古之芍药即医家之草芍药也"，"草芍药"即今之芍药花，以区别于"木芍药"牡丹。清陈奂《毛诗传疏》，今人程俊英、蒋见元《诗经注析》，前述日本《毛诗品物图考》《诗经名物图解》皆认同之。

尽管前人的这种解释不一定正确，但考虑到它已经产生了影响，

---

1 有意思的是，虽然《毛诗品物图考》的画师想画芍药花，结果却画成了牡丹。细井徇彩图版《诗经名物图解》因循之，其配图题名为芍药，配图也画成了牡丹。可见《毛诗品物图考》《诗经名物图解》的画师并不能区分牡丹和芍药。

2 "芍药：多年生草本花卉，本为'衅浴'所用之香薰、草药，今则相赠以为信物。"见袁行霈、徐建委、程苏东撰：《诗经国风新注》，中华书局，2018 年，第 329 页。按，诗中除勺药外的另一种植物是"萧"，此乃菊科佩兰之类的植物，花和叶片揉碎有明显的香味，在诗中的用途就是供香薰、沐浴，以祓除不祥。同一首诗中出现的两种植物，在功能上可能有相近之处。

3 王家葵著：《本草博物志》，北京大学出版社，2020 年，第 79 页。

〔日〕细井徇《诗经名物图解》，题名芍药，实为牡丹，1850

关于《诗经》"勺药"的解释历来莫衷一是，至今未有定论。《诗经名物图解》参考《毛诗品物图考》，采纳南宋吕祖谦《吕氏家塾读诗记》的观点认为是芍药花，并且承袭《毛诗品物图考》将其误画成牡丹。

便不可忽视。因为后人在比较芍药与牡丹时，已默认芍药早已进入了《诗经》这部儒家经典。

3. 牡丹的逆袭

　　相比于芍药，唐以前关于牡丹的记载并不多。唐代段成式《西阳杂俎》记载："牡丹，前史中无说处，唯《谢康乐集》中言竹间水际多牡丹。成式检隋朝《种植法》七十卷中，初不记说牡丹，则知隋朝花药中所无也。"隋朝本草著作中还不见牡丹，到了中晚唐，牡丹竟然一跃而成为花中之王。晚唐诗人皮日休《牡丹》:"落尽残红始吐芳,佳名唤作百花王。竞夸天下无双艳,独立人间第一香。"

牡丹地位的逆袭,得益于长安贵族的追捧。白居易《牡丹芳》写到时人赏牡丹的盛况:"花开花落二十日,一城之人皆若狂。"人们对于牡丹的追捧,直接导致其价格暴涨。柳浑《牡丹》"近来无奈牡丹何,数十千钱买一窠",白居易《买花》"一丛深色花,十户中人赋",都记载当时牡丹花价之贵。

唐玄宗时,李白奉命作《清平调》"名花倾国两相欢,长得君王带笑看",以牡丹花之美喻杨贵妃之貌,到刘禹锡《赏牡丹》尊牡丹为"真国色",芍药则成了"妖无格":

> 庭前芍药妖无格,池上芙蕖净少情。
> 唯有牡丹真国色,花开时节动京城。

在五代《花经》中,牡丹位于"一品九命",名列第一,而芍药"三品七命"屈居第三。这才有了前文所引韩琦为芍药打抱不平的那句"郑诗已取相酬赠,不见诸经载牡丹"。

对于牡丹与芍药地位之变迁,宋代郑樵《通志》卷七十五总结说:"芍药著于三代之际,风雅之所流咏也。牡丹初无名,故依芍药以为名,亦如木芙蓉之依芙蓉以为名也。"观点与韩琦一致,都认为芍药是《诗经》里的植物,牡丹哪里比得上。又说虽然"牡丹晚出,唐始有闻",但由于"贵游趋竞,遂使芍药为落谱衰宗"。

牡丹之盛行,从其花谱的著录情况也可窥见。宋代关于牡丹的谱录就有好几种,最著名的要数欧阳修《洛阳牡丹记》,该书记载当时的牡丹名品共二十四种。丘濬《牡丹荣辱志》将牡丹诸品种拟人化，以姚黄为花王，魏红为妃。此后张邦基《陈州牡丹记》、陆游《天彭牡丹谱》、胡元质《牡丹谱》则分别记录了河南陈州、四川彭州的牡丹品种。

而关于芍药的花谱，仅有王观《扬州芍药谱》。该谱将扬州当地三十九种芍药分为七个等次。作者在"后论"中感慨，历史上不少诗人到访扬州，观赏芍药，却鲜有人留下关于芍药的诗篇。清代植物类书《广群芳谱》即是证明，该书关于芍药的文献仅一卷，而牡丹的篇幅则有三卷之多，其中两卷都是历代所咏诗文。

4. 醉眠芍药裀

鉴于牡丹和芍药的地位，二者分别被称为"花王"和"花相"。北宋陆佃《埤雅》写道："今群芳中牡丹品第一，芍药第二，故世谓牡丹为花王，芍药为花相，又或以为花王之副也。"回到文章开头提出的问题，湘云为何醉卧芍药花下，而不是牡丹花？

因为在曹雪芹看来，大观园里配得上牡丹的只有薛宝钗。第六十三回"寿怡红群芳开夜宴　死金丹独艳理亲丧"，宝玉生日当晚，众姐妹在怡红院行酒令、占花名，宝钗抽到的正是牡丹，签上题"艳冠群芳"，下镌诗句"任是无情也动人"，出自唐代罗隐所作《牡丹花》：

> 似共东风别有因，绛罗高卷不胜春。
> 若教解语应倾国，任是无情亦动人。

〔清〕钱维城《万有同春》（局部），牡丹

牡丹在唐以前寂寂无闻，中晚唐时由于受到贵族追捧，地位扶摇直上，后来被
誉为花中之王、国色天香。

芍药与君为近侍，芙蓉何处避芳尘。

可怜韩令功成后，辜负秾华过此身。

诗的后两句化用唐代韩令不喜牡丹花的典故。该典故出自唐李
肇《唐国史补》：

〔清〕钱维城《万有同春》（局部），芍药

在实际生活中，芍药花瓣的确可用于做枕头和褥子。《红楼梦》湘云"醉眠芍药裀"的情景描写，当源自于当时文人的生活经验。

　　京城贵游尚牡丹三十余年矣。每春暮，车马若狂，以不耽玩为耻。执金吾铺官围外寺观种以求利，一本有直数万者。元和末，韩令始至长安，居第有之，遽命劚去。曰："吾岂效儿女子耶？"

韩令即韩弘，曾是唐朝中期割据一方的将领，后慑于朝廷之威入朝为官，任中书令。元和（806—820）末年，他抵达长安宅邸后发现院中种有牡丹。当时长安贵族对牡丹趋之若鹜，导致牡丹价格奇贵无比，以至于执金吾铺官（负责治安巡逻的警卫）都在围外（长安城南偏僻区域）的寺庙里种植牡丹来牟利。[1] 韩令对此颇为不屑，不愿与之为伍，于是命人将院中牡丹全部砍除。因此宝钗这枚签上的诗句隐藏着牡丹被"辜负"的命运，实际上是暗示她后来不幸的结局。

大观园众姐妹中，出身金陵名门闺秀的薛宝钗，以牡丹比配，当之无愧。湘云虽然也是四大家族之后，但由于自幼父母双亡，一直寄人篱下，且性格开朗豪爽，在身份和气质上，均无法与宝钗相提并论。她比宝钗晚进大观园，又与宝钗住在一起，可以说是"芍药与君为近侍"。

不过，曹雪芹让湘云抽到的花并不是芍药，而是海棠，签上所题是"香梦沉酣"，诗句出自苏轼《海棠》："只恐夜深花睡去，故烧高烛照红妆。"黛玉一看便联想到湘云白日醉卧花下之事，打趣说"夜深"两个字当改为"石凉"。

既然曹雪芹有如此明显的以花喻人的暗示，为什么不一开始就让湘云睡在海棠花下呢？这是因为宝玉的生日在农历四月，彼时即将进

1　"执金吾铺官"即"金吾铺官"，唐代左右金吾卫所属左右街武候铺官的总称，分掌京城日夜巡逻。《旧唐书·官职三·左右金吾卫》："秦曰中尉，掌徼巡，武帝改名为执金吾。魏朝不置。隋曰候卫。龙朔二年改为左右金吾卫，采古名也。……左右金吾卫之职，掌宫中及京城昼夜巡警之法，以执御非违。""围外"指长安城南部人烟稀少的区域。〔唐〕李德裕《奉宣今日以后百官不得于京城置庙状》："自威远军向南三坊，俗称围外，地至闲僻，人鲜经过，于此置庙，无所妨碍。"

入夏天，例如生日当晚宝玉说："天热，咱们都脱了大衣裳才好。"而芍药正是在春末夏初开放，是以又名殿春客、婪尾春。"婪尾"指酒巡至末座，"婪尾春"即春天的末尾。彼时，海棠花早已碾落尘泥、不见踪迹。

再则，芍药花瓣可以做枕头，这在小说里就有写。同样是生日那晚，宝玉宽衣后，"倚着一个各色玫瑰芍药花瓣装的玉色夹纱新枕头"。玫瑰花香，而芍药花瓣大且厚，这是二者能够填充枕头的原因。湘云醉眠花下，正是"用鲛帕包了一包芍药花瓣枕着"。同理，芍药花瓣还能做褥子。清代戏曲家黄图珌《看山阁闲笔》卷十三"芳香部"记载：

> 芍药一花，本不甚高，赏宜席地而坐。余尝拾庭砌之落花铺成一褥，为芳香簟，团坐于上，传杯剧饮，以酬此花。

"簟"即席子，"剧饮"即豪饮。将芍药落花铺成褥子以团坐其上，这不就是小说里的"芍药裀"？"裀"就是垫子、褥子。湘云在醉卧之前，石凳上应当也铺了一层花瓣。既然芍药花有此实际用途，醉眠"芍药裀"也合乎生活常理。

黄图珌最为人知的作品是戏曲《雷峰塔》，其《看山阁闲笔》主要记录古代文人士大夫的生活艺术，此则"芍药"所记之雅兴，可与《红楼梦》两相对照。曹雪芹"醉眠芍药裀"的描写，应源自于当时文人的日常生活，并非凭空想象。

石榴

色作裙腰染，名随酒盏狂

天气好的时候，看到二环边的石榴花，会想到《追风筝的人》。这部有关阿富汗的小说开头，石榴多次出现，树荫底下是主人公阿米尔和仆人哈桑愉快的童年：

> 墓园的入口边上有株石榴树。某个夏日，我用阿里厨房的小刀在树干上刻下我们的名字："阿米尔和哈桑，喀布尔的苏丹。"这些字正式宣告：这棵树属于我们。放学后，哈桑和我爬上它的枝丫，摘下一些血红色的石榴果实。吃过石榴，用杂草把手擦干净之后，我会念书给哈桑听。

不久就是风筝比赛，哈桑为了追回风筝遭到强暴，阿米尔目睹却未施救，内心深感歉疚。他将石榴砸向哈桑，希望哈桑也砸向他，以便减轻罪恶。可是，哈桑被砸得浑身血红也没有还手。阿米尔不得不诬陷哈桑偷窃，致使哈桑被赶出家门，阿米尔不久后随父亲前往美国。可以说，石榴树见证了二人感情的变化。石榴树，恐怕也是小说的作者卡勒德·胡赛尼——一个美籍阿富汗裔作家、医生——的童年记忆，是他的乡愁。

1. 榴火飞红，最为妙景

为何《追风筝的人》里会出现石榴？据《中国植物志》，石榴原产巴尔干半岛至伊朗及其邻近地区，这其中就包括阿富汗。这种耐旱、耐寒、耐瘠薄的果树对土壤的要求并不高，在西亚一些满是碎石的土地上，它们野生成林。石榴有多特别？它自己单独成为一个石榴科，一个科就一个石榴属，一个属下仅有两个种。传入我国的石榴（*Punica granatum*）是其中一种，如今在世界温带和热带地区都有种植。

石榴传入我国后被称作安石榴，并拥有涂林、若榴、海石榴、丹若、金罂等众多的别称。"安石"乃安石国，即安息国，在今伊朗东北部。涂林又写作堘林，也是地名。相传，石榴乃是张骞得自西域。[1]但这属于后人附会，正史关于张骞的记载中，没有提及任何物产被他带回中原。类似的附会还有苜蓿、葡萄等。因此，石榴传入我国的时间不能追溯至张骞的时代，目前已知最早记载石榴的文献是成书于南朝的《名医别录》。[2]

1　〔北魏〕贾思勰《齐民要术》卷四引西晋陆机："张骞为汉使外国十八年，得涂林。涂林，安石榴也。"《本草纲目》卷三十"安石榴"引《博物志》："汉张骞出使西域，得涂林安石国榴种以归，故名安石榴。"

2　据《本草纲目》，"安石榴"一名见于《名医别录》。《名医别录》为南朝梁陶弘景集录，其内容为汉魏之间名医在《神农本草经》中增录的资料，最早在汉代，最晚在刘宋。见刘晓龙、尚志钧：《陶弘景集〈名医别录〉的考察》，《基层中药杂志》，1993年，第2期，第1页。

〔德〕赫尔曼·阿道夫·科勒《科勒药用植物》，石榴，1890

石榴是一种耐旱、耐寒、耐瘠薄的果树，在西亚一些满是碎石的土地上，它们野生成林。

　　南北朝时，中原地区已掌握石榴的种植技术[1]，当时有不少赞美这种外来果树的诗篇。南朝梁元帝萧绎《咏石榴诗》，着重写的是石榴花："然灯疑夜火，连珠胜早梅。……还忆河阳县，映水珊瑚开。"夜里燃灯相看，石榴花红似火；花影倒映水面，恍若水底珊瑚。李

---

1 《齐民要术》卷四记载，种石榴需"以骨石布其根下，则科圆滋茂可爱"，"骨、石，此是树性所宜"。李时珍认为"安石"之名或取于此。上面我们说过，"安石"乃安石国，即安息国，是石榴的原产地。李时珍的说法属于望文生义。

白的《咏邻女东窗海石榴》与此有同工之妙："珊瑚映绿水，未足比光辉。"

显然，石榴花给诗人的印象更深，它也的确美丽，叫人过目难忘。《本草纲目》卷三十引南朝陶弘景说："石榴花赤可爱，故人多植之，尤为外国所重。"李时珍则将它比之于扶桑花："若木乃扶桑之名，榴花丹赪似之，故亦有丹若之称。"以上都是对石榴花的赞美。

从外形看，石榴花大体由花萼与花瓣组成，花萼具有蜡烛一样的质地，油亮泛光。萼筒通常红色或淡黄色，裂成一圈三角形，略微向外展开，它们不随花瓣凋落，而是在日后变成果实的"嘴巴"。果实成熟后，也是从"嘴巴"处开裂。花萼以上是花瓣，通常是红色，也有开黄花、白花，以及重瓣等供观赏的品种，这些在明代已有栽培，是民间很受欢迎的一种观赏花卉。[1]

清代文人雅士赏榴花，有自己的一套方法。黄图珌《看山阁闲笔》卷十三记载："宜折供瓶中，兼以冰山一座，置之席间，以其可少敌炎威。"夏日炎热，本来盛开的花就少，因此火红的石榴花堪称"万绿丛中一点红"，乃是庭院之中不可或缺的风景。所以古代的园林，无论南北，都少不了石榴树。最后黄图珌总结说："榴火飞红，最为妙景。"石榴花开，红如火焰，故诗词中多称石榴花为"榴火"。

---

1 《本草纲目》："榴五月开花，有红、黄、白三色。单叶者结实。千叶者不结实，或结亦无子也。""千叶者"即重瓣，不结果，主要作观赏用。〔明〕高濂《遵生八笺》："燕中有千瓣白、千瓣粉红、千瓣黄。大红者，比他处不同，中心花瓣如起楼台，谓之重台石榴花，头颇大，而色更红深。余曾四种俱带回杭，至今芳郁。有四色单瓣。"

陈之佛《榴花鸣蝉》，1946

陈之佛（1896—1962），号雪翁，浙江余姚人，中国杰出工艺美术家，长于工笔花鸟画，与另一位工笔花鸟画大师于非闇（1889—1959）合称"南陈北于"。此图展现了陈之佛所擅长的对角线构图，疏密有致；黑色鸣蝉刻画精细，正好位于画面的黄金分割点处。

2. 房中多子，新婚礼物

石榴花美，果实亦佳。西晋潘岳《安石榴赋》赞美石榴籽多且汁液甘美，文辞华丽："千房同蒂，十子如一。缤纷磊落，垂老曜质。滋味浸液，馨香流溢。"唐段成式《酉阳杂俎》前集卷十八称，南诏（云南一带的古代王国）的石榴，籽大皮薄，"味绝于洛中"。

味美是一方面，石榴受欢迎，还有一个重要原因，它与葫芦、花

〔宋〕鲁宗贵《吉祥多子图》

鲁宗贵是南宋宫廷画家，钱塘（今浙江杭州）人。这幅画具有宋代工笔画的写
实风格，画中的石榴、葡萄、橘子形态逼真、生气盎然，这三种水果都有多子
的寓意。

椒一样，乃是多子多孙的象征，这是石榴经常见于年画、瓷器、雕塑
等民间美术品中的原因所在。石榴的这种寓意早在南北朝时即已产
生。《北齐书·魏收传》记载，北齐安德王高延宗纳赵郡李祖收之女
为妃，李妃的母亲送了两颗石榴作为新婚礼物，众人不解，只有魏收
知道原因："石榴房中多子，王新婚，妃母欲子孙众多。"文宣帝高洋
对魏收的回答非常满意，赐他美锦二匹。

　　魏收何许人也？此人出身于世家大族巨鹿魏氏，父亲是北魏骠骑

大将军。他年少即以文采扬名，后奉命撰写北魏历史，即二十四史之一的《魏书》。能修史，必然"学博今古，才极纵横"，怪不得他知道石榴的寓意。

而在希腊和一些阿拉伯国家，石榴同样具有这种美好的象征意义，其历史则更为久远。劳费尔《中国伊朗编》记载：

> 这果实至今仍然是最好的结婚礼品或在喜筵上重要的食物。在现代的希腊也如此。阿拉伯人的新娘到了新郎帐篷前下马的时候，接过来一只石榴，她把它在门槛上撞碎，把子扔进帐篷里面去。阿拉伯人就要男人像石榴一般，——又苦又甜，在太平的时候对朋友们很温和有情，但遇有必要起而自卫或保卫他的邻居的时候，就会激起一股正义的怒火。[1]

前文我们说过，希腊至伊朗地区是石榴的原产地，当地盛产的石榴除了被作为新婚时的必备礼品之外，还被阿拉伯人用于象征男子的美德，对朋友温和友善，对敌人则满腔怒火，分别对应石榴味道的甜和苦。现在我们吃到的石榴都是甜的，但是据劳费尔介绍，也有味道很苦的石榴。李时珍在《本草纲目》中也说，石榴的果实"有甜、酸、苦三种"。

我此前是不爱吃石榴的。剥起来太麻烦，通常会撒一地，剥完手上黏糊糊的，味道也没有多好。但是我的大学室友特别有耐心。他把石榴一粒一粒剥好装在碗里，配一把勺端到我面前。看着那满

---

1 〔美〕劳费尔著，林筠因译：《中国伊朗编》，商务印书馆，2015年，第120页。

满一盘晶莹剔透、珍珠一样的果粒，瞬间很有食欲。一勺一口慢慢嚼，满口的石榴汁，嚼完汁液再把残渣吐出来，很满足。从此爱上了吃石榴。

3. 忆君泪下，酒污罗裙

石榴花颜色鲜红，花瓣轻薄，整朵花呈筒状，就像少女的红裙。如果仔细观察一朵石榴花，就会发现这样的比喻非常恰当。"石榴裙"在古代的诗文和小说中是常见的意象，因此有必要专门说一说。

"石榴裙"的比喻出现于南北朝时期。南朝诗人何思澄《南苑逢美人》"风卷葡萄带，日照石榴裙"，以"葡萄带"和"石榴裙"形容美人的服饰；梁元帝萧绎《乌栖曲》"交龙成锦斗凤纹，芙蓉为带石榴裙"亦同，令人联想到的都是亭亭玉立的妙龄女子。

不过石榴裙有个缺点：不耐脏。眼泪滴落，酒水点染，都容易显现。例如南朝梁人鲍泉《奉和湘东王春日诗》："新落连珠泪，新点石榴裙。"唐武则天那首著名的《如意娘》化用此句："看朱成碧思纷纷，憔悴支离为忆君。不信比来长下泪，开箱验取石榴裙。"大意是：自从你去后，我日日以泪洗面，面容憔悴，精神恍惚，以至于将红色看成绿色。如果你不信，可打开箱子看看那石榴裙，都是我的斑斑泪痕。[1]

---

1 《全唐诗》在《如意娘》下引《乐苑》说："《如意娘》，商调曲，唐则天皇后所作也。"《乐苑》为五代时人陈游所作，原书已经佚失，散见于其他典籍。

〔德〕赫尔曼·阿道夫·科勒《科勒药用植物》，石榴花，1890

〔日〕岩崎灌园《本草图谱》，石榴，1828

石榴花颜色鲜红，花瓣轻薄，整朵花呈筒状，就像少女的红裙。如果仔细观察一朵石榴花，就会发现这样的比喻非常恰当。"石榴裙"在古诗文中也是常见的意象。

白居易当年在杭州任刺史时，曾多次凭吊钱塘名妓苏小小，其《和春深二十首》之一写到苏小小的外貌和服饰，用来比喻红裙的也是石榴花："眉欺杨柳叶，裙妒石榴花。"苏小小是南齐时人，不仅才貌出众，身世与爱情故事亦凄婉动人，历代多有传颂。[1]刘禹锡写诗给白居易，写钱塘百姓对白居易的感佩与思念，特以白居易诗中的苏小小穿越时空："其奈钱塘苏小小，忆君泪点石榴裙。"（《乐天寄忆旧游，因作报白君以答》）

除了眼泪，诗文中常与石榴裙相伴的还有酒。例如我们熟悉的《琵琶行》，白居易写琵琶女当年在教坊受到追捧的盛况："钿头银篦击节碎，血色罗裙翻酒污。"钿头银篦等首饰用来击打节拍，常常断裂粉碎；红色的罗裙，也时常被席间的酒水泼洒。后来苏轼写《石榴》，也提到了石榴裙和酒："风流意不尽，独自送残芳。色作裙腰染，名随酒盏狂。"这首诗写得气势非凡，所咏似与上文《琵琶行》中的那一句遥相呼应。

为什么石榴裙会与酒一起出现？从文献记载来看，石榴裙作为一种服饰，多与歌舞妓这类女子相关联。唐代开元年间（713—741）诗人万楚描写歌舞妓的容貌与着装时，特以石榴裙类比，其《五日观

---

1 苏小小其人其事最早见于南朝诗歌总集《玉台新咏》卷十所录《钱唐苏小歌》："妾乘油壁车，郎骑青骢马。何处结同心？西陵松柏下。"后世小说戏曲不断丰富苏小小的故事。其中的一个版本是：苏小小自幼能书善诗，不幸幼年父母双亡，虽身为歌伎，却自珍自爱，与少年阮郁一见钟情。阮郁应父命回京，别后杳无音信。后同情贫困书生鲍仁，资助其上京赴试，不久受人陷害，身陷囹圄，次年便与世长辞。鲍仁应试登第后，按其"埋骨西泠"之遗愿，于西泠桥畔择地造墓。今杭州西湖西泠桥畔尚有苏小小墓。

妓》："眉黛夺将萱草色，红裙妒杀石榴花。"再如唐代蒋防《霍小玉传》，这篇小说写霍小玉与书生李益相爱后被抛弃的故事。倡家之女霍小玉，平时所穿就是一件石榴裙。[1]

白居易共有四首诗写到石榴裙，除了上文提到的苏小小和琵琶女，另外两首也都指向这一类女子。《府酒五绝·谕妓》"烛泪夜黏桃叶袖，酒痕春污石榴裙"，《官宅》"移舟木兰棹，行酒石榴裙"，两首诗中所写当是官员家中私妓。这两首诗以及《琵琶行》中都有酒这个元素。既然是歌舞妓，声色犬马之时、酒池肉林之中弄污了石榴裙，自然是家常便饭。这类女子大多才貌双全，但身世也多悲惨，苏小小、霍小玉、琵琶女，都是如此。

由此我想到《红楼梦》里的香菱，香菱也有这样一条石榴裙。《红楼梦》第六十二回"憨湘云醉眠芍药裀　呆香菱情解石榴裙"写香菱的石榴裙：

> 香菱道："什么夫妻不夫妻，并蒂不并蒂，你瞧瞧这裙子！"宝玉方低头一瞧，便嗳呀了一声，说："怎么就拖在泥里了？可惜这石榴红绫最不经染。"

这件被污泥弄脏的石榴红裙，是否也暗示着香菱日后的命运呢？以后再见到石榴花，我就会想起她们——这些身着石榴裙的女子。

---

1 〔唐〕蒋防《霍小玉传》："生忽见玉穗帷之中，容貌妍丽，宛若平生，着石榴裙。"

临近端午，马路边的蜀葵红红火火，开得甚是热闹。由于在端午前后达到盛花期，蜀葵是以又名"端午花"。南宋临安（今杭州）的端午风俗，家家户户无论贫富贵贱，都得有艾草、菖蒲、栀子、石榴和蜀葵花。[1]元代张宪《端午词》："榴花照鬓云鬓热，蝉翼轻绡香叠雪。一丈戎葵倚绣窗，雨足江南好时节。"可知石榴、蜀葵乃是端午时令花卉，古人所绘的端午清供画中，也少不了这几种植物。例如清代宫廷画师郎世宁《端午图轴》所绘就是一幅瓶花，花材以蜀葵为主，配有一枝石榴、两叶菖蒲。

1. 蜀葵非巴蜀之葵

蜀葵（*Althaea rosea*）是锦葵科蜀葵属二年生草本，原产我国，别名戎葵、胡葵、吴葵。对于名中的"蜀"和"戎"，历来多解释为产地。例如《本草纲目》卷十六引唐陈藏器《本草拾遗》："戎、蜀，其所自来，因以名之。"南宋学者罗愿也持此种观点，

1　〔南宋〕周密《武林旧事》卷三追忆故都临安端午习俗云："又以大金瓶数十，遍插葵、榴、栀子花，环绕殿阁。……而市人门首，各设大盆，杂植艾、蒲、葵花，上挂五色纸钱，排钌果粽。虽贫者亦然。"明代田汝成《西湖游览志余》载南宋临安端午习俗亦云："家家买葵、榴、蒲、艾，植之堂中，标以五色花纸，贴画虎蝎或天师之象。"

他说草木名中凡是带有"戎"字的，都是从遥远的异国传入。[1]

清代一些学者持有不同观点，他们认为蜀葵、戎葵中的"蜀"和"戎"应该解释为"大"，蜀葵是比木槿花还大的一种葵，故俗称"丈红花"。[2]蜀、戎、吴、胡，作为"大"来解释，在先秦两汉时已经出现。[3]

"蜀"可释为族名、国名、朝代名，怎么会有"大"的含义呢？据岑仲勉先生考证，一开始，"蜀"乃古时川西民族对其首领的称呼，"蜀"之义即"王"，"古代因彼此语言隔阂，把人家首长的通名，传为人家的族称或国号，是很常见之事"。[4]释"蜀"为"大"，可能是从"王"引申而来。

释"蜀"为"大"，其他植物名中也有例证。高粱别名为"蜀黍"，因为高粱较黍子这种谷物要高大，这种作物并非在巴蜀地区首

---

1 〔南宋〕罗愿《尔雅翼》卷八："凡草木从戎者，本皆自远国来，古人谨而志之。今戎葵，一名蜀葵，则自蜀来也，如胡豆谓之戎菽，亦自胡中来。戎者，胡、蜀之总名耳。其来之始，今不复知。蜀、羌、髳，自商时已通中国矣。"

2 〔清〕邵晋涵《尔雅正义》卷十四："戎葵，今谓之蜀葵，戎、蜀皆言其大也。《释诂》云：'戎，大也。'《释畜》云：'鸡，大者蜀。'是'蜀'亦为大。而说本草者，便谓此草从蜀中来，凿矣。今蜀葵，四月后花，茎特高大，其花似木槿而大，俗谓之丈红花。"〔清〕郝懿行《尔雅义疏》卷十三："蜀葵似葵而高大，'戎''蜀'皆大之名，非自戎、蜀来也。或名吴葵、胡葵，'胡''吴'亦皆谓大也。"

3 《尔雅·释畜》："鸡，大者蜀。"〔西汉〕扬雄《方言》第十三："吴，大也。"《诗经·周颂·烈文》"念兹戎功，继序其皇之"，《毛传》："戎，大。"《逸周书·谥法》"弥年寿考曰胡"，"胡"训为"大"。

4 岑仲勉著：《白族源流试探》，《岑仲勉史学论文续集》，中华书局，2004年，第167、174页。

〔德〕赫尔曼·阿道夫·科勒《科勒药用植物》，黑紫色蜀葵花，1887

〔日〕毛利梅园《梅园百花画谱》，蜀葵、冬葵，1825

"蜀葵"一名的本义是较大的葵，这里的葵是冬葵，在明代以前是一种常见的蔬菜，号称"百菜之主"。白菜传入后，冬葵的地位一落千丈，如今只有湖南、四川等地还在食用。

先栽培。[1] 甘肃武威方言称玉米为"蜀麦"，是将玉米比作一种较大的麦子[2]，而我们知道玉米原产美洲，并非四川。蜀茶是一种花朵较大的山茶，文献中所载蜀茶多源自福建，亦非巴蜀。所以夏纬英《植物

---

1 "蜀黍，大约为非洲原产，未详何时始入中国，然早期我国所栽培的谷类中无此植物。后魏贾思勰所著的《齐民要术》中尚未有蜀黍的种法，而只在《五谷果瓜菜茹非中国所产者·五谷》条中引《博物志》曰：'地三年种蜀黍，其后七年多蛇。'由此可见，彼时之我国北部尚未种植蜀黍。蜀黍，亦未闻在巴蜀之地先栽培，其'蜀'字之义，自与巴蜀无关。"见夏纬瑛著：《植物名释札记》，农业出版社，1990年，第221—222页。

2 李鼎超《陇右方言·释植物》："玉蜀黍，武威谓之蜀麦，音近西麦。'蜀'有'大'意，虫之大者名'蜀'（通作'蠋'），鸡之大者名蜀鸡（《尔雅》），故类麦而大曰蜀麦。"

名释札记》推断："植物名称之言'蜀'者，往往为大义。"

同样，并没有一种文献表明蜀葵这种植物原产巴蜀，蜀葵的本义是一种较大的葵。这里的参照物"葵"，是古人常吃的一种蔬菜，其中文正式名为冬葵（*Malva verticillata* var. *crispa*），二者同为锦葵科草本，冬葵高 1 米，而蜀葵高可达 2 米。二者形态有相似之处，所以古人称这种高大的葵为蜀葵，其别名戎葵、吴葵、胡葵、一丈红，均取此意。

在明代以前，冬葵是餐桌上常见的蔬菜。《诗经·豳风·七月》"七月烹葵及菽"、汉乐府《长歌行》"青青园中葵，朝露待日晞"，其中的"葵"，都是这种蔬菜。北魏贾思勰《齐民要术》将"种葵"列为蔬菜种植技术之开篇；一直到元代，王祯《农书》依然称它是"百菜之主，备四时之馔"，"诚蔬茹之上品，民生之资助"。到了明代，由于大白菜等蔬菜引入，浑身是毛的冬葵不再受人待见，以至于李时珍《本草纲目》不以其入"菜部"，而将其列入"草部"："今人不复食之，亦无种者。"

既然冬葵是人们最熟悉不过的蔬菜，以之为参照物来命名，自是理所应当。类似名中带"葵"的植物还有锦葵（*M. cathayensis*），别名荆葵，在《尔雅》中名"荍"，《诗经·陈风·东门之枌》"视尔如荍，贻我握椒"，用锦葵花来比喻女子容貌之姣好。另有一种可供食用的野生葵菜名为野葵（*M. verticillata*），即汉代古诗《十五从军征》"井上生旅葵"中的"旅葵"。野葵、锦葵、冬葵同为锦葵属，它们外形接近，茎枝都长有密集的绒毛，叶片都是圆形且 5 至 7 掌状分裂，比蜀葵都要矮。

2. 蜀葵地位之变迁

今天看来，蜀葵这种常见栽培花卉十分普遍，平凡无奇，但它在历史上曾受到至高的赞美。南朝宋颜延之《蜀葵》说它"喻艳众葩，冠冕群英"，南朝梁王筠《蜀葵花赋》称之"迈众芳而秀出，冠杂卉而当闱"。明代藏书家赵崡所编植物类书《植品》（1617）云："故盛唐诗人咏牡丹者最少，至正元中，已与戎葵争胜矣。"将蜀葵与牡丹对比，从一个侧面说明，蜀葵在唐代曾多么受宠。

但很快，蜀葵就因为种植太易、太多而为人轻视，唐代陈标《蜀葵》这首诗说得很直白：

> 眼前无奈蜀葵何，浅紫深红数百窠。
> 能共牡丹争几许，得人嫌处只缘多。

在五代人张翊《花经》中，蜀葵排名已垫底："胡葵，九品一命。"明代张谦德《瓶花谱·品花》仿照《花经》，将瓶中插花进行排序，千叶戎葵倒数第二，"八品二命"。

唐以后，蜀葵的地位在各种排行榜中垫底，它在诗文中的寓意，也是卑微地向着太阳。蜀葵倾阳向日的特性屡见于诗词，寓意对君主的忠心。例如宋代韩琦《蜀葵》"不入当时眼，其如向日心"，杨巽斋《一丈红》"但疑承露矜殊色，谁识倾阳无二心"，王镃《蜀葵》"花根疑是忠臣骨，开出倾心向太阳"。其他花色的蜀葵同样如此，例如明代高启《白葵花》"谁怜白衣者，亦有向阳心"，蒋忠《墨葵》"莫言颜色异，还是向阳心"。可以说，在明代向日葵传入我国之前，蜀葵

〔日〕细井徇《诗经名物图解》，荍，1850

《诗经·陈风·东门之枌》"视尔如荍，贻我握椒"，荍即锦葵，以锦葵花比喻女
子容貌之姣好。

就是中国的向日葵。这也直接启发了外来植物"向日葵"的命名。

到了清代张之洞时，世人对蜀葵就更轻蔑了。张之洞《蜀葵花歌》云："世俗贵耳斗奢华，洛花道好蜀葵丑。……此花虽贱君子贵"。"洛花"即洛阳花，这里指牡丹。曾与牡丹争宠的蜀葵，到了张之洞时，竟然被世人如此直白地贬为"丑"和"贱"。虽然张氏并不同于流俗，反认为它是君子所贵，但可见当时蜀葵的地位已是一落千丈。

〔日〕岩崎灌园《本草图谱》，蜀葵，1828

蜀葵又名戎葵，名中的"蜀"和"戎"的意思都是"大"。植物名中含有"蜀"
的都应该是"大"的意思，例如蜀黍、蜀麦、蜀茶等。

3. 向日葵的传入

如今我们熟知的向日葵（*Helianthus annuus*）乃是菊科植物，为
什么会有锦葵科植物的名字呢？

向日葵原本只生长在北美洲，当西班牙殖民者踏上这片土地，见
到那高大挺拔、花大如盘、随日转动的向日葵时，一定曾感慨世界上
竟然有如此奇特的植物。于是，16世纪上半叶，向日葵被殖民者作

〔日〕岩崎灌园《本草图说》，向日葵，1810

向日葵刚传入我国时，万历皇帝赐名为向日菊，因为花盘巨大如蜂窝，在民间遭到厌恶，"仅一二年，人遂无种者"。

为观赏植物带回欧洲大陆，"自 17 世纪早期起，向日葵金光灿灿的花盘就已经成为当时风靡欧洲的群芳谱中的当家花旦"。[1]

很快，西方传教士将向日葵带入中国，一位宦官见到后高价买下，然后献给了万历皇帝。但这名宦官并没有记下这种植物的中文名，或许他想将这个命名的机会留给当朝之君。在向万历皇帝进献之时，他可能转述了传教士告诉他有关这种植物的神奇之处：虽然它

---

1 〔英〕珍妮弗·波特著，赵丽洁、刘佳译：《改变世界的七种花》，生活·读书·新知三联书店，2018 年，第 85 页。

与万寿菊同属一类，但它的花盘始终朝向太阳，能够跟随日升日落而转动。[1] 于是，万历皇帝赐其名为"向日菊"。

慢慢地，"向日菊"的种子散布到民间。万历年间，它曾在关中地区广为种植，由于极易成活，很快就遍布篱落之间。但是与向日葵在欧洲受到的热烈追捧相反，它在中国并未受到老百姓的欢迎。其原因就在于那巨大的花盘，《植品》说："其花类一大蜂房，丑恶特甚。"它长得实在太丑、太像挂在树上的马蜂窝了，所以不过一两年，无人再种向日葵。[2]

以上向日葵传入我国后遭到关中百姓厌弃的故事，详见于《植品》。不久，明代王象晋《群芳谱》也收入了这个外来的新物种，将它列于"菊"篇之后作为附录，名为"丈菊"，别名"西番菊""迎阳花"。王象晋对这种花的描述与赵崡一样："虽有傍枝，只生一花，大如盘盂，单瓣色黄，心皆作窠如蜂房状。"[3]

1　或许在传教士看来，向日葵的这种随日转动的属性正是它最大的卖点。当时绝大多数欧洲人对此深信不疑。"大部分权威人士都认同莫纳德斯的观点，认为这种花'确确实实跟随太阳持续转动，并因此得名。'"（《改变世界的七种花》，第 82 页）这种观点也被国人所接受，例如陈淏《花镜》卷五"向日葵"记载："其形如盘，随太阳回转。如日东升，则花朝东；日中天，则花直朝上；日西沉，则花朝西。"但要注意的是，向日葵的这种特征仅适用于花盘盛开之前，花盘盛开后就朝向东方，不再随日转动。其实在向日葵传入伊始，《植品》就对此做了说明："上作大花如盘，随日所向。花大开则重，不能复转。"

2　同样的命运也发生在万历年间传入我国的"西番柿"即西红柿身上。《植品》："又有西番柿亦万历间自西方来。蔓生高四五尺，结实宛如柿。然不堪食。其蔓与叶臭不可近。比之向日菊尤甚。今亦无种者矣。"

3　〔明〕王象晋《群芳谱》："丈菊：一名西番菊，一名迎阳花，茎长丈余，干坚粗如竹，叶类麻，多直生。虽有傍枝，只生一花，大如盘盂，单瓣色黄，心皆作窠如蜂房状，至秋渐紫黑而坚。取其子种之，甚易生。花有毒，能堕胎。"

〔荷兰〕赫尔曼·萨法特莱文二世《蜀葵》，1682

赫尔曼·萨法特莱文二世（Herman Saftleven II，1609—1685）是荷兰巴洛克时期的画家。这幅蜀葵具有明显的写实风格，它毫不回避已经开败的花朵、叶片上被昆虫咬过的痕迹，令人想到宋代的工笔画。蜀葵成熟的果实呈盘状，种子紧密地围成一圈，颇具艺术感。

以上有关向日葵的早期文献都表明，时人皆知向日葵与菊花同属一类，所以不少名字中都有"菊"。那么，"向日葵"的名字怎么来的呢？这时候就要请蜀葵出场了。

4. 从蜀葵到向日葵

"向日葵"一名最早见于明代福建莆田人姚旅所著《露书》（1611）。这是一部记录莆田风土民情的笔记，"向日葵"见于卷十"错篇下"（内容以当地动植物等土产为主）。姚旅对这种新鲜事物的记录如下：

> 万历丙午年，忽有向日葵自外域传至。其树直耸无枝，一如蜀锦，开花一树一朵，或傍有一两小朵，其大如盘，朝暮向日，结子在花面，一如蜂窝。

据《露书》记载，向日葵传入的年份为万历三十四年（1606）。鉴于《露书》所录乃家乡土产风物，上述内容应来源于姚旅的亲历亲闻。可以推测，向日葵正是从东南沿海地区传入我国，在被献给万历皇帝得名"向日菊"之前，它就已经被莆田人取名为"向日葵"。因为大家觉得它更像是蜀葵，"直耸无枝，一如蜀锦"，"蜀锦"就是蜀葵。姚旅将向日葵比之于蜀葵，因为无论是"直耸无枝"的外形，还是"朝暮向日"的特性，二者都存在相似之处。就这样，向日葵这种外来的菊科植物，借用了我国传统花木中蜀葵的名字，这个名字更贴近人们的认知，因此更容易为大众所接受。

在它传入我国数十年后，清初园艺著作《花镜》将其收入第五卷，条目名就叫"向日葵"，别名"西番葵"，然后介绍说："高一二丈，叶大于蜀葵，尖狭多刻缺。"也是将向日葵与蜀葵作比，而全文未提任何带有"菊"的别名。一百多年后，吴其濬编《植物名实图考》，依旧如《群芳谱》将其条目名定为"丈菊"，但是正文部分，作者在全文引用《群芳谱》中的相关内容之后补充说："此花向阳，俗间遂通呼向日葵。"事实证明，"向日葵"一名在民间更为流行，到清末时已成为通称。而万历皇帝赐名的"向日菊"，虽然从植物分类学的角度上看更为科学，但未能流传下来。

还记得当初看电视剧《金粉世家》（改编自张恨水1932年所著同名小说），剧中金燕西与冷清秋躺在一片明艳的向日葵花田里，那样浪漫的场景和那满眼的金黄色一样令人印象深刻。谁曾想，当初遭人厌恶的"蜂房"，摇身一变，成为园艺界的明星。而梵·高那些金光闪闪、生气蓬勃的向日葵油画，更是让它闻名世界。

直到今天，北京奥林匹克森林公园的一块向日葵花田，每到花期都会吸引不少人前往拍照，是京城小有名气的网红打卡地。大家在欣赏向日葵那硕大的花盘时，大概不会想到向日葵一名其实源自于蜀葵，甚至当说到"葵"这个字时，脑海里首先浮现的是向日葵或葵瓜子。而我们的蜀葵，还是那个种在马路边野蛮生长、默默无闻的蜀葵。

夏天盛开的绣球花，无人不爱。以前，我只在花店和别人家的庭院里见过它。不同颜色的绣球一起盛开，让院子增色不少。近些年，公园以及一些街区，例如中国美术馆门前的花坛里也会种上绣球，对于环境的美化效果很是明显。

雨过天晴的夏日清晨，大朵的绣球盛开，蓝色、粉色的花瓣和翠绿的叶片上挂着露珠，尽管没有香味，也让人心旷神怡。近来听说有个绣球的变种能够从初夏开到初秋，取名"无尽夏"，初听这名，有一种夏天永远不会结束的错觉。

1.紫阳花：一个张冠李戴的故事

提到绣球（*Hydrangea macrophylla*），我们就会想到日本的动漫，宫崎骏的电影《千与千寻》中的绣球画得太美。日本许多寺庙都种有绣球，例如镰仓的明月院就是以大片蓝色的绣球花而闻名。据说，在寺院里种植绣球花是为了治病。[1]

---

[1] "寺院种植绣球花不是为了观赏，而是由于绣球花具有解热的特效，可用来治疗心脏病和咳嗽。过去小商人和农民等因贫穷而请不起医生，看病只得依靠采用佛教医学的寺院药法，特别是位于无医村中的寺院都种有很多药用植物，例如银杏等，一旦有事时可作为急救药使用，此外对日常的健康生活也很有益处。"见〔日〕岩渕亮顺著，王茂庆译：《释迦健身秘术》，北京农业大学出版社，1991年，第6页。

〔比利时〕皮埃尔 - 约瑟夫·雷杜德，绣球

〔荷兰〕亚伯拉罕·雅克布斯·温德尔《荷兰园林植物志》，粉团，即雪球荚蒾，1868

绣球在日本被称为"紫阳花"，这么好听的名字来源于白居易的这首《紫阳花》：

何年植向仙坛上，早晚移栽到梵家。

虽在人间人不识，与君名作紫阳花。

诗前小序云："招贤寺有山花一树，无人知名，色紫气香，芳丽可爱，颇类仙物，因以'紫阳花'名之。"招贤寺位于杭州葛岭脚下北山路。据华裔日本作家陈舜臣介绍，紫阳花是由一位遣唐使从日本带到中国的，他从宁波上岸，途经杭州，可能将紫阳花的种子留在了招贤寺，"之所以无人知晓其花名，是因为那是新传入中国的花"。[1]

但是细看白居易这首诗的序，诗人说它"色紫气香"。而我们知道，绣球是没有任何香味的。如果不是绣球，那是什么花呢？由于白居易并未描述它的形态特征，后世的本草和植物类文献也没有相关记载，以至诗中的"紫阳花"成了一个谜。

其实，将"紫阳花"作为绣球的别名，是一个张冠李戴、投其所好的故事。日本园艺作家柳宗民介绍，日语中的"紫阳花"，本义其实是"汇聚纯粹的蓝"，为日本所特有，唐代中国是没有的。之所以会以"紫阳花"命名，始于成书于日本平安时代承平四年（934）的《和名类聚抄》。《和名类聚抄》乃是根据日本皇族的要求而编撰的，是日本最早的百科全书。当时，日本皇室和贵族对我们的大诗人白

---

1 〔日〕陈舜臣著，李芳、景诗博译：《三灯书斋》，中国画报出版社，2019年，第134—135页。

居易尤为推崇。白居易诗中所写招贤寺里的"紫阳花"与绣球有相似之处，仅从字面上看，这个名字也非常合适。于是编者源顺就将二者画上等号，从而"铸下了这千年之错"，使紫阳花在日本成为绣球的代名词。[1]

日本人之所以喜欢绣球，跟它的寓意有关吗？并不是。在日本，紫阳花被称作"幽灵花"，一点儿也不吉利。绣球花不香，且都是不育花即无法结果，此外花色会随着土壤酸碱度的变化而变化，所以它的花语是"自命不凡，虽外表美丽却无香无果"，或者善变、不贞。这些都不是什么好的寓意。日本人喜欢它，主要是因为它能在梅雨季节里盛开。"仿佛是在这阴郁的天气里为人们加油打气"，陈舜臣因此称之为"非常可贵的花朵"。[2]

现在我们在花店和公园里见到的绣球，大多是日本本土的紫阳花经过西方改良之后的品种。据柳宗民介绍，江户时代末期，兰学家西博尔德将许多不同品种的紫阳花带回欧洲，欧洲人对其进行了改良，"培育出了更合西方人品味的华丽品种"，而进入大正时代（1912—1926），日本开始引进西方的绣球，并称之为"西洋紫阳花"。

成书于民国初年的《清稗类钞》，其"植物类"深受日本近代植物学影响，其中记载的"花大而美艳，多数丛集如圆球""其萼能变数种颜色"的"洋绣球"就是"西洋紫阳花"。

---

1 〔日〕柳宗民著，曹逸冰译：《四季有花》，新星出版社，2017年，第90页。

2 《三灯书斋》，第134页。

〔清〕钱维城《万有同春》（局部），绣球荚蒾

古代诗文、绘画中的"绣球"多是荚蒾属植物，与八仙花、粉团、雪球、蝴蝶
戏珠花等同属一类，且在唐宋之际已用于观赏。

2. 荚蒾：中国古代的绣球

有"洋绣球"，就相应地有本土的"绣球"。在民间，"绣球"一
名对应几种不同的植物，例如景天科的八宝、马鞭草科的臭牡丹，因
为它们都有着球面一样的花序。不过在古典诗文中，"绣球"是指

〔清〕汪承霈《春祺集锦》（局部），绣球荚蒾（白花）

汪承霈（？—1805），浙江钱塘人，乾隆年间军机大臣、吏部尚书汪由敦（1692—1758）之子。嘉庆五年（1800）任兵部尚书，擅书画。《春祺集锦图》卷长达 7.78 米，含四十余种折枝花卉，风格清丽典雅，现藏台北故宫博物院。

荚蒾一类的植物，与八仙花、粉团、雪球、蝴蝶戏珠花等同属一类。虽然它们与上节提到的绣球都有雪团一样的聚伞形花序，但在植物分类上相差较远。上节提到的绣球曾经属于虎耳草科，如今自立门户成为绣球花科（APG Ⅳ 系统）；而荚蒾先前属于忍冬科，现在则归属于五福花科（APG Ⅳ 系统）。

区分它们有个很简单的方法：绣球花开四瓣，"花瓣"之间分离；而荚蒾属花开五瓣，"花瓣"基部连在一起。之所以给"花瓣"打引号，是因为它们实际上是不孕花的花萼。不孕花没有花蕊，或者花蕊不育，仅是为了好看，以便吸引昆虫来传播花粉。荚蒾花冠白色，较少淡红色；而绣球则有红色、蓝色和紫色。此外，荚蒾的花期在春天，一般四五月开花，绣球则要等到夏天。

古诗词里写到"绣球花"时，多会提到春天这个时令，因此所咏"绣球"都是荚蒾。例如宋代顾逢《正绣球花》"何人团雪高抛去，冻在枝头春不知"，元代张昱《绣球花次兀颜廉使韵》"绣球春晚欲生寒，满树玲珑雪未干"，明代邓仪《咏绣球花》"广庭春日正暄妍，一树名花玉槛前"，清代陈祖绶《辊绣球·怡园看绣球花》"抛掷几时光，春雨里、花留无几"，写的都是春天的绣球花。

公园中常见的荚蒾有几种。一种是木绣球，即绣球荚蒾（*Viburnum macrocephalum*），其花序全部由大型的不孕花组成，盛开时恰如《群芳谱》所言，"百花成朵，团圞如球，其球满树"。类似的还有粉团（*V. plicatum*），俗名雪球荚蒾，花序大小不到绣球荚蒾的一半，小巧可爱。还有一些花开呈盘状的荚蒾，仅仅在周围有一圈大型的不孕花，负责招蜂引蝶；中间都是小型的可育花，负责传宗接代，例如琼花（*V. macrocephalum* f. *keteleeri*）、蝴蝶戏珠花（*V. plicatum* f. *tomentosum*）、天目琼花（*V. opulus* subsp. *calvescens*）。

至于古籍中提到的聚八仙、八仙花、粉团、雪球、玉蝴蝶，多有混淆。但基本可以确定的是，它们都是荚蒾属植物，且在唐宋之际已用于观赏。在五代张翊所著《花经》中，"粉团"位于七品三命，倒数第三。南宋时，此类植物已经进入皇宫，是禁中赏花的对象之一。周密《武林旧事》中记载："至于钟美堂，赏大花为极盛。堂前三面，皆以花石为台三层，……台后分植玉绣球数百株，俨如镂玉屏。"这里的"玉绣球"应当就是绣球荚蒾，初开为碧绿色，俨然镂花的玉屏风，后渐渐成为雪白色，远看如同雪球。

3. 琼花：曾经的"天下无双"

《中国植物志》将扬州的琼花，鉴定为绣球荚蒾的变形，并且说它就是《洪武郡志》中的聚八仙、《花镜》中的八仙花。聚八仙即八仙花，之所以名为"八仙"，《花镜》卷三解释说："因其一蒂八蕊，簇成一朵，故名'八仙'。"这里的"八蕊"，正是花序外围的八朵不育花。

但是在历史上，扬州的琼花并非聚八仙。此花仅见于扬州后土庙，被称作"天下无双"，历来吟咏它的诗词、关于它究竟是哪种植物的争论都很多。

唐宋之交，琼花已经出现在《花经》中，位列"二品八命"，比"六品四命"的聚八仙高很多。最早写扬州琼花的是王禹偁。宋太宗至道元年（995），王禹偁任扬州知州，其《后土庙琼花诗二首并序》写道："扬州后土庙有花一株，洁白可爱，且其树大而花繁，不知实何木也，俗谓之琼花。"对于扬州后土庙里的这一树白花，王禹偁也不知道究竟是哪种花，只知道俗名唤作"琼花"。

北宋庆历、至和年间（1041—1056），韩琦、欧阳修、刘敞先后

曾孝濂，绣球

曾孝濂先生在总结生物绘画的特点时强调：生物绘画绝对不是冷漠再现，而是
要热情地讴歌——"一花一鸟皆生命，一枝一叶总关情"。

赴扬州任知州，三人也相继对琼花称赞有加。韩琦《后土祠琼花》
诗曰："维扬一株花，四海无同类。年年后土祠，独此琼瑶贵。"欧
阳修《答许发运见寄》写道："琼花芍药世无伦，偶不题诗便怨人。
曾向无双亭下醉，自知不负广陵春。"据说欧阳修曾在琼花旁建一亭，
名曰"无双"。[1]刘敞《无双亭观琼花赠圣民》也跟着赞美："东方

---

1 《嘉庆重修一统志》卷九十七《扬州府》："无双亭，在甘泉县东蕃釐观前，以琼花天下
无双故也。宋欧阳修建。一云宋郊建，前贤题咏甚多。""蕃釐观"后亦名为琼花观。
宋郊，后改名宋庠，宋祁之兄，欧阳修同时代人，北宋大臣、状元，官至宰相。

〔宋〕韩祐《琼花真珠鸡图》（局部），琼花

从宋代流传下来的绘画和文献记载来看，琼花颇似聚八仙，只是一个花序上不
育花的数量是九朵，而非八朵。

万木竞纷华，天下无双独此花。……仙品国香俱绝妙，少倾高兴尽
流霞。"

经过诸位诗人的推广，扬州琼花声名大噪，知名度甚至超过洛阳
牡丹。与三人几乎同时的俞清老《琼花》即将它与洛阳牡丹相提并
论："因此琼花发，维扬胜洛阳。若无三月雨，占断一春香。"

扬州琼花火到什么程度？连当朝皇室也想据为己有。据周密

《齐东野语》记载，北宋和南宋各有一次皇室移植扬州琼花的行动。第一次是仁宗庆历年间（1041—1048），尝试移植到洛阳皇宫，但第二年就枯萎了，栽回于扬州后便复活开花。第二次移植是在淳熙年间（1174—1189），宋孝宗赵昚曾将它移植到"南内"（皇帝居住的地方），虽然杭州的水土气候与扬州相近，但移植过去的琼花依然憔悴开不了花，无奈只得将其送还。

与此相应，明代有一部小说《隋炀帝艳史》，写隋炀帝前往扬州一睹琼花真容，为消解长途寂寞，不惜沿途建造四十余座离宫别馆，且多选美女佳人填入其中。事虽虚构，但由于该小说面向市民大众，"天下无双"的扬州琼花也为更多人知晓。

有宋一代，扬州城数遭兵火，鼎鼎大名的琼花也历经劫难。北宋张问《琼花赋》感慨说："扬州后土祠琼花，经兵火后，枯而复生。"南宋杜斿《琼花记》载绍兴三十一年（1161），金兵入侵扬州，揭其本而去，有赖道士唐大宁辨其旧根、悉心呵护才得以延续。一百多年后，元兵攻占扬州，琼花最终难逃厄运。蒋正子《山房随笔》记载"德祐乙亥，北师至，花遂不荣"，德祐乙亥是1275年，这一年元军大举南下攻宋。明曹璿《琼花集》卷一引《洪武郡志》亦载："至元十三年，花朽。三十三年，道士金丙瑞以聚八仙补植故地，而琼花遂绝。凡元人称琼花者，皆八仙也。""至元十三年"即1276年，是年元军攻陷南宋都城临安（今杭州），三年后，南宋灭亡。《山房随笔》还录有时人赵棠（字国炎）凭吊琼花的一首绝句："名擅无双气色雄，忍将一死报东风。他年我若修花史，合传琼妃烈女中。"把琼花比作烈女，也是托物言志，寄托民族气节。

自从元兵进入扬州以后，世间再无琼花。它到底长什么样？对此争论颇多，从宋代流传下来的绘画来看，琼花颇似聚八仙，例如南宋韩祐所绘《琼花真珠鸡图》。遗憾的是这幅画中的琼花并非完全写实。元明两代见过宋代琼花图的也都说像聚八仙，只是一个花序上不育花的数量是九朵，而非八朵。例如元代王恽《秋涧集》卷九十五："宋人画琼花图，花蕊团团作九叶，如聚八仙花。"明代郎瑛《七修类稿》卷二十二："昨见宋画琼花，真似野八仙。但多一头九朵簇成者，然不知孰是。"照此，宋代王月浦《琼花》"千须簇蝶围清馥，九萼联珠异众葩"中的"九萼"当是实指。而九朵与八朵的区别并不大，这就是为何琼花灭绝之后，道士金丙瑞以聚八仙补植故地的原因。

除了可育花的数量外，南宋郑兴裔《琼花辨》指出琼花与聚八仙在花瓣、叶片、花蕊、是否结子等方面的区别。[1]但在我看来，史料中琼花最大的特点是有香味，据宋代陈景沂《全芳备祖》引《广陵志》，其香味与荷花相近："琼花之异者，其香如莲花，清馥可爱，虽剪折之余，韵亦不减，此聚八仙之所无也。"

虽然扬州后土庙那株天下无双的琼花不复存在了，但通过这些文献，借由今日之琼花——绣球荚蒾的变形，我们可以遥想当年扬州琼花的风姿。

---

1 〔宋〕郑兴裔《琼花辨》："琼花大而瓣厚，其色淡黄，聚八仙花小而瓣薄，其色微青，不同者一也；琼花叶柔而莹泽，聚八仙叶粗而有芒，不同者二也；琼花蕊与花平，不结子而香，聚八仙蕊低于花，结子而不香，不同者三也。"可见郑兴裔的确见过琼花，能够从花、叶、果三个方面比较其与聚八仙的区别。

夹竹桃

—

布叶疏疑竹，分花嫩似桃

有一年六月下旬去襄阳，在护城河边见到一大丛夹竹桃，粉红色的花开了一树。树底下，老奶奶推着车，卖新鲜的蔬菜和栀子花。小时候，邻居家的门口就种有这种植物，我每天上学放学都会路过。春夏开花很漂亮，所以对它有些印象，只是不知道叫什么名儿，几年前看图谱才真正认识它。

1. 有毒的观赏花卉

夹竹桃（*Nerium oleander*）是夹竹桃科夹竹桃属灌木，花有红、白二色，白花是其栽培种。据《中国植物志》，夹竹桃科有 2000 余种，主要分布于热带、亚热带地区。以前去三亚，在海边见到不少鸡蛋花、狗牙花，都是这一科的成员。一开始，夹竹桃也生长于湿热的岭南，传到长江流域后能够适应当地气候，倘若到长江以北，则需在温室内越冬。

夹竹桃的花很好看，凑近了闻，还有淡淡的香味。它的另一个引人注目的特点是花期长。[1]在华南

---

1 《群芳谱》说它"自春及秋，逐旋继开，妖媚堪赏"，福建一些地方因此称之为"半年红"。明代刘侗、于奕正《帝京景物略》卷三载："凡花历三时者，长春也，紫薇也，夹竹桃也。"紫薇是出了名的花期较长的观赏植物，又被称为"百日红"。长春花为夹竹桃科，以花期长而得名。

地区，夹竹桃几乎全年开花，夏秋两季花事最盛，冬春两季也有零星花朵。由于它的叶片能够有效吸附空气中的颗粒物，加之很少受到病虫害的侵扰，所以作为观赏和绿化树种，夹竹桃在南方的城市广为栽培。

但谁能想到，这种植物竟然全身有毒，而且毒性不小。如此毒物怎么还能种在路边呢？放心，如果只是观赏、闻闻花香，并不会导致中毒。

"夹竹桃"以其花朵红艳似桃、叶片狭长似竹而得名。"夹"是夹杂，即兼而有之的意思，是说夹竹桃这种植物兼有竹叶和桃花的观赏特征。所以明代王世懋咏夹竹桃的诗里说它"布叶疏疑竹，分花嫩似桃"。

但是不少古诗文中的"夹竹桃"，却不一定指今天我们见到的夹竹桃。在明代朱橚《救荒本草》中，凤仙花也被称为"夹竹桃"。《群芳谱》解释"凤仙"说："苗高二三尺，茎有红白二色，肥者大如拇指，中空而脆，叶长而尖，似桃柳叶，有锯齿，故又有夹竹桃之名。"夏纬英《植物名释札记》进一步解释说，凤仙花的茎中空如竹、叶如桃，兼具桃与竹之二形，所以得名"夹竹桃"。

北宋邹浩《移夹竹桃》一诗，说的可能就是凤仙。颔联"叶如桃叶回环布，枝似竹枝罗列生"，正是从叶和茎两个角度来描述凤仙与桃、竹的相似之处。凤仙花的叶是互生，看上去很像是绕着茎干回环分布；而其茎不仅中空如竹，在靠近根部较老的部分常常膨大如竹节。但"夹竹桃"作为凤仙花的别名，并没有流传下来。

此外，北宋一些题目中含有"夹竹桃"的诗歌，所咏其实是竹子

襄阳护城河边，一丛巨大的夹竹桃

夹竹桃是南方城市常见的观赏和绿化树种。但这么大的夹竹桃还是头一次见，树底下老奶奶在卖新鲜的蔬菜和栀子花。

和桃花两种植物。例如北宋李觏《弋阳县学北堂见夹竹桃花有感而书》，前两联云："暖碧覆晴殷，依依近水栏。异类偶相合，劲节何能安？"单看题目，很容易以为这首诗写的是夹竹桃。贾祖璋先生在《叶疏疑竹花似桃》一文中辨析："这首诗是说竹与桃生长在一起，'异类偶相合'，而且桃树把竹完全包围住（夹住）。"题目里的"夹竹桃花"，所指其实是夹杂在竹林里的桃花。[1]宋代其他一些以"夹竹

1　贾祖璋著：《花与文学》，中国国际广播出版社，2017年，第 111 页。

〔荷兰〕文森特·梵·高《陶壶中的夹竹桃花》，1888

夹竹桃花曾引起梵·高极大的兴趣，因为它开花不断，且不时长出新芽，似乎无穷无尽。这幅画除表现花朵的鲜艳外，也描绘了叶片飞舞的动势，充满生命力。左下角是埃米尔·佐拉的小说《生活的乐趣》，书名暗示了这幅画所要表达的主题。

桃花"为题目的诗歌也是如此，我们读的时候需要注意。[1]

1　例如北宋沈与求《夹竹桃花》"姿容似桃萼，郎心如竹枝。桃花有时谢，竹枝无时衰"，曹组《夹竹桃花》"晓栏红翠净交阴，风触芳葩笑不任。既有柔情慕高节，即宜同抱岁寒心"。

〔德〕卡尔·阿道森·森夫（Carl Adolf Senff），白花夹竹桃，1828

夹竹桃又名红花夹竹桃、欧洲夹竹桃，法语名为 laurier-rose，rose 即玫瑰色，指的是夹竹桃花朵的颜色。开白花的夹竹桃是人工栽培种。

2. 音译名与传入时间

一般认为，作为植物名，"夹竹桃"出自元代李衎的《竹谱详录》，[1] 位于全书之末，属于"有名而非竹品"："夹竹桃自南方来，名拘

---

1 《竹谱详录》是一部画竹专论，共十卷，分《画竹谱》《墨竹谱》《竹态谱》《竹品谱》四谱，其中《竹品谱》又分为全德品、异形品、异色品、神异品、似是而非竹品、有名而非竹品等六个子目。

〔清〕陈舒《天中佳卉图》（局部），夹竹桃、石榴花

陈舒（1612—1682），浙江嘉善人，一作华亭（今上海松江）人，顺治六年（1649）进士，官布政使参议。"天中"即端午节，此图所绘植物还有萱草，均为端午前后之花卉。

那夷，又云拘拿儿。花红类桃，其叶略似竹而不劲，足供盆槛之玩。"

　　此处提到夹竹桃的两个音译名：拘那夷、拘拿儿。这是它在得名"夹竹桃"之前的名字，可见是从外国传入的物种。唐代段成式《酉阳杂俎》中的"俱那卫"（赵琦美刊本作"俱郍卫"），南宋范成大《桂海虞衡志》中的"枸那花"都被认为是夹竹桃的音译名。[1]

1　段成式《酉阳杂俎·续集卷九·支植上》"俱那卫"："俱那卫，叶如竹，三茎一层。茎端分条如贞桐。花小，类木槲。出桂州。"明代方以智《通雅》卷四十二认为此处"俱那卫"就是夹竹桃。范成大《桂海虞衡志》："枸那花，叶瘦长，略似杨柳。夏开淡红花，一朵数十萼，至秋深犹有之。"其描述亦与夹竹桃相近。

〔荷兰〕彼得·威瑟斯，夹竹桃，1691

不过，最早记载夹竹桃的文献，可能是比以上文献更早一些的《罗浮山记》。原书已佚，相关记载见于《太平御览》卷九百六十一所引："求郍卫，外国树，英华红粉，至可爱玩。""求郍卫"与《酉阳杂俎》"俱郍卫"音近，且写法相近。从其描述来看，夹竹桃的确是"外国树，英华红粉"，且罗浮山位于岭南，《罗浮山记》所载当地植物还包括木槿、木棉、相思树等，与夹竹桃的生境亦相符。[1]

《罗浮山记》撰者与成书年代不详。从缪启愉等所辑相关佚文来看，最早引用《罗浮山记》的文献是初唐官修类书《艺文类聚》。《艺文类聚》成书于唐高祖武德七年（624）。如果《罗浮山记》中的"求郍卫"确信是夹竹桃，那么这种植物的传入时间可追溯至624年以前。

夹竹桃究竟是从何处传到岭南的呢？据《中国植物志》，这种植物野生于伊朗、印度和尼泊尔。这三处很可能是夹竹桃的原产地。清初周亮工《闽小记》引南宋曾师建《闽中记》："南方花有北地所无者，阇提、茉莉、俱那异，皆出西域。"按照这个说法，夹竹桃应是从伊朗传入。

虽然夹竹桃可能早在初唐就见诸记载，但是它并没有什么名气。一直到宋代，这种常年开花的植物仍主要生长于岭南。历史上写到夹竹桃的文学作品也集中于明清，且多从它的名称上做文章。例如清代李渔《闲情偶寄》就认为"竹"与"桃"的象征及寓意相距甚

1　明代方以智认为此处《罗浮山记》中所载"求郍卫"亦为夹竹桃之类。但《汉魏六朝岭南植物"志录"辑释》只说："外语音译，未详是何种植物。"（缪启愉、邱泽奇辑释：《汉魏六朝岭南植物"志录"辑释》，农业出版社，1990年，第184页）

远，"夹竹桃"当更名为"生花竹"，正好弥补竹无花之憾。[1]

还有一些文献记载了夹竹桃中的"奇品"。《群芳谱》引何无咎云："温台有丛生者，一本至二百余干，晨起扫落花盈斗，最为奇品。"我在小镇桥头见到那丛夹竹桃不过十余干，无法想象"二百余干"是何景象。明代孙国敉《燕都游览志》亦载有北京的两棵夹竹桃"大树"：

> 宣城第园，在灵济宫前，府第中园也。众木参天，夹竹桃二大树，层台高馆，不下数十张席者，日无虚地。

灵济宫曾经是西城区灵境胡同的一座道观，今已不存，这两棵巨大的夹竹桃想必也未存活至今。前文说夹竹桃畏寒，在北方过冬需移入温室。那么北京的这两株是如何做到室外越冬，且花繁叶茂、遮天蔽日的呢？我在小镇护城河桥头所见的夹竹桃，是我见过最大的一丛，当时已觉难得，但比起上述"奇品"，还差得远。

在明代，每一年夏天来临之时，妇人们会采一些夹竹桃花，与洁白的茉莉一起戴在头上，王象晋称之"娇袅可把"。这是更为令人动容的画面，那里有爱美的普通人，对这种开花灌木的感情。

---

1 〔清〕李渔《闲情偶寄》："夹竹桃一种，花则可取，而命名不善。以竹乃有道之士，桃则佳丽之人，道不同不相为谋，合而一之，殊觉矛盾。请易其名为'生花竹'，去一桃字，便觉相安。且松、竹、梅素称三友，松有花，梅有花，惟竹无花，可称缺典。得此补之，岂不天然凑合？亦女娲氏之五色石也。"

父母都喜欢养花，家里的小院子种了蜡梅、紫藤、栀子、美人蕉、金银花、月季。妈妈用各种陶罐、盆桶做花盆，在里头种百合、杜鹃、凤仙、茉莉、太阳花、各色菊花等。老爸甚至还找来一口大缸，挖来湖泥，种了荷花，夏天还能结几个莲蓬。老家的小院子，一年四季，花开不断。入夏，妈妈打来电话，说指甲花开始冒出粉红色的花苞。指甲花就是凤仙花，上小学时在校园里就见过，那时候就听说它能染指甲，所以我们都叫它指甲花。

1."极贱"之凤仙

上篇文章我们介绍夹竹桃的时候，说凤仙花因为叶似桃、茎似竹，也被称作"夹竹桃"，但"夹竹桃"专有所指。相比之下，"凤仙"这个名字更形象，按照李时珍的解释就是："其花，头翅尾足俱具，翘然如凤状，故以名之。"从侧面看，凤仙花的花朵确实如李时珍所说形如鸾凤。花瓣为凤之头和翅膀，花瓣下细长弯曲的"花距"是凤的尾部。植物的花距内存有花蜜，等待昆虫上门造访，帮忙传粉。

"凤仙花"也是这一科的科名和属名。凤仙花科只有两个属，除了水角属下的水角之外，剩下 900 多

〔日〕岩崎灌园《本草图说》,凤仙花,1810

图中凤仙花的果实倒垂,形如小桃,故名小桃红。果实成熟后在一瞬间炸裂,将里头的种子弹射出去,这是凤仙传播种子的方式。

个种都是凤仙花属。据《中国植物志》,我国已知的凤仙花属约 220 余种,而且绝大多数种类均为我国或某个省区辖域分布的特有种。

如今习见栽培的凤仙花(*Impatiens balsamina*)分布较广,花开为红色。《本草纲目》卷十七"凤仙"载其花色"或黄或白,或红或紫,或碧或杂色,亦自变易",这些不同颜色的花,是凤仙花属的不

〔清〕恽寿平《瓯香馆写生册》，凤仙花

恽寿平（1633—1690），号南田，江苏武进（今常州）人，清代著名画家。早年习山水，中年后转攻花木，继承并发扬北宋徐崇嗣的没骨花卉画法，即不用墨笔钩线，直接以彩色晕染，风格设色明净、柔美秀雅而非浓艳富丽，其传派被誉为花鸟画的"写生正派"。这幅凤仙花即是以没骨法画成。

同种和自然杂交品种，例如野外容易见到的水金凤（*I. noli-tangere*）就是黄色。

古籍中的"金凤"或者"金凤花"，起初可能专指凤仙花属下开黄花的品种，但古人用它来泛指各种凤仙。例如南宋杨万里的这首《金凤花》："雪色白边袍色紫，更饶深浅四般红。"题目为"金凤"，但诗中所写凤仙却包括白色、紫色和红色。

明初《救荒本草》是较早介绍凤仙花的本草文献。其中记载了凤仙花的几个别名：小桃红、急性子。称它为"小桃红"，是因为它"开红花，结实形类桃样，极小"。如果轻轻触碰，它的果实就会炸开，弹出萝卜子一样褐色的种子，故而又名"急性子"。

唐代吴仁璧的诗里已经写到这种植物，其《凤仙花》云："香红嫩绿正开时，冷蝶饥蜂两不知。此际最宜何处看，朝阳初上碧梧枝。"最后一句用到"凤栖梧"这个典故，只是因为所咏对象名中有个"凤"字。后世许多吟咏凤仙的诗词也多从这个角度去写，但是诗人们并未赋予它任何寓意或者象征意义。[1]

由于太过普通，它在文人心中的地位也不高。在五代《花经》中，"金凤"位列"七品三命"，倒数第三。"苏门四学士"之一的张耒在一首诗里写菊花，然后说"金凤汝婢妾，红紫徒相鲜"，这是将凤仙花看作菊花的"婢妾"，从此凤仙便有了"菊婢"这个别称。由此可见，这种花卉何其卑微，清代李渔《闲情偶寄》也说它是"极贱之花"。

但是对古代女子来说，凤仙花有一个很重要的用途——染指甲，它是古代女子的化妆品，类似今天的指甲油。所以在其众多的别名中，"指甲花"一名流传至今，更加广为人知。

1　例如宋代刘圻父《金凤花》"天霜雕九陵，梧桐日枯槁。凤德何其衰，惊飞下幽草"，明代林婧《咏凤仙花》"凤鸟久不至，花枝空复名。何如学葵蕊，开即向阳倾"。

2.晴雯染过的长指甲

明清两代女子染指甲，凤仙花是常用的原料。王象晋《群芳谱》录有明代徐阶的一首诗："金凤花开色最鲜，佳人染得指头丹。金盘和露捣仙葩，解使纤纤玉有瑕。"明代周清原拟话本小说集《西湖二集》载："杭州风俗，每到七月乞巧之夕，将凤仙花捣汁，染成红指甲，就如红玉一般，以此为妙。"清初黄图珌《看山阁闲笔》说凤仙花瓣不仅能染指甲，还能点唇："凤仙取瓣染指，韵矣；更以点唇，未尝不可。"

关于凤仙花染指甲，《金瓶梅》《红楼梦》这两部以世俗生活为主的小说都有描写。《金瓶梅》第八十二回，潘金莲与陈敬济幽会当晚，丫鬟春梅提醒她找些凤仙来染指甲：

> 春梅便叫："娘不知，今日是头伏，你不要些凤仙花染指甲？我替你寻些来。"妇人道："你那里寻去？"春梅道："我直往那边大院子里才有，我去拔几根来。娘教秋菊寻下杵臼，捣下蒜。"……
>
> 只见春梅拔了几棵凤仙花来，整叫秋菊捣了半夜。妇人又与了他几钟酒吃，打发他厨下先睡了。妇人灯光下染了十指春葱，令春梅拿凳子放在天井内，铺着凉簟衾枕纳凉。

这两段文字介绍了染指甲的步骤，先拔几根凤仙花，之后用杵臼捣蒜，可见蒜泥也是染指甲的原料之一。《红楼梦》虽未写采凤仙花染指甲的过程，但晴雯那两根染得通红的长指甲令人印象深刻。第

〔清〕董诰《绮序罗芳图册》，凤仙花

凤仙花有一个很重要的用途—染指甲，所以又名"指甲花"。关于凤仙花染指甲，《金瓶梅》《红楼梦》里都有描写。

五十一回"薛小妹新编怀古诗　胡庸医乱用虎狼药"，晴雯伤了风寒，胡庸医来把脉，看到那红指甲，误以为是位小姐：

> 这里的丫鬟都回避了，有三四个老嬷嬷放下暖阁上的大红绣幔，晴雯从幔中单伸出手去。那大夫见这只手上有两根指甲，足有三寸长，尚有金凤花染的通红的痕迹，便忙回过头来。有

〔日〕岩崎灌园《本草图谱》，两种凤仙花，1828

凤仙花能用来染指甲的不只有花瓣，还包括叶片和茎。所以《金瓶梅》里，春梅给潘金莲采凤仙花染指甲，是"拔几根来"。

一个老嬷嬷忙拿了一块手帕掩了。那大夫方诊了一回脉，起身到外间，向嬷嬷们说道："小姐的症是外感内滞……"

文中"金凤花"就是凤仙花，大观园里就种有这种花。第二十七回"滴翠亭杨妃戏彩蝶　埋香冢飞燕泣残红"，在黛玉葬花之前，宝玉"低头看见许多凤仙、石榴等各色落花，锦重重的落了一地"。第三十五回"白玉钏亲尝莲叶羹　黄金莺巧结梅花络"，宝玉挨了打，贾母等人前往怡红院探望完毕，"忽见史湘云、平儿、香菱等在山石边掐凤仙花"。这两处都是闲笔，对于推动情节发展作用不大。但这样的闲笔很可能就来源自日常所见。姑娘们在山石边掐凤仙花，除了染指甲，还能做啥？晴雯染指甲的凤仙，很可能就是她和姐妹们一起采的。

3. 染色的不止花瓣

大观园里的女孩们，是怎样用凤仙花来染指甲的呢？《群芳谱》里有专门的介绍："女人采红花，同白矾捣烂，先以蒜擦指甲，以花傅上，叶包裹，次日红鲜可爱，数月不退。""白矾"是一种媒染剂。媒染剂是一种媒介物，没有它颜色就染不上。"先以蒜擦指甲"也是步骤之一，这正是《金瓶梅》里秋菊捣蒜的用处。

关于凤仙花染指甲，比《群芳谱》更早、更详细的文献是南宋周密《癸辛杂识·续集上》"金凤染甲"：

> 凤仙花红者用叶捣碎，入明矾少许在内，先洗净指甲，然后以此付甲上，用片帛缠定过夜。初染色淡，连染三五次，其色若胭脂，洗涤不去，可经旬，直至退甲，方渐去之。或云此亦守宫之法，非也（今老妇人七八旬者亦染甲）。今回回妇人多喜此，或以染手并猫狗为戏。

此则文献开头提到的"明矾"也是媒染剂。周密还提到，染一遍颜色很浅，要达到胭脂一般的红色，需反复染上三五次，如此方能"洗涤不去"、十来天都不褪色。晴雯的指甲是染得通红的，想必也是染了好几天。这几天之内，都得裹着指甲，这还怎么干活？又是留长指甲，又是给指甲染色，足见晴雯与其他丫鬟之不同，也难怪胡庸医会误以为是位小姐。

关于凤仙花染色，《癸辛杂识》中的这一记载虽然详细，但有一个疑点，"凤仙花红者用叶捣碎"，为什么是"用叶"，难道不应该用花瓣？对此我很是怀疑，因为《群芳谱》里就说"以花傅上，叶包裹"，叶片只是起包裹作用，不参与染色。《本草纲目》的记载"女人采其花及叶包染指甲"，说得模棱两可。但清代赵学敏《凤仙谱·收采》则直言，凤仙的叶片也可以染指甲：

> 凡采花染指甲，不必定红色者。即白花捣烂，加矾少许，和布包甲，过三四日启视，则甲亦鲜红可爱。其叶亦然，染与红花无异。

赵学敏是《本草纲目拾遗》的作者，他有三位朋友嗜好凤仙花，根据他们的介绍以及平昔见闻，赵学敏于1790年完成了《凤仙谱》的写作，一共记载了233个凤仙花品种。[1]因此赵学敏所说的"其叶亦然，染与红花无异"，可信度较高。

另外，民俗学家邓云乡先生的《牵牛·凤仙》一文，在引用《癸

---

1 《凤仙谱》自序："因急起而正之，择所闻于三君者，撮其精要，合予平昔见闻所得，谱为二卷，区以十目，录以示玉于、容斋。"

辛杂识》里的这段话后补充道："所说用叶捣碎，实际连梗也可用，但要加矾，不然是染不上的。"[1]这里的"梗"，说的是凤仙花的茎，类似我们平常说的"菜梗"。

原来，凤仙花的茎和叶，都可以用来染指甲！难怪《金瓶梅》里春梅采凤仙，不是只采花，而是"拔了几棵凤仙花来"，想必是花、叶、茎一起用，捣起来肯定不如单独捣花那么轻松，所以"整叫秋菊捣了半夜"。"半夜"说明时间长，费劲。

明代周文华《汝南圃史》卷十"凤仙"条在引用《癸辛杂识》时，"凤仙花红者用叶捣碎"一句写作"取红色凤儿花并叶捣碎"。两相比较，《汝南圃史》中"取红色凤儿花并叶捣碎"的说法更通俗易懂。凤仙花染色，不应该只取其叶。

但无论如何，《癸辛杂识》里的"金凤染甲"都是一条重要的文献，不少人凭最后一句"今回回妇人多喜此"判断，凤仙花及其染色之法是南宋以前从西北或中亚地区传入中原的。但据《中国植物志》，习见栽培的凤仙花主要分布于长江以南。另外，"回回妇人"用来染指甲的是否就是凤仙，尚需要当地的文献来作支撑。因为这世上可供染指甲的植物不止凤仙花一种。

---

1 邓云乡著：《草木虫鱼》，中华书局，2015 年，第 29 页。

散沫花

——

染成纤爪似红芽

上篇文章说到，周密《癸辛杂识》"金凤染甲"详细介绍了凤仙花染指甲的方法，最后补充说："今回回妇人多喜此，或以染手并猫狗为戏。"据此，我们是否能判断凤仙花及其染色之法是从西北或者中亚地区传入中原的呢？而历史上中亚地区的确有染指甲的习俗，所用植物也叫"指甲花"。但此"指甲花"并非周密所说凤仙花科的凤仙，而是千屈菜科的散沫花。

1. 猜不透的"指甲花"

与草本植物凤仙不同，散沫花（*Lawsonia inermis*）是一种灌木，与紫薇同属一科，它长长的花序、扁球形的蒴果，都与紫薇有些相像。凤仙的花、叶、茎皆可染色，而散沫花用于染色的部分是它的叶片。较早提到"散沫花"这个名称的文献是《南方草木状》：

> 指甲花，其树高五六尺，枝条柔弱，叶如嫩榆，与耶悉茗、末利花皆雪白，而香不相上下，亦胡人自大秦国移植于南海。而此花极繁，细才如半米粒许，彼人多折置襟袖间，盖资其芬馥

〔英〕詹姆斯·布鲁斯，散沫花

詹姆斯·布鲁斯（James Bruce，1730—1794）是一位苏格兰旅行家和旅行作家，
1767—1773 年他前往北非寻找尼罗河的源头，途中遇到散沫花，随后画下了这
幅水彩画。

尔。一名散沫花。

"耶悉茗"是茉莉花阿拉伯语 yās(a)min 的音译名，这里是指茉莉
花的近亲素馨，"末利花"是茉莉花梵语 mallikā 的音译名。用这两
种花的香味来类比，可知馥郁的花香是散沫花的重要特征。此文还
指出，散沫花是胡人从大秦国（罗马帝国及近东地区）引入我国南海
郡（今广东一带），想必走的是海上丝绸之路。而今天我们知道，散

沬花原产北非、中亚地区，在澳大利亚北部也有生长。

《南方草木状》旧题作者为晋人嵇含，由于疑点重重，已被当今学者怀疑是南宋人的作品，其成书当在郑樵《通志》成书的 1161 年之后。[1] 因此，更早记载散沬花的可靠文献，是唐代段公路的岭南风物志《北户录》，该书也称之为"指甲花"：

> 指甲花，细白色，绝芳香。今蕃人重之，但未详其名也。

"蕃人"即外族人或外国人，花朵细、色白、芳香，这些特点都与《南方草木状》所载相符。但为何名叫"指甲花"？段公路不甚清楚。这说明在当时，人们对它的了解并不多，还不知道它可以用来染指甲。

唐人不知，北宋人似乎也不知。北宋郑刚中《北山集》卷十九有诗《题异香花俗呼指甲花》："小比木犀无蕴藉，轻黄碎蕊乱交加。邦人不解听谁说，一地称为指甲花。""邦人不解听谁说"，可见时人对这种植物命名也不知其源起。作者在诗后补充说，尽管这种花芳香酷烈，但为何名为"指甲花"，真是百思不得其解，直言"指甲之名陋矣"，于是决定将其名改为"异香花"。[2]

可见，到郑刚中的时代，人们还不知道这种植物可以用来染色、

---

1 罗桂环：《关于今本〈南方草木状〉的思考》，《自然科学史研究》，1990 年第 2 期，第 165—167 页。

2 郑刚中《题异香花俗呼指甲花》诗后题："初不知其香之异也，置几案间，大率气味如木樨，而酷烈过之。三二日后，清芬遍室，凡平时茉莉、素馨所不到处，皆馥馥焉。问其名，曰邦人号指甲花。树高三四尺，花于枝杪，自穷秋至于深冬未已。呜呼！指甲之名陋矣，求之于花亦不类，岂受名之始，或者无以付之耶？将山乡习误而至是耶？抑有事实而今不能传也？有一于此，皆花之不幸。窃易其名为异香，录于诗后。"

染指甲。南宋人假托嵇含之名所作的《南方草木状》亦未提及。然而在北非、中东和南亚，用散沫花来染指甲的历史，可谓由来已久，并且在当地人的生活中扮演着重要角色。

2. 东西文化之间的散沫花

关于散沫花在异国用于染色的情况，劳费尔《中国伊朗编》"指甲花"一篇有详细的叙述。为了让大家有更直观的了解，原文摘录如下：

> 指甲花从古代起在西方广泛地被使用，这是人们熟知的事情。埃及人用这植物的叶子把手染红。所有回人都仿效这个习惯，他们甚至于用指甲花染头发，染马鬃，马尾，马蹄。……古波斯对于传播这植物起了很大的作用。[1]

如劳费尔所言，散沫花染色的历史非常久远，并且在西方世界极为普遍。无论在埃及还是波斯，散沫花都是一种重要的化妆品，这正是"蕃人重之"的原因所在。

此外，劳费尔还提供了一个重要的信息："所有回人都仿效这个习惯"，他们习惯用散沫花来染手、染头发，甚至用于给马染色。这与周密《癸辛杂识》所载"今回回妇人多喜此，或以染手并猫狗为戏"高度吻合。我们可以据此推测，周密《癸辛杂识》中的这一句，

---

1 〔美〕劳费尔著，林筠因译：《中国伊朗编》，商务印书馆，2015年，第173页。

说的其实是散沫花，而非凤仙。

散沫花和凤仙花在周密的时代都被称作"指甲花"，二者极易混淆。明初朱橚《救荒本草》就弄混了。该书所载"凤仙花"的异名中有一个"海蒳"，在诸多别称中显得十分特别。此名在《本草纲目》《群芳谱》《农政全书》《广群芳谱》等后世文献中均被作为"凤仙花"之异名，实际上都是以讹传讹。

"海蒳"，其实就是前文劳费尔所说散沫花阿拉伯语"hinnā"的音译名，又写作海娜、海纳等。不过劳费尔这里可能有笔误，在不少医学典籍中，散沫花的阿拉伯语、波斯语、乌尔都语、维吾尔语名称都是 hina。我国维吾尔族妇女、儿童也用进口的散沫花来染指甲，同样是因为凤仙也叫指甲花，维吾尔语也称凤仙花为 hina（海纳）。[1]

当年散沫花带着它的阿拉伯语名传入我国时，它更为人知的名字是"指甲花"。因此周密将二者弄混，不是没有可能。虽然这位博闻多识的学者想写的是凤仙花染指甲的方法，但是他却在无意之中掺入了散沫花用于染色的相关信息。

散沫花不仅被埃及人重视，在波斯人的生活中也必不可少。波斯人不仅用它来染指甲，还染手和脚，尤其是已婚的妇女。在波斯的一些细密画中，我们也能看到指甲和手臂被染成红色的图案。这种古老的人体彩绘艺术被称作"海娜手绘"，从波斯传入印度后受到

---

1 王冰、张彦福、黄辉：《维吾尔药指甲花本草学考证及其生药学研究》，《新疆中医药》，1998 年第 3 期，第 33 页。

〔印度〕佚名《克里希纳与罗陀》（*Krishna and Radha*），约 1750

画面左边蓝皮肤的英俊少年名为克里希纳（Krishna），字面意思是"黑色的神"
（黑天）。他是印度教主神毗湿奴神的第八个化身，从小在牧区长大。旁边是他
的伴侣罗陀（Radha），一位牧区的凡人少女。在印度有许多诗歌都写到他们的
爱情。这幅画源自印度西部拉贾斯坦邦的吉申格尔，尖鼻子、尖下巴、卷头发、
弯眼睛是其面部造型特点。罗陀的指甲被染得鲜红，这一特征与其他拉贾斯坦绘
画中的女性一致。她们的红指甲都是用散沫花染成的。

当地女人们的欢迎。[1] 她们将散沫花的叶子晒干之后磨成粉末，再制成染料，在身上描绘各种各样的图案。那些美丽的图案都有各自吉祥的寓意。

直至今日，在散沫花的原产地，以及受波斯文化影响的地区，在各大节庆场合上用散沫花染料装饰自己的身体，依然是当地的重要习俗。尤其在新婚之夜，新娘的手上和脚上往往绘有华丽的图案，如同文身。但与文身不同的是，海娜文身一般在一至两周后就会消失。[2] 在印度电影中，我们也经常能够看到面部和手臂画满花纹和图案的女子，以及用散沫花把胡子染成橘黄色的男人。

虽然散沫花早在唐代已传入我国，但是彼时人们并不知道可以用它来染指甲。到明清时，福建、广东等地的方志里才有相关记载。

明人黄仲昭《八闽通志》卷二十六记载泉州府之物产，其中就包括散沫花，其中"略似紫薇""蕊如碎珠，红色""清香袭人"，其叶可染指甲等特征，都与散沫花相符。弘治十五年（1502）进士王济为官广西时，曾著有当地风物志《君子堂日询手镜》，书中记载"又一花名指甲"，并且将其染色功效与凤仙花相比，"其叶可染指甲，其红过于凤仙"。[3] 王济还指出其香味与桂花相近，"颇类木犀，中多须蕊，香亦绝似"。我没有见过散沫花，经向广东珠海的一位朋友求

1　《中国伊朗编》，第 174—175 页。

2　任茹梦、姚雅岑：《海娜手绘纹样在现代装饰设计中的应用研究》，《艺术品鉴》，2020 年第 3 期，第 210 页。

3　原因是散沫花含有更多、着色性更强的散沫花醌，染色效果的确比凤仙花要好。见《维吾尔药指甲花本草学考证及其生药学研究》，第 35 页。

证，王济上述描述属实。

清初在广东一带，散沫花、凤仙花都是当地女子染指甲的原料。屈大均《广东新语》载"散沫花"，同时录有粤女的一句歌谣："指甲叶，凤仙花，染成纤爪似红芽。"[1]而在关于"指甲花"的此条中，屈大均又提到了散沫花，称"儿童向街头卖者，多此二花"，正好与粤女歌谣相印证。[2]

但是由于文化的差异，散沫花在我国并未用于人体彩绘，未像印度等地一样成为一种习俗。

3. 水木樨，另一种指甲花？

在寻找关于散沫花的文献时，我发现除了散沫花、凤仙花，还有一种名为"水木樨"的植物，也可以染指甲。

明代高濂《遵生八笺》"水木樨花"载："花色如蜜，香与木樨同味，但草本耳。亦在二月分种。（一名指田，同叶捣加矾泥染指，红于凤仙叶。）""指田"是什么？《古今图书集成·草木典·花部》（1728）在引用《遵生八笺》此条时，"一名指田"写作"一名指甲"，"指田"当是"指甲"的误写。从高濂的描述来看，花色如蜜，味同

---

1 《广东新语》卷二十五："散沫花，一名指甲花，树高五六尺，枝条柔弱，花繁，细如半米粒许。广人多使丐者着敝垢衣种之，花香尤烈。其叶以染指，故名指甲花。粤女歌云：指甲叶，凤仙花，染成纤爪似红芽。"

2 《广东新语》卷二十五："指甲花，颇类木樨，细而正黄，多须药，一花数出，甚香。粤女以其叶兼矾石少许染指，红艳夺目。唐诗'弹筝乱落桃花片'，似谓此。一种金凤花亦可染，……儿童向街头卖者，多此二花。"

木樨，染甲胜于凤仙，这些都与上述明代文献中描述的散沫花一致。但有一点不同，高濂说它是草本。

清初陈淏《花镜》卷五有"水木樨"，且别名也写作"指田"，显然是受《遵生八笺》的影响："一名指田。枝软叶细，五六月开细黄花，颇类木樨。中多须药，香亦微似。其本丛生，仲春分种。"以上内容同时也综合了《君子堂日询手镜》中对于散沫花的记载。[1] 伊钦恒校注《花镜》时就认为，此"水木樨"就是散沫花。清代吴其濬《植物名实图考》卷二十七"草木樨"条全文引用《花镜》中的这段话，"指田"写作"指甲"，并且配了一张比较细致的图。从这张图来看，更像是木樨科的迎春花。我们推测陈淏和吴其濬都没有亲眼见过散沫花这种植物，只是在传抄前人的文献。

再来看看日本的相关文献。日本植物图谱《本草图汇》"香木类"中绘有"指甲花"。解说的文字中列举了诸多异名，其中就包括水木樨，此外还有七里香、赛木犀（《南宁府志》）、蕃桂（《八闽通志》）、散沫花（《南方草木状》）。显然，《本草图汇》的作者将各种指甲花弄混了。从其配图来看，花色和单枚叶片的外形很像桂花，但是其叶片呈掌状分布，更像海桐花科的海桐，恰巧海桐花别名之一就是"七里香"。

"水木樨"还出现于中国台湾地区的地方志。清代光绪年间台湾

---

1 《花镜》卷五"指甲花"一条抄的也是《君子堂日询手镜》："指甲花，杭州诸山中多有之。花如木樨，蜜色，而香甚，中多须药。可染指甲，而红过于凤仙。用山土移栽盆内，亦活。""杭州诸山中多有之""用山土移栽盆内，亦活"则来源于《遵生八笺》"指甲花"："生杭之诸山中，花小如蜜色而香甚。用山土移上盆中，亦可供玩。"《花镜》不少内容就是这样从前代的文献中摘录、综合得来的。

〔清〕吴其濬《植物名实图考》，水木樨

《植物名实图考》"水木樨"一条完全引用陈淏《花镜》，说的应该是散沫花，但从配图来看，更像是迎春花。

《苗栗县志》卷五"物产考"记载："水木樨：花白，叶可染指甲。"连横《台湾通史》（1921）卷二十八亦载："指甲花：一名水木樨，花白，小于丁香，捣叶以染指甲，色极鲜红。"描述比较简单，但都与散沫花相符。

　　可见以上文献中的水木樨，其实就是散沫花的别名。考虑到散沫花的味道似木樨，这样命名也不是没有可能。但高濂说它是"草本"，他会不会也像周密一样，将两种指甲花弄混，从而掺杂了凤仙花的特征呢？

〔日〕佚名《本草图汇》，指甲花，19世纪

这幅"指甲花"出自《本草图汇》"香木类"，从花色和叶片外形来看很像桂
花，但是其叶片呈掌状分布，更像五加科的鹅掌柴。

　　古籍文献中的植物，像"指甲花"这样同名异物的有不少，如
果不是亲眼见过（散沫花生于南方热带和亚热带地区，北方人难以见
到），那么在传抄文献的过程中，难免会混淆。这样就给后人研究古
籍里的植物带来困扰。这篇文章中的散沫花就是一个例子，我们借
此可以看到，两种同样名为"指甲花"的植物，在文献中是怎样互相
掺杂、互相交织的。

一年八月，去河北张家口附近的张北草原徒步，在酒店的院子里看到不少盛开的玫瑰花。一般园林绿化所用多为月季之类，像这样在院子里种满玫瑰的实不多见。我很好奇，俯身闻了闻花的香味，没错，正是云南鲜花饼的味道。

1. 此玫瑰非彼玫瑰

许多人不知，用来做鲜花饼的玫瑰（*Rosa rugosa*），与花店里卖的玫瑰，并非同一种。花店里卖的所谓玫瑰，从植物分类学角度来看其实是月季，说得更准确一些是"现代月季"。现代月季为我国香水月季、月月红及十姐妹等输入欧洲后，在 19 世纪上半叶和当地及西亚各种蔷薇属植物杂交而育成的。[1]

20 世纪初，当西方的情人节（Valentine's Day）与象征爱情的"现代月季"一起传入我国时，国人将其翻译为"玫瑰"。殊不知，中国典籍中记载的玫瑰其实另有所指。它与现代月季的区别很明显：前者有明显的鲜花饼的味道，后者没有；前者的茎干上布满了细刺，根本无从下手，叶片多褶皱和绒毛，其拉

---

[1] 陈俊愉、刘师汉等编：《园林花卉》，上海科学技术出版社，1980年，第 123 页。

丁名中的"rugosa"意思就是"起皱褶的";后者的刺则少得多,叶片也平滑有光泽。

玫瑰原产我国华北以及日本、朝鲜和西伯利亚东南部,并且多生于滨海地带的沙丘上。由于其果实外形如梨且可食用,所以日本人称之为滨梨。[1]18世纪末,玫瑰从日本传入欧洲,19世纪中叶又从日本传入北美,成为当地海滨常见的灌木。

从字形上看,"玫瑰"二字皆从"玉",本义是一种美丽的玉石,怎么会成为植物名呢?作为玉石,玫瑰始见于先秦杂家尸佼所著《尸子》:"楚人卖珠于郑者,为木兰之椟,薰以桂椒,缀以玫瑰,辑以翡翠。郑人买其椟而还其珠。"这就是我们所熟知的"买椟还珠"的故事。"缀以玫瑰"即在木匣上装饰玫瑰这种玉石。西汉司马相如《子虚赋》"其石则赤玉玫瑰",可见玫瑰这种玉石是红色的。[2]而作为植物名,"玫瑰"始见于《西京杂记》,说西汉长安"乐游苑自生玫瑰树"。但我们还不能确定此处的"玫瑰树",是否就是今日之玫瑰。

到唐代,诗词中的"玫瑰"已指向蔷薇科花卉。晚唐徐夤《司直巡官无诸移到玫瑰花》说玫瑰花最似蔷薇:"芳菲移自越王台,最似蔷薇好并栽。秾艳尽怜胜彩绘,嘉名谁赠作玫瑰?"就像徐夤所问的,美玉玫瑰何以成了蔷薇科花卉的芳名?晚唐李匡文在《资暇

---

1 "夏末初秋时,北国海边的野生滨梨会结出红色的果实。球状略扁的大果子看上去特别美味。想当年,住在海边的孩子们的确会摘滨梨果吃。因为长在海边,又能结出梨子一样的果子,所以才有了'滨梨'这个名字。"见〔日〕柳宗民著,曹逸冰译:《四季有花》,新星出版社,2017年,第106页。

2 《尸子》一书已佚,此则文献见于宋人吴淑撰注《事类赋·珠赋》。《韩非子·外储说左上》亦载有此则故事,文字略有出入。

〔德〕菲利普·弗朗兹·冯·西博尔德《日本植物志》，玫瑰，1870

根据东京大学教授大厂秀章在文库本《日本植物志》中的解说，这幅插图是西方画师在日本画师川原庆贺所绘玫瑰的基础上修改而成的。右边那朵花的花蕊几乎是对左边那朵的复制，叶片也是依照原图重复添加，看上去更像蔷薇。《日本植物志》里的不少插图都是如此，由于西方画师没有亲眼见过这些日本植物，导致一些插图在修订后失真。

集》提出猜测："岂百花中独珍是耶？取象于玫瑰耶？"他提出了两种猜测：一是此花乃百花中的珍品，二是此花的颜色像玫瑰玉石。

第一种猜测站不住脚，因为玫瑰在中国古代并非多么稀罕的花卉品种。唐以前关于玫瑰的记载并不多，在五代《花经》中，玫瑰仅位列"七品三命"；到明人张谦德《瓶花谱·品花》，玫瑰位列"五品五命"，虽然稍有进步，但根本无法与梅、兰、牡丹相提并论。因此，玫瑰之得名，"取象于玫瑰"，即以玉石的外形和颜色作比，更有说服力。

事实上，玫瑰由于浑身细刺，并不受文人待见。明人文震亨《长物志》卷二说玫瑰"嫩条丛刺，不甚雅观，花色亦微俗，宜充食品，不宜簪带"，虽然玫瑰不堪玩赏，但可食用，"吴中有以亩计者，花时获利甚夥"。夥即多。因此古代园艺类典籍中提及玫瑰时，多着眼于其实用价值。清初陈淏园艺著作《花镜》记载此花可制作香囊和玫瑰酱。[1]

清代《清稗类钞·植物类》总结了玫瑰的四种用途："香气清烈，可制香水，蒸露，浸酒，和糖。"说到玫瑰"浸酒"，不得不提中国玫瑰之乡济南平阴。明清时期，平阴遍植玫瑰，当地玫瑰酿酒的历史可追溯至清代道光年间，至民国时已发展成酿酒产业。《续修平阴县志》（1935）载有一首竹枝词：

> 隙地生来千万枝，恰如红豆寄相思。
>
> 玫瑰花放香如海，正是家家酒熟时。

---

1 《花镜》卷四"玫瑰"："此花之用最广：因其香美，或作扇坠香囊；或以糖霜同乌梅捣烂，名为玫瑰酱，收于磁瓶内曝过，经年色香不变，任用可也。"

〔日〕岩崎灌园《本草图说》，玫瑰，1810

这张图右下角重点描绘了玫瑰密密麻麻的细刺，"玫瑰花又红又香，无人不爱，只是有刺扎手"，因此曹雪芹《红楼梦》将贾探春和尤三姐比作玫瑰花。

可见当时平阴玫瑰种植规模之大、酿酒产业之盛。了解玫瑰的这些用处，就能更好地理解《红楼梦》里有关玫瑰的描写。

2.《红楼梦》里的玫瑰

《红楼梦》提到玫瑰时，说的主要是它的用途。第五十六回"敏

探春兴利除宿弊　时宝钗小惠全大体",探春感叹大观园中像蘅芜苑、怡红院这样大的地方竟没有出利息之物。对此,李纨首先想到的就是玫瑰花:

> 怡红院别说别的,单只说春夏二季的玫瑰花,共下多少花朵儿,还有一带篱笆上的蔷薇、月季、宝相、金银花、藤花,这几色草花,干了卖到茶叶铺药铺去,也值好些钱。

小说中其他几次提到玫瑰,多与玫瑰制成的食物有关。首先是第三十四回"情中情因情感妹妹　错里错以错劝哥哥",说贾宝玉遭父亲痛打,口渴想吃酸梅汤,袭人劝了半天才没吃,"只拿那糖腌的玫瑰卤子和了吃,吃了小半碗,嫌吃絮了,不香甜"。王夫人听了,立即想到玫瑰露。对于玫瑰露怎么吃,有多金贵,书中有一段精彩的描写:

> 王夫人道:"嗳哟!你何不早来和我说?前日有人送了几瓶子香露来,原要给他一点子的,我怕胡糟蹋了,就没给。既是他嫌那玫瑰膏子絮烦,把这个拿两瓶子去。一碗水里,只用挑得一茶匙,就香的了不得呢。"说着,就唤彩云来:"把前日的那几瓶香露拿了来。"袭人道:"只拿两瓶来罢,多也白糟蹋;等不够,再来取,也是一样。"

> 彩云听了,去了半日,果然拿了两瓶来,付与袭人。袭人看时,只见两个玻璃小瓶,却有三寸大小,上面螺丝银盖,鹅黄笺上写着"木樨清露",那一个写着"玫瑰清露"。袭人笑道:

"好尊贵东西！这么个小瓶儿，能有多少？"王夫人道："那是进上的，你没看见鹅黄笺子？你好生替他收着，别糟蹋了。"

正是这瓶金贵的玫瑰露，牵出一连串的好戏。第六十回"茉莉粉替去蔷薇硝　玫瑰露引来茯苓霜"，芳官问宝玉要来玫瑰露赠予柳家的五儿，因所剩不多，遂连瓶子也给了她，成为日后被诬陷偷窃的证据。

柳家的尤其稀罕芳官赠予的玫瑰露，因五儿舅舅的儿子热病，也想吃这些东西，于是倒了半盏子送过去：

> 直至外边他哥哥家中，他侄儿正躺着。一见这个，他哥哥、嫂子、侄儿，无不欢喜。现从井上取了凉水，吃了一碗，心中爽快，头目清凉。剩的半盏，用纸盖着，放在桌上。

"心中爽快，头目清凉"，借此也可以想见玫瑰露的口感及功效，果然是个"尊贵东西"。五儿得了芳官的玫瑰露，不胜感激。身为厨役之女，却生得与平、袭、鸳、紫相类的五儿，在十六岁这年有了人生目标——到怡红院当差，而芳官是帮助她实现梦想的唯一人选。当她从舅舅处得来同样补益的茯苓霜时，就决心要赠一些给芳官。但当她来到怡红院门前时，不好进去，只能在一簇玫瑰花前站着：

> 五儿听罢，便心下要分些赠芳官，遂用纸另包了一半，趁黄昏人稀之时，自己花遮柳隐的来找芳官。且喜无人盘问，一径到了怡红院门首，不好进去，只在一簇玫瑰花前站立，远远的望着。

为什么五儿会站在一簇玫瑰花前？一方面，玫瑰花是怡红院中重要的经济作物，是怡红院中实有之景；另一方面，前有芳官所赠玫瑰露，玫瑰露正是由玫瑰花制成。因此，如果要安排五儿在怡红院外的一丛花跟前站立，玫瑰花比其他布景都要合适。

五儿一路谨小慎微来到怡红院，忐忑不安地站在玫瑰花前，当她踮起脚尖远远地朝里望的时候，是否在幻想未来某一天能够光明正大走进这座院子，与众姐妹成为一家人？可惜这个愿望还未实现，素有弱疾的五儿就短命而亡。[1]回头再看她站在玫瑰花前望眼欲穿的样子，更叫人心生怜悯。

除了以上几处记载，《红楼梦》还以玫瑰花来比喻尤三姐和贾探春。第六十五回"贾二舍偷娶尤二姨　尤三姐思嫁柳二郎"，贾琏说尤三姐"就是块肥羊肉，无奈烫的慌；玫瑰花儿可爱，刺多扎手"。同样是这一回，兴儿向尤氏姊妹介绍探春，称其诨名是"玫瑰花儿"："又红又香，无人不爱，只是有刺扎手。"

或许正是因为有刺扎手，玫瑰并未像牡丹、兰花等被赋予更多美好的文化寓意，尽管它自古就有，花香色艳，益处也多。至于说"玫瑰"（现代月季）代表爱情，则是近代才从西方传入的观念。中国古代象征爱情的植物是合欢花、并蒂莲、相思豆，玫瑰或月季都沾不上边儿。

1　庚辰本《脂砚斋重评石头记》第七十七回"俏丫鬟抱屈夭风流　美优伶斩情归水月"借王夫人之口指出五儿已死："你还强嘴。我且问你，前年我们往皇陵上去，是谁调唆宝玉要柳家的丫头五儿了？幸而那丫头短命死了。不然进来了，你们又连伙聚党遭害这园子呢。"程乙本《红楼梦》将此话删去，将五儿写活了。

秋辑

曼陀罗

—

一年秋天，去北京延庆郊区，在官厅水库的岸边见到许多灌木一样的枯草。果实从顶部炸裂成四瓣，可以看到里面黑色的种子，外壳上长满骇人的小刺。带队观鸟的老师告诉我，那些都是曼陀罗，当心有毒。回来之后查资料，原来蒙汗药的成分里就有它。

1. 曼陀罗在北宋

曼陀罗（*Datura stramonium*）是梵语 mandārava 的音译名，在古籍中又被译作闷陀罗、它罗花，从名字上就可以见出明显的异域色彩。[1] 它的花白色或淡紫色，漏斗状，花冠 5 裂，看上去像一颗旋转的五角星，在英文中又名撒旦的喇叭（devil's trumpet）。曼陀罗结果后，外壳通常遍布锋利的针刺，面目狞狰，所以英文名也叫刺苹果（thorn apple）。作为茄科植物，曼陀罗叶片与茄叶相似，是以古籍中曼陀罗又名风茄儿、山茄子、颠茄等。

曼陀罗一名虽然是从梵语音译而来，但它的原产

---

1 《本草纲目》卷十七"曼陀罗花"引大乘佛教的早期经典《法华经》云："佛说法时，天雨曼陀罗花。"又说："道家北斗有陀罗星使者，手执此花。故后人因以名花。曼陀罗，梵言杂色也。"美籍学者劳费尔发表于《通报》1917 年刊的《押不芦》一文认为，《法华经》中的曼陀罗花（mandārava）是刺桐，后来 mandārava 也指称曼陀罗。

地并非印度，而是遥远的美洲热带地区。起初，这种植物的种子主要靠鸟类传播。通过将种子混入粮食，再通过粮食的全球贸易，曼陀罗逐步传遍世界。如今，它已占据除南极洲外的各大洲，成功扎根100多个国家和地区，成为世界知名的入侵物种。

然而入侵物种曼陀罗并不受欢迎，因为它有个致命的弊端：导致农作物减产。此外，曼陀罗的全株都有毒，高粱米大小的种子混入农作物之后很难辨识，进而对人和家畜的健康造成危害。羊吃了曼陀罗之后会中毒引起骚乱，故而曼陀罗又名"闹羊花""羊惊花"等。

曼陀罗很可能是在宋代传入我国的。北宋周师厚《洛阳花木记》"草花"部分录有"蔓陀罗花、千叶蔓陀罗花、层台蔓陀罗花"。"千叶""层台"都是曼陀罗的重瓣品种。据周师厚介绍，洛阳作为北宋的西京，"花卉之盛甲于天下"，王公将相之宅第园圃鳞次栉比，为任四方的官宦之家从全国各地带回了奇花异草，如果谁家园馆中有一种"珍蘘佳卉"，足以成为"美景异致"。结合耳闻目见，周师厚在参考前人著述的基础上补录"近世所出新花"，著成《洛阳花木记》。书中所录曼陀罗花，应当也是当时新引入洛阳的"珍蘘佳卉"之一。洛阳当地诗人陈与义家中的花园就种有曼陀罗，为此专门写了一首《曼陀罗花》，首联"我圃殊不俗，翠蕤敷玉房"，为何说自家的花园"殊不俗"，因为园中有了曼陀罗这种异域之花。

宋元之际，曼陀罗已作为麻醉药物用于治病救人。宋代医家窦材《扁鹊心书》载有麻药"睡圣散"，主要用于艾火灸痛，据说"服此即昏睡，不知痛"，其配方就包括山茄花，山茄即曼陀罗。元代危亦林《世医得效方》所载麻醉剂"草乌散"的成分中也有曼陀罗：

〔德〕赫尔曼·阿道夫·科勒《科勒药用植物》，曼陀罗，1887

"伤重刺痛，手近不得者，更加坐拿、草乌各五钱，及曼陀罗花五钱入药。"[1]

之所以具有这样的药效，在于曼陀罗的种子含有莨菪碱、东莨菪碱和阿托品这类生物碱，其中东莨菪碱可对大脑皮层及皮层下的某些部位产生抑制作用，使人意识消失，产生麻醉效果。东莨菪碱可使呼吸中枢变得兴奋，促使呼吸加快，因而曼陀罗还可用于治疗哮喘、咳嗽。《清稗类钞·植物类》"曼陀罗"条记载："以其叶杂烟草中同吸，止咳嗽，过量则致死。"

2. 蒙汗药与致幻剂

曼陀罗的这种功效，很快就被用于旁门左道。早在曼陀罗传入之初，湖南转运副使杜杞，就用曼陀罗酒来对付五溪蛮的叛乱。[2]据司马光《涑水纪闻》，杜杞先是以金帛和官爵诱惑邀请，然后摆下鸿门宴，在宴席上灌以曼陀罗酒，待其昏醉后，将数十人斩尽杀绝。杜杞对此颇为得意，在大宋平蛮碑中，他将自己比作东汉开国功臣马

1　麻醉术古已有之。据《列子·汤问》，战国名医扁鹊为鲁国人公扈、赵国人齐婴做心脏移植手术时，就用到麻醉术："扁鹊遂饮二人毒酒，迷死三日，剖胸探心，易而置之，投以神药。既悟，如初。"东汉末年的名医华佗以麻沸散著称于世，《后汉书·华佗传》载："若疾发结于内，针药所不能及者，乃令先以酒服麻沸散，既醉无所觉，因刳破腹背，抽割积聚。"可惜麻沸散的配方并没有流传下来。有人怀疑曼陀罗就是这种麻药的成分之一，但这种说法缺乏证据，因为曼陀罗应当在宋代才传入我国。

2　五溪蛮是魏晋南北朝（亦说东汉）至宋代对分布于今湖南西部和黔、川、鄂邻接处沅水上游地区少数民族的总称。

伏波，并且上疏邀功求赏。但由于手段太过残忍，不仅没能获得奖赏，还被弹劾"弃信专杀"。[1]

北宋时，曼陀罗已被江湖强盗用来窃取钱财。南宋范成大《桂海虞衡志》有相关记载，与之同时代的周去非《岭外代答》卷八中承袭如下：

> 广西曼陀罗花，遍生原野，大叶，白花，结实如茄子，而遍生小刺，乃药人草也。盗贼采干而末之，以置人饮食，使之醉闷，则挈篋而趍。南人或用为小儿食药，去积甚峻。[2]

"挈"，用手提；"篋"，小箱子；"趍"同"趋"，小步快走。盗贼用曼陀罗将人醉闷后，提着装有钱财的小箱子快步离开，看起来像是在旅店这种场合作案。明代万历年间，大臣魏濬自述其在户部河南司任职时，部门的大印曾被盗贼以类似的方法盗走。[3]

类似的情节我们并不陌生，不少明清小说里都有描写。实际上，

1　〔宋〕司马光《涑水纪闻》卷十三："杜杞，字伟长，为湖南转运副使。五溪蛮反，杞以金帛官爵诱出之，因为设宴，饮以曼陀罗酒，昏醉，尽杀之，凡数十人。因立大宋平蛮碑，自拟马伏波，上疏论功。朝廷劾其弃信专杀之状，既而舍之。"

2　〔南宋〕黄震《黄氏日抄》卷六十七录有范成大《桂海虞衡志》："曼陀罗花。漫生原野，大叶，白花，实如茄，遍生小刺。盗采花末之，置人饮食中，即昏醉。土人又以为小儿去积药。昭州公库取一枝挂库中，饮者易醉。"按，说曼陀罗果实如茄子不正确，二者相差甚远。

3　〔明〕魏濬《峤南琐记》卷上："予官农部河南司时，曹长武陵龙君。偶一日，曹事毕，遣吏承印还寓，吏涂遇一人云：'当赴曹投牒者。'引去他处饮以酒，吏即昏迷若寐，及觉，印为盗去矣。数日捕得盗者，予偕往讯之。对云：'用风茄为末投酒中，饮之即睡去，须酒气尽乃寤。'问从何得之。云：'此广西产，市之棋盘街鬻杂药者。'今土人谓之颠茄，风犹颠也，一名闷陀罗。"

江湖上大名鼎鼎的蒙汗药，就是用曼陀罗等其他毒性草药制成的。明代梅得春《药性会元》记载，羊踯躅花"同它罗花、川乌、草乌合末，即蒙汗药"。"它罗花"即曼陀罗。羊踯躅花以羊食后踯躅而死得名；川乌、草乌的块根都有剧毒，民间常用来制造箭毒以猎射野兽。以上植物在医学上皆可用于麻醉和镇痛。

有趣的是，曼陀罗的这种效果还被囚犯用于逃避刑戮之苦。据晚清民国柴小梵《梵天庐丛录》"蒙花药酒"条记载，一些犯了重罪的囚犯会贿赂狱卒，让自己在受刑之前喝下曼陀罗酒，其效果如同打了麻醉药，任刑罚再严酷也毫无感觉：

> 清代囚徒之犯大辟者，思刑戮痛苦，往往私贿狱卒，取蒙花药酒饮之，至于不识不知，则受刑时绝不觉痛楚。酒一瓶，狱卒有需索至数十金者。实则酒非甚异，乃以风茄为末，投常酒中，饮之即睡去，须酒气尽乃寤。风茄产广西，土人谓颠茄，甚易得。

"瓶"是一种陶制的酒壶，装不了多少酒，而且这种酒也没什么特别，只需将曼陀罗投入酒中即可，曼陀罗在当时也极易得。因此，尽管成本极低，但狱卒可以坐地起价，一些贪婪的狱卒甚至喊价"数十金"。虽然贵得不可理喻，但是为了减轻身受死刑之苦楚，囚犯们也只能答应。曼陀罗竟成为狱卒创收的来源。

作为传遍世界的入侵植物，很多国家和地区都发现了曼陀罗的上述药效。据劳费尔《押不芦》一文介绍，明清之际，印度的盗贼就用它来谋取钱财，而且一直到20世纪初，此类事件仍时有发生：

〔日〕岩崎灌园《本草图谱》，曼陀罗，1828

日本江户时期的《本草图谱》，虽不像西方的植物科学画那般细致地表现植物各器官的解剖图，但也尽力画出了曼陀罗的果实，以及花朵在开放前后的不同姿态，使人易于识别。

　　《岭外代答》所志盗贼，吾人亦见印度有之。Garcia da Orta（1563）记有印度盗贼置此药于其被害人之饮食中，其效可延二十四小时；服此药者，丧失知觉，常哗笑，甚慷慨，盖其一任他人取其珠宝，只知欢笑，少言，如有言则皆诞妄不经语。现印度用 Datura 毒人之事，尚常见有之。[1]

---

1 〔美〕劳费尔著，冯承钧译：《押不芦》，《西域南海史地考证译丛五编》，《西北史地文献》第 40 卷，兰州古籍书店，1990 年，第 105 页。

其伎俩与明清小说中的没什么两样，但被下毒者的反应则有不同：除了丧失知觉，还会有哗笑、少言或胡言乱语等反应，就像喝酒喝断了片儿。

此外，曼陀罗还可令人产生幻觉。在一些宗教场合，人们将它用作接近神灵的致幻剂。例如在靠近其原产地的美洲加利福尼亚中南部地区，当地的土著民会在一些神圣的宗教场合用到曼陀罗。他们吃下这种植物的种子以产生幻觉，在幻觉中看见神灵进而与神灵交流。

明代学者方以智《物理小识·迷醉术》曾介绍："莨菪子、云实、防葵、赤商陆、曼陀罗花，皆令人狂惑见鬼。""狂惑见鬼"，类似于上述所说的接近神灵，说的正是曼陀罗等草药的致幻作用。

回过头看《水浒传》第二十七回"母夜叉孟州道卖人肉　武都头十字坡遇张青"，张青和孙二娘在孟州道卖酒为生，"只等客商过往，有那入眼的，便把些蒙汗药与他吃了，便死"。就连力大无穷的鲁智深也被麻翻在地、不省人事。现在我们知道，《水浒传》中的此类描写一点儿也不夸张。

黄蜀葵、黄葵

——

不如画里向阳枝

一年中秋节，我和朋友们去北京郊区怀柔的小满民宿。一个小小的四合院，开门见山，门前有小溪叮咚流淌，周围是菜地、茂盛的水草以及漫山的板栗，一片静谧的田园风光。北京的秋天一向天高云淡，那天下午天气也格外晴朗，我们在民宿附近"探险"，路过一块菜地时见到一片像蜀葵一样的黄色花。识花软件一扫，名叫黄蜀葵。后来我在创作于20世纪50年代的一幅国画《东风吹遍百花开》里再次见到它，才知道黄蜀葵来头不小。

1. 秋葵的近亲

黄蜀葵（*Abelmoschus manihot*）虽然名中有"蜀葵"，但它并不是蜀葵属，而是秋葵属，与我们吃的蔬菜秋葵是近亲。秋葵原产印度，20世纪初传入我国，中文正式名为咖啡黄葵（*A. esculentus*）。之所以叫这个名，是因为它的种子的确可以用来制作咖啡。黄蜀葵与秋葵都开黄色的花，也是这样一节一节往上长，其区别在于叶片和果实。秋葵叶片掌状，裂片不深，而黄蜀葵的叶片几乎裂到底。秋葵的果实大家都见过，果实筒状尖塔形，长10—25厘米；黄蜀葵的果实要小得多，长5—6厘米。黄蜀葵花大色美，可在园林中栽培作观赏，根、种子和花皆可入药。

于非闇等《东风吹遍百花开》（局部），黄葵

黄葵的苞片 8—10 枚，比黄蜀葵要多，后者仅 4—5 枚。从这个细节可以判断画中乃秋葵属黄葵。

秋葵属下还有一种植物叫黄葵（*A. moschatus*），种子具有麝香味，是名贵的高级调香料。它与黄蜀葵仅一字之差，花、叶、果都很像，用途也相近，一个重要的区别在于果实外面苞片的数量。黄葵的苞片 8—10 枚，比黄蜀葵多，后者仅 4—5 枚。

根据以上特征，我们就能判断绘画中的秋葵属植物是黄葵还是黄蜀葵。比如《东风吹遍百花开》中央的这株开黄花的植物，其果实外又细又长的苞片，呈现在我们面前的就有完整的 4 枚，背面没有画出来的还有 4 枚。从这个细节判断，它应该就是黄葵。

一开始我以为画中所绘是黄蜀葵，因为黄葵在我国主要分布于南方热带地区，而黄蜀葵在北方地区就有栽培，那么北京中国画院的画家所画的，应该是身边容易见到的黄蜀葵才对。但一位爱好植物学的朋友指出苞片这个细节，纠正了我的错误。可见，识别不同植物，必须要通过细致的观察。

回到《东风吹遍百花开》，这是一件巨大且精美的工笔花鸟画，由当时新成立的中国画院的画家集体创作而成。1957 年 5 月中国画院成立，花鸟组的画家们怀着对未来美好的憧憬，自发地创作了这件作品。据题签介绍，创作者包括于非闇、马晋、胡絜青、徐聪佑、屈贞等。为首的于非闇先生是 20 世纪最为杰出的工笔花鸟画画家之一，与南京的工笔画大师陈之佛合称"南陈北于"。

这幅画中的花卉多达十余种，包括牡丹、菊花、梅花等古代花鸟画中常见的花卉。相比之下，黄葵在花鸟画中见得少。它为什么会出现在《东风吹遍百花开》，而且几乎是位于画面的正中央?

2. 黄葵的寓意

此前我们介绍蜀葵时说过，蜀葵由于花朵朝向太阳，在古代诗文中多用来寄托对于君王的一片忠心。除了蜀葵之外，同为锦葵科的冬葵、黄葵、黄蜀葵、秋葵等，在诗词中也都具有类似的寓意和象征。

首先说冬葵，它在明代以前是蔬菜中的"百菜之王"。《淮南子·说林》记载："圣人之于道，犹葵之与日也，虽不能与终始哉，其乡之诚也。""乡"即"向"。这句话的意思是说，圣人对于道，就像冬葵向着太阳，虽然无法始终跟随，但朝向仰慕的心是真诚的。曹植将这个典故用在了《求存问亲戚疏》，这是一封写给侄儿——皇帝曹叡的信。在这封信中，曹植即以葵藿向阳之诚心来比喻自己为皇帝效忠的拳拳之心。

> 若葵藿之倾叶，太阳虽不为之回光，然终向之者，诚也。
> 臣窃自比于葵藿，若降天地之施，垂三光之明者，实在陛下。

再来看黄蜀葵。南宋人薛嵎有一首《黄蜀葵》："娇黄无力趁芳菲，待得秋风落叶飞。空有丹心能就日，年年憔悴对斜晖。"薛嵎是永嘉（今浙江温州）人，学宗永嘉学派，但科举考试屡试不第，直到四十五岁才考中进士，做官也只做到了福州长溪县主簿，主要负责文书簿籍和印鉴，属于比较低级的事务官。因此，他有很多诗都在嗟叹怀才不遇、壮志难酬。在这首《黄蜀葵》中，诗人将自己比作秋风中盛开的黄蜀葵，空有一片丹心向日，却只落得年年憔悴。

明代徐渭也写过一首《黄蜀葵》："自叹南冠奏曲时，不如画里向阳枝。赭衣一著从摇落，总有丹心托向谁。"首句"南冠奏曲"用到了钟仪被俘后戴南冠、奏南曲、不忘旧国的典故，事见《左传·成公九年》。说晋景公视察军府时遇到一名戴着南国帽子的俘虏，此人名叫钟仪，是首个见诸文献记载的弹奏古琴的人。晋景公命他弹琴，所弹都是南方曲调。晋国大夫范文子认为钟仪"乐操土风，不忘旧

〔日〕岩崎灌园《本草图谱》，黄蜀葵，1828

黄蜀葵虽然名中有"蜀葵"，但它并不是蜀葵属，而是秋葵属，与蔬菜秋葵是近亲。

也"，于是说服晋景公释放他，以成晋楚之好。"赭衣"指囚衣，诗中代指钟仪，他虽然身陷囹圄，但是丹心不改，与画中的"向阳枝"黄蜀葵一样，都是忠君的表现。

再来看黄葵。作为锦葵科的一员，花大色丽、高达2米的黄葵，也被赋予同样的内涵，比如元末明初陶宗仪《题黄葵》"自从承却金茎露，向日檀心一寸倾"，高濂《谒金门·黄葵》"心倾日。一点孤忠默默"等。其中，南宋遗民梁栋的这首《黄葵》尤为典型：

乾坤有正气，间色皆为臣。名葩据中央，红紫谁敢邻。倾日不忘君，卫足恐伤身。冥然无知识，忠孝出本真。林林天地间，戴履而为人。明灵秀万物，孰不尊君亲。嗟嗟叔季后，利欲泯天伦。邈哉望帝国，产此瑞世珍。九夏不趋炎，三月不争春。高秋风露冷，孤标出清尘。背时还独立，揽芳泪沾巾。

在这首诗中，黄葵不仅"倾日不忘君"，而且"孤标出清尘"，在诗人看来是民族气节的象征。"嗟嗟叔季后，利欲泯天伦。""叔季"意为没落、乱世，这里指宋亡之后。诗人希望民众能够像黄葵一样"忠孝出本真"，而不是被利欲泯灭了"天伦"（指君臣、父子关系，也指天理）。

说完黄葵等锦葵科植物在古诗词里的文化内涵，再回到《东风吹遍百花开》，结合这幅画创作的时代背景，我们就能明白，黄葵当然要占据这幅画的核心位置。它寄托着当时的花鸟画家们，对于祖国、对于国画艺术的一片赤诚之心。

朱槿

—

焰焰烧空红佛桑

以前读阮籍《咏怀》诗，对"弯弓挂扶桑，长剑倚天外。泰山成砥砺，黄河为裳带"这一首印象较深，这几句写的是欲立功名的雄杰之士。阮籍也曾有过这样的济世之志，无奈生逢乱世、朝不保夕，不得不佯狂避世，以求自全。"弯弓挂扶桑"，是说将弓箭挂在神话传说中的扶桑树上。

一年中秋去山西王家大院，在那里见到一盆花，颜色鲜红，柱头伸出来很长。用识花软件查了查，名叫朱槿（*Hibiscus rosa-sinensis*），锦葵科木槿属，别名佛桑、扶桑。当时很惊讶，这难道是阮籍诗中的"扶桑"？如此纤弱的灌木，如何挂得住弯弓呢？

1. 神话中的扶桑

在先秦神话故事中，扶桑树是与太阳密切相关的一种树。《山海经·海外东经》记载："汤谷上有扶桑，十日所浴，在黑齿北。居水中，有大木，九日居下枝，一日居上枝。"汤谷、扶桑、十个太阳，正是后羿射日的故事背景。

《淮南子·天文》描述太阳的方位，以扶桑作为参照物："日出于旸谷，浴于咸池，拂于扶桑，是谓晨明。登于扶桑，爰始将行，是谓胐明。"这条文献与《山海经》相似，"旸谷"即"汤谷"，"拂于扶桑"即

〔日〕岩崎灌园《本草图谱》，扶桑，1828

扶桑一开始是《山海经》《淮南子》等传说中的神树，现实中并不存在，后来成
为锦葵科灌木朱槿的别名。

太阳升起时掠过扶桑，"登于扶桑"即太阳升到扶桑顶端。这两个方
位对应的时辰分别是"晨明"和"朏明"。《淮南子》是西汉淮南王刘
安及其门客所编，不少材料源自先秦，上文关于扶桑的内容即是。

屈原也将此则神话写进《离骚》："饮余马于咸池兮，总余辔乎
扶桑。""咸池"同于汤谷，也是日浴之处。这两句是说，饮马于咸
池，然后将它们拴在扶桑树上。

但是神话中的扶桑究竟长什么样？以上《山海经》《淮南子》没
有任何描述。《太平御览》卷九百五十五引晋代郭璞《玄中记》，说

扶桑是一种极其高大的树："天下之高者，扶桑无枝木焉，上至天，盘蜿而下屈，通三泉。"大概在六朝时，一位道家方士托东方朔之名，仿《山海经》编写《海内十洲记》。书中描绘神木扶桑："叶皆如桑，又有椹，树长者数千丈，大二千余围，树两两同根偶生，更相依倚，是以名为扶桑。"这种想象几乎就是从"扶桑"一名生发而来，并无特别之处。

鉴于传说中扶桑与太阳的密切联系，扶桑也被用来指代太阳，例如陶渊明《闲情赋》"悲扶桑之舒光，奄灭景而藏明"。又由于太阳升起时要经过扶桑，所以"扶桑"在南朝时已代指东海以外的某处地名。《南齐书·东南夷传赞》："东夷海外，碣石、扶桑。"唐代诗人韦庄送日本僧人敬龙回国，其诗《送日本国僧敬龙归》写道："扶桑已在渺茫中，家在扶桑东更东。此去与师谁共到，一船明月一帆风。"后来，"扶桑国"成为日本的代称，并且多出现在送别日本友人的诗歌里。例如元代王冕《送颐上人归日本》"上人住近扶桑国，我家亦在蓬莱丘"，鲁迅《送增田涉君归国》"扶桑正是秋光好，枫叶如丹照嫩寒"。

那么神话中的扶桑，怎么变成了锦葵科的朱槿呢？得从朱槿那里找找答案。

2. 从扶桑到朱槿

"朱槿"一名的出现比"扶桑"要晚。较早记载朱槿的文献是唐代《酉阳杂俎》，作者段成式称其外形如桑："重台朱槿，似桑，南中呼为桑槿。"稍晚一些，唐代刘恂岭南风物志《岭表录异》详细记载了岭南的朱槿花：

> 岭表朱槿花，茎叶皆如桑树，叶光而厚，南人谓之佛桑。树身高者止于四五尺，而枝叶婆娑。自二月开花，至于仲冬方歇。其花深红色，五出，大如蜀葵。有蕊一条，长于花叶，上缀金屑，日光所烁，疑有焰生。一丛之上，日开数百朵。虽繁而有艳，但近而无香。暮落朝开，插枝即活，故名之槿。俚女亦采而鬻，一钱售数十朵。若微此花，红梅无以资其色。[1]

这段对于朱槿外形、花期等方面的描述，简洁全面、准确形象。我时常觉得，古人对植物的描述非常美，不同于现代植物学的专业术语，它是富有文学性的诗意表达。"有蕊一条，长于花叶"，说的是扶桑花引人注目的特征——从花心伸出的一条长长的花丝筒，顶端分叉为 5 个花柱，周围密布着雄蕊，花药呈金黄色，这便是"上缀金屑，日光所烁，疑有焰生"。苏轼的诗句"焰焰烧空红佛桑"，就抓住了这个特征。而花期长、花朵繁茂、朝开暮落，这些都证明它与木槿、木芙蓉是近亲。所以"朱槿"这个名字，更加贴合其植物学特征。

---

1 《南方草木状》："朱槿花，茎、叶皆如桑，叶光而厚。树高止四五尺，而枝叶婆娑。自二月开花，至中冬即歇。其花深红色，五出，大如蜀葵，有蕊一条，长于花叶，上缀金屑，日光所烁，疑若焰生。一丛之上，日开数百朵，朝开暮落。插枝即活。出高凉郡，一名赤槿，一名日及。"此条内容与《岭表录异》大多重合，《南方草木状》乃南宋时人托西晋嵇含之名所作。

上文还提到"南人谓之佛桑"，这里的"佛"应作"仿佛"讲。大概是因为"佛桑"与"扶桑"音近，后人便将二者相联系，神树扶桑便逐渐与别名佛桑的朱槿等同起来。例如南宋诗人姜特立这首《佛桑花》，说朱槿与神话中的扶桑乃是同根而生，其红艳的花朵像是汲取了太阳的精华：

> 东方闻有扶桑木，南土今开朱槿花。
>
> 想得分根自旸谷，至今犹带日精华。

李时珍从花、叶两个方面找到二者的相关性，其《本草纲目》卷三十六"扶桑"解释说："东海日出处有扶桑树。此花光艳照日，其叶似桑，因以比之。后人讹为佛桑。"明清时的文献在提及朱槿时，都会提到它的别名扶桑和佛桑。在明末清初屈大均所著岭南方物志《广东新语》中，"佛桑"是条目名，开红花的叫"朱槿"，开白花的叫"白槿"，二者皆可食用，对妇人具有"润容补血"之功效：

> 佛桑，枝叶类桑。花丹色者名"朱槿"，白者曰"白槿"。有黄者、粉红者、淡红者。皆千叶，轻柔婀娜，如芍药而小，盖丽木也。一曰"花上花"，花上复有花者，重台也。一名"爱老"，不爱老也。不爱老而曰"爱老"，饰词也。予有《爱老曲》云："枯肠能生薏，卿乃不言好。不如朱槿花，姿容能爱老。"其朱者可食，白者尤甜滑。妇女常以为蔬，谓可润容补血。一名"福桑"，又一名"扶桑"。予诗："佛桑亦是扶桑花，朵朵烧云如海霞。日向蛮娘髻边出，人人插得一枝斜。"

〔日〕岩崎灌园《本草图谱》，单瓣、重瓣朱槿，1828

朱槿的花期长、花朵繁茂、朝开暮落，这些都证明它与木槿、木芙蓉是近亲。所以"朱槿"这个名字，更加贴合其植物学特征。

清初广东，朱槿不仅有红色，还有白色、黄色等品种。19世纪以后，人们将原产中国南方的朱槿与太平洋、印度洋地区的一些朱槿品种杂交，培育出颜色各异乃至一花多色的新种。"花上花""重台"，这是雄蕊瓣化的结果——在那长长的花丝筒靠近顶端的部位，又长出了一圈花瓣，呈现出来的效果就是"花上复有花"，现在人们称之为"红塔朱槿"。吴其濬《植物名实图考》中"佛桑"的配图正是它。

以上记载朱槿的《岭表录异》《广东新语》《岭南杂记》《滇海虞衡志》等都是南国地区的方志，这是因为朱槿原本就是南方的植物，

《柯蒂斯植物学杂志》，朱槿，1791

它生于两广、云南、福建、台湾等省区，因此不甚耐寒。清初陈淏《花镜》卷三："今北地亦有之，皆自南方移栽者。但易冻死，逢冬须密藏之。"所以王家大院里的那盆朱槿，天冷后肯定要挪进室内。而在国家植物园，朱槿养在温室里，旁边是木棉、洋紫荆与它做伴。

朱槿花期覆盖全年，即使在春节前后，它一样能开出红艳如火一般的花朵，因此在南国广受欢迎。屈大均说它"朵朵烧云如海霞"，如果大面积种植，夏秋花期最盛之时，或许真有如此景象。

欧洲原本不产朱槿，当 17 世纪欧洲人初次见到它时，一定也被这种花所吸引，他们称之为 China Rose，后保留在朱槿的拉丁语名中 *rosa-sinensis*，意思就是"中国玫瑰"。1792 年，英国《柯蒂斯植物学杂志》对朱槿这一外来植物作了介绍，此图极其精美。[1] 大红色的朱槿花也受到东南亚人民的喜爱，在 1960 年正式成为马来西亚的国花，其国徽和钱币都印上了朱槿的图案。

一般的花店也出售朱槿花。但我每次路过花店见到朱槿，还是没法将它与"弯弓挂扶桑"的神木联系起来。

---

1 《柯蒂斯植物学杂志》由英国药剂师威廉·柯蒂斯（William Curtis, 1746—1799）于 1787 年创办，1841 年成为英国皇家植物园邱园（The Royal Botanic Gardens, Kew）的期刊。该杂志介绍过许多域外植物，配以精美的手绘插画，兼具科学性和艺术性。

红豆

愿君多采撷，此物最相思

刚到北京上大学的那年，和同学一起爬香山看红叶。山路上有人摆摊，卖各种枫叶、黄栌制作的书签，做成相框的蝴蝶标本，以及一种红豆串珠。那红豆一头红一头黑，黑色的部分大概占三分之一。老板告诉我们，这就是王维"红豆生南国"中的"红豆"。一听这红豆可寄相思，同学立即买下一串，说要寄给女友。多年后再爬香山，又想起当年那串浪漫的红豆，真的是"此物最相思"的红豆吗？

1.两种红豆

香山上卖的那种红豆，植物学名便是相思子（*Abrus precatorius*）。从命名上即可看出，这正是人们心目中可以寄托相思的红豆。相思子是豆科藤本，广泛分布于世界热带和亚热带地区，我国台湾、两广及云南地区有产。春天开花，蝶形花冠小而密，花序轴短而粗，所以夏天荚果簇拥成团，秋天荚果裂开，鲜红的种子全部露出来，点缀在绿叶间，十分好看。这种红豆大小与我们食用的赤小豆相当。《本草纲目》卷三十五"相思子"介绍说："其子大如小豆，半截红色，半截黑色，彼人以嵌首饰。"准确来说，红色的部分占三分之二，黑色占三分之一，红黑相杂，使相思子易于识别。

较早记载相思子的是唐代段公路所著《北户录》："相思子，有蔓生者。其子窃红，叶如合欢，依篱障而生。"合欢也是豆科植物，它们都是羽状复叶。晚唐崔龟图为《北户录》作注说："《本草拾遗》云：相思子树高丈，有文，子赤黑间者佳。又《罗浮山记》：增城县南回溪之侧，多相思树，号相思亭，送行之所赠也。"

"子赤黑间者"即种子红黑相间，说的正是相思子。但相思子是藤本，攀缘而生，不应被称为"相思树"。罗浮山位于广东，虽然分布地区与相思子契合，但此处的"相思树"，会不会别有所指？李时珍在《本草纲目》中就提出过疑问，寄托相思的红豆，除了相思子，"或云即海红豆之类，未审的否？"

与藤本相思子不同的是，《本草纲目》所说的海红豆（*Adenanthera microsperma*）是高大乔木，其木材优质可用于造船，同样生长于热带及亚热带地区。其种子比相思子略大，且通身皆红，亦可作装饰品。相比于相思子的蝶形花冠，海红豆的花非常小，白色或黄色，密密匝匝地环绕着花序轴排列，外形很像一根长长的蜡烛，这与相思子截然不同。

到底哪种红豆才是王维诗中的红豆呢？如果要通过文献的记载进行比较，那么越接近王维时代的文献越可靠。晋代和晚唐时期的文献中都有相关记载。

2. 寻找"红豆"的真面目

唐以前，西晋时期左思《吴都赋》中铺陈吴国之草木，其中便有

〔德〕赫尔曼·阿道夫·科勒《科勒药用植物》，相思子，1890

"楠榴之木，相思之树"。对于"相思之树"，西晋学者刘渊林有一句注释："相思，大树也。材理坚，邪斫之则文，可作器。其实如珊瑚，历年不变。东冶有之。"

刘渊林是西晋时的著名学者，所注《吴都赋》以翔实可征而著称，此处对于"相思树"的解释亦颇值得参考。从其注解来看，相思树乃高大乔木，其木材优良可制器具，果实如珊瑚，东冶（今福建福州）有种。以上特征均与海红豆相符。

在刘渊林注的基础上，晚唐李匡文考据类笔记《资暇集》补充了更多信息，可以帮助我们更好地判断。《资暇集》卷下载"相思子"：

> 豆有圆而红其首乌者，举世呼为"相思子"，即红豆之异名也。其木斜斫之则有文，可为弹博局及琵琶槽。其树也，大株而白枝，叶似槐。其花与皂荚花无殊。其子若稨豆，处于甲中，通身皆红。李善云"其实赤如珊瑚"是也。

"稨豆"即扁豆。注意，这里的"相思子"，并不是前文所说的豆科藤本相思子。要知道，古籍中植物的名称往往并不是一一对应的关系。豆科藤本的"相思子"，是植物学家在编撰植物志时，根据它在古籍中的记载，赋予它的中文正式名。而此处《资暇集》里的"相思子"，也被认为是唐诗"红豆"的别名，就是上文所说的海红豆。此则文献为我们提供了一个可靠的证据："其花与皂荚花无殊。"

皂荚（*Gleditsia sinensis*）也是豆科乔木，其花小，黄白色，花序也是长长的一串，与海红豆非常像。古人以皂荚花来类比，大概是因为皂荚花比较常见，亲眼所见才敢做出"无殊"（没有不同）这

〔日〕岩崎灌园《本草图谱》，皂荚，1828

图中最右侧的线条是皂荚的花序，长长的一串，海红豆的花序便是如此。

样的判断。再加上"子若稨豆，处于甲中，通身皆红"，木材可制器具等特征，可以判断这里的红豆，就是海红豆。

3. 被混淆的红豆

《资暇集》为我们考证"红豆"的真实身份提供了重要证据，但上述文献也有一个问题，开头"豆有圆而红其首乌者"即红色的豆子头部为黑色，与后文"通身皆红"自相矛盾。前半句说的是藤本相思子，后半句说的却是乔木海红豆。《资暇集》的写作目的在于匡正世俗之误，应当严谨细致才是，在描述某种植物的形态时，似乎不应当出现这样前后矛盾的错误。

关于这个问题，当代学者张安祖已经找到了答案。他在北宋王说所著《唐语林》卷八中发现一则文献，内容与《资暇集》关于相思子的描述大致重合。开头"豆有红而圆长、其首乌者，举世呼为相思子，非也，乃甘草子也。"这一句是说"红而圆长、其首乌者"并非相思子，而是甘草子。接下来，其对于"相思子"的介绍与《资暇集》完全一致：

> 相思子即红豆之异名也。其木斜斫之则有文，可为弹博局及琵琶槽。其树也，大株而白枝，叶似槐。其花与皂荚花无殊。其子若扁豆，处于甲中，通身皆红，李善云"其实赤如珊瑚"是也。

紧接着"又言"之后的内容，是对甘草的补充介绍：

> 又言：甘草非国老之药者，乃南方药名也。其丛似蔷薇而无刺，叶似夜合而黄细，其花浅紫而蕊黄，其实亦居甲中。以条叶俱甘，故谓之"甘草藤"，土人但呼为甘草而已。出在潮阳，而南漳亦有。

巧合的是，在今本《资暇集》"相思子"条后紧接着的便是"甘草"，其内容与以上关于甘草的描述基本相同。[1] 介绍甘草的"其实亦居甲中"，这里的"亦"，显然是承接前文相思子"处于甲中"而言。

---

1 《资暇集》卷下"甘草"："所言甘草，非国老之药者，乃南方藤名也。其丛似蔷薇而无刺，其叶似夜合而黄细，其花浅紫而蕊黄，其实亦居甲中，以枝叶俱甜，故谓之甘草藤。土人异呼为甘草而已。出在潮阳，而南漳亦有，故备载之。"

所以张安祖判断，今本《资暇集》中"相思子""甘草"两段内容，原本是一个整体。后人在传抄的过程中，将其一分为二。[1]

今传《资暇集》最早为明代刻本，明代人将《资暇集》中相思子的内容一分为二，并且将首句加以改动，说这种红中带黑的红豆乃唐诗中"红豆"之异名。这充分说明，藤本相思子等同于唐诗之红豆的说法，在民间为不少人所接受。

唐代张泌笔记《妆楼记》记载："相思子即红豆，赤如珊瑚，诗所谓'赠君频采摘，此物最相思'。"这是较早将红豆、相思子与王维"红豆诗"联系起来的文献。"赤如珊瑚"的表述亦同于《资暇集》，或均源自《吴都赋》刘渊林注。

所以说，唐诗中寄托相思的红豆，应该是海红豆。但是豆科不少植物都能结出红色的种子，诸如藤本相思子这样的植物，也曾在漫长的历史上被认为是能够寄托相思的红豆。古人也没有能够准确区分它们，例如李时珍《本草纲目》卷三十五"相思子"就将它们弄混。"树高丈余，白色。其叶似槐，其花似皂荚，其荚似扁豆"，显然是海红豆；但接着的"其子大如小豆，半截红色，半截黑色"，则说的是相思子。

《清稗类钞·植物类》是具有近代植物学性质的文献，该书也认

1　"《资暇集》中的文字在流传过程中有脱落和改窜，这才造成了其中描述的混乱，而《唐语林》的有关文字才是《资暇集》的原文，当录自今已失传的《资暇集》原本。《四库全书总目·唐语林提要》称其'所采诸书，存者已少，裒集之功，尤不可没。'这应该是一个典型的例证。"见张安祖：《唐诗中的红豆考原》，《文献》，2007年第1期，第188页。本文对此多有参考。

为藤本相思子乃唐以来诗人所咏之红豆,但在行文时却说:"色鲜红,胜珊瑚,亦有半红半黑者。"这与《本草纲目》一样,也是将历史上关于藤本相思子和乔木海红豆的文献混淆了。

回过头来看,这种混淆可能在唐代就发生了。《北户录》说:"相思子,有蔓生者。"这句话是说,名为相思子的植物,有一种是蔓生的藤本。言外之意是,还有一种是乔木。所以崔龟图作注时,才会把《罗浮山记》中的"相思树"列在后面。

4.“红豆”何以寄相思?

据《罗浮山记》记载,古人在长亭送别时会赠送海红豆。我们知道,古人临别折柳,因"柳"谐音"留"。那么红豆何以能寄托相思之情呢?

《本草纲目》卷三十五"相思子"引述有《古今诗话》中的一个故事:

> 《古今诗话》云:"相思子圆而红。故老言:昔有人殁于边,其妻思之,哭于树下而卒,因以名之。"

《古今诗话》原书久佚,其成书应在南宋建炎元年(1127)至绍兴五年(1135)之间。[1]从宋代诗话的写作传统来看,此则文献很可

1　李裕民:《〈古今诗话〉成书年代考》,《晋阳学刊》,1998年第1期,第103页。郭绍虞先生博采群书,辑得《古今诗话》逸文444条,编入《宋诗话辑佚》卷上(中华书局1980年)。

〔日〕岩崎灌园《本草图谱》，相思子，1828

相思子质地坚实，色泽华美，可作饰品，因而多被认为是唐诗中寄托相思的"红豆"。

能是对唐人诗句"红豆"典故的解释。这个故事颇似孟姜女哭长城，是传统文学中的闺怨主题：征人之妇对远赴沙场之夫的思念。巧合的是，只要看一看王维"红豆"诗的出处就会发现，《相思》一诗或许真与征人之妇的闺怨主题有关。

王维《相思》一诗最早见于唐人范摅《云溪友议》卷中"云中命"。这首诗的原文是"红豆生南国，秋来发几枝"，清代人编《唐诗三百首》时才改"秋"为"春"。作为蒙学读物，《唐诗三百首》的影响力实在太大，于是才有了我们今天通行的版本"春来发几

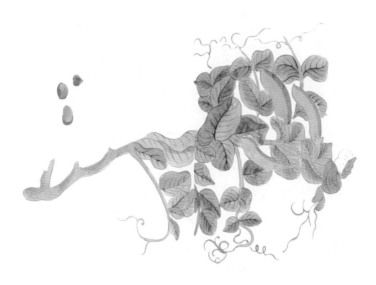

〔日〕岩崎灌园《本草图谱》，相思子，1828

图中题名虽为"海红豆"，但根据图中植物的卷须，以及红豆上的一抹黑色，这并非海红豆，而是相思子。

枝"。这首诗原本也没有题目，《相思》是后人所加。[1]

据《云溪友议》记载，天宝十五载（756），安禄山攻陷长安，"百官皆窜辱，积尸满中原"，唐玄宗与百官仓皇逃至四川。宫廷乐师李龟年流落湖南，他在"采访使"（掌管检查刑狱和监察州县之官吏）的筵席上唱了这首"红豆生南国"：

龟年曾于湘中采访使筵上唱："红豆生南国，秋来发几枝。

1　陈铁民：《也谈红豆与相思》，《中国典籍与文化》，2000 年第 2 期，第 124—125 页。

赠君多采撷，此物最相思。"又："清风朗月苦相思，荡子从戎十载余。征人去日殷勤嘱，归雁来时数附书。"此词皆王右丞所制，至今梨园唱焉。歌阕，合座莫不望行幸而惨然。龟年唱罢，忽闷绝仆地；以左耳微暖，妻子未忍殡殓，经四日乃苏。

李龟年所唱后一首"清风朗月苦相思"，表现的即是女子对远征丈夫的思念之情，《相思》的主题或许与之一致。在唱完两首诗之后，满座宾客莫不望着玄宗"行幸"（专指皇帝出行）的方向而黯然神伤，李龟年更是夸张地气绝倒地，经四日乃复苏醒。

因此，《古今诗话》中相思子的故事有一定的道理。不过由于该书成书较晚，且故事太过简略，故事本身与相思子的形态特征毫无关系。因此学者张安祖提出质疑：《古今诗话》的说法可能只是穿凿附会，"红豆"之所以能代表相思，乃是因为其种子的形状、特征。

5. 每回拈著长相忆

海红豆的种子近圆形至椭圆形，鲜红色，光泽美丽，可作装饰品，有人认为它的形状如同心脏。这种颜色深红、形如心脏的红豆，唐代起即用于装饰，如唐代诗人路德延《小儿诗》："宝箧拿红豆，妆奁拾翠钿。"而晚唐温庭筠这首《南歌子》，正是以嵌入了红豆的玲珑骰子，象征深切入骨的相思之情：

> 井底点灯深烛伊，共郎长行莫围棋。
> 玲珑骰子安红豆，入骨相思知不知。

海红豆的种子，蒋天沐／摄影

海红豆的种子长 5—8 毫米，宽 4.5—7 毫米，颜色深红有光泽，正是古诗中聊
寄相思的"红豆"。

"骰子"是中国传统民间娱乐的一种博具，演变到现在，就是打
麻将时用来投掷点数以决定谁先开牌的"色子"。唐代的骰子与今日
之色子差别不大，都是六面的立方体，只不过是一种骨制品，每一面
也都有点数，在四点的那一面涂上朱红色，或者以四枚"红豆"嵌入
其中，所以叫"入骨"。其所嵌乃海红豆，可见其尺寸比今天的色子
要大得多。[1]

---

1 〔宋〕程大昌《演繁露》卷六："唐世则镂骨为窍，朱墨杂涂，数以为采。亦有出意为
巧者，取相思红子，纳置窍中，使其色明现而易见。故温飞卿艳词曰：'玲珑骰子安红
豆，入骨相思知也无。'"〔明〕胡应麟《少室山房笔丛》卷四十："今骰子制甚小，大者
不过三数分，无至寸者，而唐人骰子凡四点，当加绯者，或嵌相思子其中，温庭筠诗
云：'玲珑骰子安红豆，入骨相思知也无。'相思子即今红豆，并四枚嵌一面，则唐骰子
将近方寸矣。"

这首诗用到了谐音梗。"深烛"谐音深嘱，即深切地嘱咐；"长行"是博戏之名，此处比喻长途旅行；"莫围棋"谐音"莫违期"。首句暗示别离，下句直言真心，以红豆来表现相思之主题。类似的作品还有唐末韩偓这首《玉合》：

> 罗囊绣，两凤凰。玉合雕，双鸂鶒。中有兰膏渍红豆，每回拈著长相忆。
>
> 长相忆，经几春？人怅望，香氲氲。开缄不见新书迹，带粉犹残旧泪痕。

"每回拈著长相忆"，外形及颜色一如赤诚真心的红豆，不正好勾起对远方之人的思念？海红豆的别名"相思格"（源自广东）可能就是由此而来吧？

如今，没有人会在送别的时候赠送海红豆了吧？但海红豆寄托相思的寓意，因为王维的那首诗而家喻户晓、源远流长。

一开始，我以为王维诗中的"红豆"就是我们熬粥用的赤小豆。这都是因为王菲的那首同名歌曲："还没为你把红豆，熬成缠绵的伤口。"歌里唱的"相思的哀愁"，正与王维《红豆》这首诗的主旨相近。但是据说这首歌的灵感来自一部日剧，剧中女主角煮着红豆，因为心里想着怎么说分手，结果把红豆粥给煮煳了。既然是煮粥的红豆，则与王维那首《相思》绝无关系，可见流行文化的影响也是很大的。

木瓜

——

投我以木瓜，报之以琼琚

木瓜是超市里常见的一种热带水果，每次吃木瓜，总会想到《红楼梦》。第五回"贾宝玉神游太虚境　警幻仙曲演红楼梦"在介绍秦可卿卧室内的陈设时，提到了木瓜：

> 案上设着武则天当日镜室中设的宝镜，一边摆着赵飞燕立着舞的金盘，盘内盛着安禄山掷过伤了太真乳的木瓜。上面设着寿昌公主于含章殿下卧的宝榻，悬的是同昌公主制的连珠帐。

一直很好奇，木瓜怎么会与宝镜、金盘一同设于几案呢？

1. 木瓜与番木瓜

先回答开头提出的问题，其实《红楼梦》里就有答案。第六十四回"幽淑女悲题五美吟　浪荡子情遗九龙佩"，贾宝玉前去探望黛玉，路遇雪雁拿着菱藕瓜果之类，因黛玉"不大吃这些凉东西"，忙问何故。雪雁亦不甚知，只说：

> 叫我传瓜果去时，又听叫紫鹃将屋内摆着的小琴桌上的陈设搬下来，将桌子挪在外间当地，又叫将那龙文鼎放在桌上，等瓜果来时听

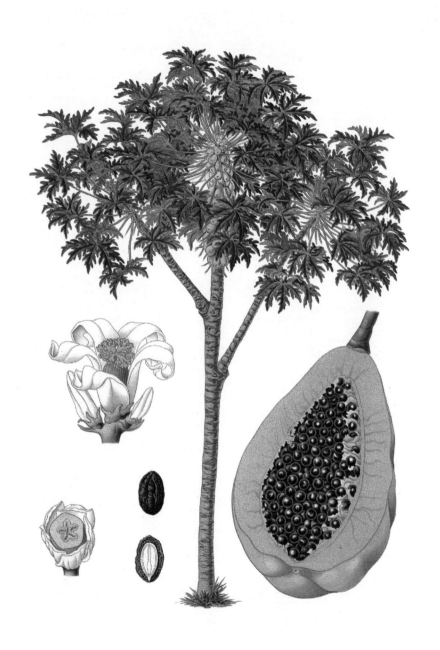

〔德〕赫尔曼·阿道夫·科勒《科勒药用植物》，番木瓜，1898

用。……若说点香呢，我们姑娘素日屋内除摆新鲜花果木瓜之类，又不大喜熏衣服。就是点香，也当点在常坐卧之处。

由此可见，室内放木瓜，不为别的，正是为了像鲜花、蔬果一样，取其自然清新的味道，以代替熏香。可是，印象中的木瓜没那么香啊。

原来，《红楼梦》里的木瓜与水果店里的木瓜有所不同。水果店里的木瓜，中文正式名叫番木瓜（*Carica papaya*），属于番木瓜科；而《红楼梦》里的木瓜（*Pseudocydonia sinensis*）属于蔷薇科。番木瓜切开后中间是圆溜溜黑色的种子；而木瓜果实的横切面，与同是蔷薇科的苹果很像。

番木瓜原产热带美洲，明末清初传入我国后在广东、海南一带有种。我在三亚看到当地人将它种在院子里，其主干笔直，青色的果实尚未成熟时，都簇拥在树干的顶部，就像椰子树一样。在清代吴其濬《植物名实图考》中，这种外来水果的名字叫"番瓜"：

> 番瓜产粤东，海南家园种植。树直高二三丈，枝直上，叶柄旁出，花黄。果生如木瓜大，生青熟黄，中空有子，黑如椒粒，经冬不凋。无毒，香甜可食。

"果生如木瓜大"，即外形与木瓜大小相似，二者的果实都是长椭圆形，成熟之后都是黄色，"番瓜""番木瓜"乃有此名。

番木瓜我们在水果店里都见过，而蔷薇科的木瓜我们却见得少。蔷薇科的木瓜原产我国，自古就有种植，《诗经·卫风·木瓜》已载：

投我以木瓜，报之以琼琚。 匪报也，永以为好也！

投我以木桃，报之以琼瑶。 匪报也，永以为好也！

投我以木李，报之以琼玖。 匪报也，永以为好也！

诗中木瓜、木桃、木李皆为可食之果，琼琚、琼瑶、琼玖皆乃可佩之玉。 诗的大意是，送我以木瓜一类的水果，报答以琼琚之类的美玉，并不只是报恩，是想与你永结为好。 这是卫国人为报答齐桓公相救之恩所作的诗。 水果之于美玉，自然是无法比拟的，所以说是"厚报"。

2. 作为礼物的木瓜

我们知道，《诗经》善用类比，不同章节中同一位置的名物往往近似。《卫风·木瓜》中的"木桃""木李"其实都是木瓜属植物。[1] 这些木瓜、木李、木桃，想必非常可口，才会被用来作为礼物相赠，但是实际情况并非如此。 木瓜味道非常酸，吃的时候需以蜜浸渍。 这种水果的好处，并不在其生吃之口感，而在于其药用价值。 最早记载木瓜的医书《名医别录》称木瓜可治疗脚气、腹泻等，在陶弘景

---

1 《本草纲目》卷三十对木瓜、木桃、木李区分如下："木瓜可种可接，可以枝压。 其叶光而厚，其实如小瓜而有鼻。 津润味不木者为木瓜。 圆小于木瓜，味木而酢涩者为木桃。 似木瓜而无鼻，大于木桃，味涩者为木李，亦曰木梨，即榠楂及和圆子也。"《中国植物志》将"木李"鉴定为木瓜，将"木桃"鉴定为毛叶木瓜（*Chaenomeles cathay-ensis*）。

〔日〕细井徇《诗经名物图解》，木瓜，1850

《诗经》等古诗文里提到的"木瓜"是蔷薇科，与番木瓜科的番木瓜是完全不同的植物。

的时代，时人视为良果。[1]

北宋苏颂《本草图经》载，彼时宣州（今安徽宣城）人曾大量种植木瓜，果树遍布山谷，等木瓜快成形时，以纸花贴于果上，夜晚接触露水，白日暴晒，渐渐地，接触阳光的果皮部分就变成红色，于是果皮上就呈现出纸上的花纹（可能是吉祥语或图案），当地人以之作

---

[1] 〔清〕吴其濬《植物名实图考长编》引《名医别录》："木瓜实味酸，温，无毒。主湿痹脚气、霍乱大吐下，转筋不止。其枝亦可煮用。陶隐居云：'山阴兰亭尤多。彼人以为良果，最疗转筋。'"

《柯蒂斯植物学杂志》，日本海棠，别名日本木瓜、日本贴梗海棠，1884

为进贡的佳品。当时道家还用木瓜汁混合甘松、玄参末作湿香，令人心神爽快。[1]这是以木瓜作为香薰的另一种方法。

如今在云南等地，木瓜被用来烹饪鱼或鸡。大理白族的一道名菜"酸辣鱼"，其酸味的来源就是木瓜，所以木瓜在当地俗称酸木瓜。如果你去云南菜馆里吃酸汤鱼，沸腾的汤锅里那切得薄薄的淡黄色圆片，就是木瓜。有一年中秋去丽江，古镇的一家银器店，老板娘正坐在门口给一筐木瓜削皮。她告诉我，木瓜切片后以糖腌制，然后晒干制成果脯，那是孙女们爱吃的零食。

以上所说的关于木瓜的益处，应该都是后人的发现。回到《诗经》的时代，口味酸涩的木瓜在当时应该并非什么名贵的水果，可能也不怎么受欢迎，就算是作为药物有一定用处，在南朝陶弘景集录的医书《名医别录》里也只能算是中品。不过，这恰好符合《卫风·木瓜》的本义：就算你送我木瓜这样酸涩并无太大药用价值的水果，我依然报答以琼瑶这样的美玉，这就是所谓"滴水之恩，涌泉相报"。两相对比，卫国人欲厚礼相报的主旨得以凸显。

相比于木瓜，同为蔷薇科木瓜属的皱皮木瓜（*Chaenomeles speciosa*）更为大众熟知，它就是公园里习见的贴梗海棠。名中虽有"海棠"，但它跟海棠没有任何关系，只是因为花期与海棠相同，花形与海棠相近，花梗短粗或紧贴于枝干，才有了"贴梗海棠"这个名字。皱皮木瓜放久了外皮会起褶皱，其中文正式名即由此而来；而

---

1 〔清〕吴其濬《植物名实图考长编》引《本草图经》："宣州人种莳尤谨，遍满山谷。始实成则镞纸花薄其上，夜露日曝，渐而变红，花文如生，本州以充土贡焉。……道家以榠楂生压汁，合和甘松、玄参末，作湿香，云甚爽神。"

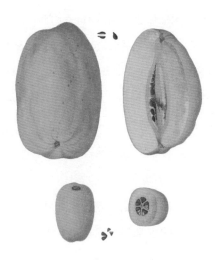

《中国自然历史绘画》，木瓜，18—19 世纪

木瓜的横切面与同为蔷薇科的苹果、梨很像；番木瓜切开后，里面的种子状如黑胡椒粒。

木瓜干燥后果皮仍然光滑不皱缩，故又称之为光皮木瓜。

　　皱皮木瓜是落叶灌木，比木瓜要矮得多。据《中国植物志》，由于枝干繁密且多刺，贴梗海棠常常用于绿篱。早春时节，它与蔷薇科其他植物一样先花后叶，花色有大红、粉红、乳白，且有重瓣、半重瓣品种，十分好看。大概是因为名中有"海棠"二字，所以皱皮木瓜也能"进驻"北京观赏海棠的胜地——元大都遗址公园海棠花溪。

〔荷兰〕亚伯拉罕·雅克布斯·温德尔《荷兰园林植物志》，两种花色的皱皮木瓜，1868

皱皮木瓜俗名贴梗海棠，与木瓜是近亲，与海棠无关。只是因花期与海棠相同，花形与海棠相近，花梗短粗或紧贴于枝干，才有了"贴梗海棠"这个名字。

　　我曾在小区附近摘过皱皮木瓜的果实，彼时已至隆冬，这种灌木的树叶落尽，只留下光秃秃的枝干。上面挂着网球大小的圆果，比木瓜要小很多，外皮黄绿色有些斑点，果梗极短或近于无梗，真是名副其实的"贴梗"。轻轻摘下，便能闻到一丝清新自然的芳香。我舍不得扔，带回家放在床头。它散发出来的香味与木瓜相近，这就是秦可卿、林黛玉屋中的香味了。

木芙蓉

——

聊把一枝闲照酒，明年何处对霜红

十月下旬，南京的师妹发来几张木芙蓉的照片，花朵浓密而红艳，正是我记忆中的木芙蓉。上次见到这种花，还是多年前国庆节回家，在一家酒店的院墙外。清秋时节，竟有花开得如此绚烂繁盛，着实令人惊奇。虽然当时我还不知道它的名字，但对它印象深刻。后来终于对上了名，于是又发出那样的感叹：原来是大名鼎鼎的木芙蓉！

1. 秋色之最可爱者

木芙蓉是锦葵科木槿属下的灌木或乔木，当我知道它与木槿是近亲，恍然发现它们还真有不少相似之处。例如二者单朵花期都很短，通常朝开暮落，但花的数量多，前赴后继，所以一棵树的花期可以很长；等到花落的时候，都是整朵整朵往下掉。在师妹发给我的照片中，有两张摄于灵谷寺的水边，树下的水面漂着一层厚厚的花朵，看上去像铺了一张红毯。

从个头上看，木芙蓉的花朵要比木槿大得多，尤其是重瓣的栽培品种，堪比牡丹或者芍药。国画里的木芙蓉，如果不看叶子，简直就是牡丹的翻版。它的叶子也好看，类似梧桐那样的掌状，只是在叶柄、小枝、花梗和花萼上都布满了细细的绒毛。

木芙蓉开花，颜色由浅到深，初开时为白色或淡红色，最后变成深红。"正似美人初醉著"，就像美人喝醉了酒一样，所以古人将"一日间凡三换色""朝白午桃红晚大红者"称之为醉芙蓉。那一树白红相间的花朵也十分醉人，据北宋赵抃《成都古今记》，成都曾经遍植木芙蓉，"每至秋，四十里如锦绣，高下相照"，因此被称为"蓉城"，木芙蓉后来也成为成都市的市花。

关于木芙蓉花朵之浓密，明代吴彦匡《花史》还记载了一则趣闻。长沙许智老家中有两株"可庇亩余"的木芙蓉，花开时宾客云集，座中有个叫王子怀的人打赌说，花再多不会超过一万朵，否则愿意受罚。许智老命仆人采而数之，结果有一万三千朵之多。

秋天盛开的木芙蓉，是文人雅士所热衷的园林观赏花卉。清代曲家黄图珌甚爱，称之为"秋色之最可爱者"，"秋花之最称艳而极娇妖者"。对于如何观赏木芙蓉，其《看山阁闲笔》卷十三"芳香部·赏花"有两则很有意思的记载。其中一则说"相赏必须纵饮，醉则投枕于其下"，这是对花饮酒；另一则说"余常以小船荡桨至秋江之畔，短笛空腔，坐花待月，恍疑深入花城，畅观锦绣也"，这是乘船赏花。其情其景，令人神往。

然而为何要到"秋江之畔"？黄图珌接着给出答案："是花当栽于涧边溪畔，使其斜临水镜，而生动更觉可人。至山崖陆地，非所宜也。"木芙蓉喜水，宜植于涧边溪畔，前人对此早有认识。古诗中写木芙蓉的，也多提到水。比如唐韩愈《木芙蓉》"新开寒露丛，远比水间红。艳色宁相妒，嘉名偶自同"，北宋张耒《摘芙蓉》"今年古寺摘芙蓉，憔悴真成泽畔翁。聊把一枝闲照酒，明年何处对霜红"。

〔日〕岩崎灌园《本草图谱》，木芙蓉，1828

木芙蓉与木槿是近亲，单朵花期短，通常朝开暮落，花落时整朵往下掉。

　　清代文人李渔也喜欢木芙蓉，其《闲情偶寄》称赞木芙蓉说："水芙蓉之于夏，木芙蓉之于秋，可谓二季功臣矣"，"二花之艳，相距不远；虽居岸上，如在水中"。这是将木芙蓉与水芙蓉（荷花）相比，称木芙蓉虽然在岸上，但如同在水中，水芙蓉生于池沼不易得，木芙蓉则随地可植，"凡有篱落之家，此种必不可少"。与黄图珌一样，李渔也认为木芙蓉宜种于水边，"如或傍水而居，隔岸不见此花者，非至俗之人，即薄福不能消受之人也"，住在水边却不种此花的，此人不是太俗，就是无福消受。

　　芙蓉花谐音"荣华"，在国画、民间刺绣和年画中，常与一只白

《中国自然历史绘画》，木芙蓉，18—19 世纪

木芙蓉喜水，宜植于涧边溪畔，"使其斜临水镜，而生动更觉可人"。

鹭一起出现，寓意"一路荣华"。可以想见，木芙蓉在历史上应该颇受人们喜爱。

2. 秋江芙蓉的风神标格

"芙蓉"本是荷花，木芙蓉因花大色艳，于是借用了"芙蓉"之名，在北宋《本草图经》中也被称为"地芙蓉"。但在唐诗中，"木芙蓉"已简称为"芙蓉"，这就容易使人混淆，以为古诗词中的"芙蓉"都是荷花。毕竟相比之下，木芙蓉的名气要小一些。不过区分起来也不难：二者生境不同，花期错开，背后的文化寓意也有差别。

与夏季的荷花不同，木芙蓉在百花凋残的秋天盛开，因此写木芙蓉的诗歌，其时令多在秋天。比如唐代白居易《木芙蓉花下招客饮》"莫怕秋无伴醉物，水莲花尽木莲开"，元末卢琦《题钱舜举木芙蓉》"霜后池塘秋欲尽，令人惆怅忆江南"。秋天开花的植物本来就不多，木芙蓉不仅在秋天开，而且个头大、数量多、颜色鲜明、蔚为可观，怎能不爱？

木芙蓉因此又得名"拒霜花"，历来吟咏木芙蓉的诗歌，多赞颂它耐寒的品质。例如王安石《拒霜花》："落尽群花独自芳，红英浑欲拒严霜。开元天子千秋节，戚里人家承露囊。"苏轼认为"拒霜花"这个名称不够恰当，与其说"拒霜"，不如说是"宜霜"，其《和陈述古〈拒霜花〉》云："千林扫作一番黄，只有芙蓉独自芳。唤作拒霜知未称，细思却是最宜霜。"意思是说，万木枯黄的时节，对于秋日白霜，木芙蓉并不抗拒，而是凌寒独开。

也因此，木芙蓉常常与秋菊一同出现在文人笔下。例如欧阳修《木芙蓉》"谁栽金菊丛相近，织出新番蜀锦窠"，苏轼《王伯扬所藏赵昌花四首·芙蓉》"溪边野芙蓉，花木相媚好。坐看池莲尽，独伴霜菊槁"。

这样一种孤高、冷傲的风神标格，自然与春天的桃花、杏花有所不同。唐代高蟾的这首《下第后上永崇高侍郎》就以木芙蓉自比：

> 天上碧桃和露种，日边红杏倚云栽。
> 芙蓉生在秋江上，不向东风怨未开。

这是高蟾在落第后写给科举考试主管部门的礼部侍郎高湜的一首诗。诗的前两句，"天上碧桃""日边红杏"，是指那些倚仗权势而求得功名之人，后两句以秋江芙蓉自喻。"江上"与"天上""日边"相比，地位悬殊，正是诗人落榜的主要原因。但他并不因此而抱怨或气馁，"不向东风怨未开"，即不去埋怨为何不在春天开花，因为等到秋高气爽的时候，木芙蓉自会在江边怒放。不怨天、不尤人，背后暗藏的是诗人的自信，与秋江芙蓉孤高的格调是一致的。

　　对于高蟾诗中木芙蓉的"不怨"，后人也有沿用，例如明人徐贲《雨后慰池上芙蓉》"池上新晴偶独过，芙蓉寂寞照寒波。相看莫厌秋情薄，若在春风怨更多"、明僧文湛《题画芙蓉》"江边谁种木芙蓉，寂寞芳姿照水红。莫怪秋来更多怨，年年不得见春风"。倒是谢迁这首《芙蓉》写得最有力：

　　　　傍水施朱意自真，幽栖非是避芳尘。

　　　　已呼晚菊为兄弟，更为秋江作主人。

　　谢迁是明代中期名臣，官至兵部尚书兼东阁大学士，时人称为"天下三贤相"之一，《明史》评价他"秉节直亮"，"刚严之节始终不渝"。我们从这首《芙蓉》可以感受到他的气魄不凡：不仅要与晚开的菊花做兄弟，更要成为这秋江之上的主人。

　　对于木芙蓉，清代《广群芳谱》卷三十九有一句总结性的评价：

　　　　总之，此花清姿雅质，独殿众芳，秋江寂寞，不怨东风，可称俟命之君子矣。

〔日〕岩崎灌园《本草图谱》，木芙蓉，1828

木芙蓉初开时为白色或淡红色，最后变成深红。

木芙蓉的这种形象气质、精神品格，被曹雪芹化用在了黛玉和晴雯的身上。在《红楼梦》中，黛玉抽到的芙蓉签、宝玉为晴雯所作《芙蓉女儿诔》，其中的芙蓉都是木芙蓉。

3. 木芙蓉、林黛玉与晴雯

《红楼梦》第六十三回"寿怡红群芳开夜宴　死金丹独艳理亲丧"，黛玉抽到芙蓉签的一段是这么写的：

香菱便又掷了个六点，该黛玉掷。黛玉默默的想道："不知还有什么好的被我掷着方好。"一面伸手取了一根，只见上面画着一枝芙蓉，题着"风露清愁"四字，那面一句旧诗，道是："莫怨东风当自嗟。"注云："自饮一杯，牡丹陪饮一杯。"众人笑说："这个好极。除了他别人不配作芙蓉。"黛玉也自笑了。于是饮了酒，便掷了个二十点，该着袭人。

掷签之前，黛玉还担心自己抽不到心仪的花签，但结果没有令她失望，众人也一致认同，究竟为何？先来看签上题诗"莫怨东风当自嗟"，出自欧阳修咏王昭君的《再和明妃曲》：

汉宫有佳人，天子初未识。一朝随汉使，远嫁单于国。绝色天下无，一失难再得。虽能杀画工，于事竟何益？耳目所及尚如此，万里安能制夷狄？汉计诚已拙，女色难自夸。明妃去时泪，洒向枝上花。狂风日暮起，漂泊落谁家。红颜胜人多薄命，莫怨东风当自嗟。

末句"莫怨东风当自嗟"，也是源于前文高蟾"芙蓉生在秋江上，不向东风怨未开"，因此才会出现于木芙蓉签上。前人写昭君出塞，多写到昭君之怨。唐人常建《昭君墓》"共恨丹青人，坟上哭明月"，崔国辅《王昭君》"何时得见汉朝使，为妾传书斩画师"，都将悲剧的矛头指向画师毛延寿。白居易《昭君怨》"自是君恩薄如纸，不须一向恨丹青"，王安石《明妃曲二首·其一》"意态由来画不成，当时枉杀毛延寿"，则将原因归结为汉元帝恩情太薄。欧阳修这首诗

〔清〕钱维城《景敷四气·冬景图册》，木芙蓉

画中题诗云："拒霜因可入初冬，袅袅芳姿照浦秋。回顾水华似相傲，耐寒还属木芙蓉。"木芙蓉别名"拒霜花"，历来吟咏木芙蓉的诗歌多赞颂它耐寒的品质。

则认为，杀了画工也是无益，归根结底是与匈奴结亲这条"汉计"之"拙"，其中影射了诗人对北宋朝廷屈辱外交政策的不满。

不过欧阳修最后却说，怪不得画工，也怪不得朝廷，只能怪自己，因为自古"红颜胜人多薄命"，一方面是对昭君表示同情，一方面也是称赞这位汉宫佳人，绝色天下无双。再联系高蟾的这首诗，诗人以木芙蓉自比，暗含不怨天、不尤人的自信。所以林黛玉"也自笑了"，说明她对这枚花签十分中意。大观园众女儿中，黛玉才貌出众，性情孤高，独具一格，与前文所引木芙蓉"清姿雅质，独殿众芳"的气质十分相符，所以众人才说除了她，别人也不配。

再来看签上所题"风露清愁"四字，显然是照应黛玉多愁善感的悲情人格和红颜薄命的悲剧命运。这也与木芙蓉的花朵朝开暮落的特征相照应，正如唐代李嘉祐《秋朝木芙蓉》所言："平明露滴垂红脸，似有朝开暮落悲。"

"牡丹陪饮一杯"，也不是平白无故。从外形上看，重瓣木芙蓉就很像牡丹或者芍药。宋代诗人郑域《木芙蓉》直言木芙蓉可与牡丹媲美，说如果木芙蓉开在春天，那么牡丹不一定能成为花中之魁：

> 妖红弄色绚池台，不作匆匆一夜开。
> 若遇春时占春榜，牡丹未必作花魁。

虽然木芙蓉与牡丹外形相似，但在人们心中，木芙蓉的地位怎能与牡丹相抗衡呢？我们知道，牡丹在唐代就被誉为国色、花王，在五代《花经》中，牡丹"一品九命"排名第一，而木芙蓉以"九品一命"垫底，到明人著《瓶花谱》，木芙蓉也才"六品四命。"宋代周必大《二老堂诗话》说木芙蓉"能共余容争几许，得人轻处只缘多"，"余容"即芍药，这是说木芙蓉连花相芍药也争不过，其受人轻视的原因是太多太常见。

所以，让牡丹陪木芙蓉饮酒一杯，是有意将钗、黛二人放在这里对比，二人虽然都是大观园中旗鼓相当的女主角，但是身世之差异、命运之不同，正如牡丹与木芙蓉地位之悬殊。

《红楼梦》里与木芙蓉有关的另一个人物是晴雯。晴雯死时正是八月时节，园中池上芙蓉正开，一个小丫头见景生情，便说晴雯做了芙蓉花神。宝玉听后十分认同，"不但不为怪，亦且去悲而生喜，乃指芙蓉笑道：'此花也须得这样一个人去司掌。'"为了祭奠晴雯，宝玉写了一篇《芙蓉女儿诔》，分别以金玉、冰雪、星日、花月作比，对这位曾经侍奉自己的丫鬟有着极高的评价：

> 忆女儿曩生之昔，其为质则金玉不足喻其贵，其为性则冰雪不足喻其洁，其为神则星日不足喻其精，其为貌则花月不足喻其色。

这句话放在黛玉身上也十分契合，因为二人在相貌、性情上都有相似之处，晚清红学研究者就有"晴为黛影"的说法。[1] 这在宝玉祭奠晴雯时有明显的暗示。例如当黛玉从芙蓉花中走来时，那个小丫头说："不好，有鬼！晴雯真来显魂了！"当宝玉修改诔文，对黛玉念出"茜纱窗下，我本无缘；黄土垄中，卿何薄命"之时，黛玉"忡然变色"，心中有"无限的狐疑乱拟"。这里其实也是在预示黛玉的结局。此处的"卿何薄命"，也正好照应芙蓉签上那句诗的前一句——"红颜胜人多薄命"。

也有人说黛玉抽到的花签不是木芙蓉，而是荷花。"出淤泥而不染，濯清涟而不妖"，这种君子之风与黛玉的性格也有契合之处，但是荷花与签上的题诗沾不上边，与后文宝玉祭奠晴雯的情节亦无关联。解释为荷花，只怕会辜负曹公的良苦用心。

---

1 〔清〕陈其泰《红楼梦回评·第八回》："或问《红楼梦》写黛玉如此，写晴雯亦如此，则何也？曰：晴雯，黛玉之影子也。写晴雯所以写黛玉也。"〔清〕张新之《红楼梦读法》："是书钗、黛为比肩，袭人、晴雯乃二人影子也。"

银杏

小苦微甘韵最高

单位楼下临长安街种着一排银杏，每年秋天树叶变黄，那排银杏就成了一道风景。午饭后常和同事去那里散步、晒太阳，看阳光把金色的银杏叶照得透亮，看它们在风中摇动，然后缓缓地飘落在地上。如果不用上班，真想就这样静静地看一个下午。但是银杏最华美的样子不会持续太久，通常只有几周时间。一场风雨过后，树叶会吹掉一半；再往后，天气再冷些，它便只剩下光秃秃的枝干。

1. 美丽古老的孑遗植物

"银杏"为何叫"银杏"？这个问题还从未想过。最早记载它的本草书籍南宋《绍兴本草》介绍银杏："以其色如银，形似小杏，故以名之。"成熟的银杏果颜色金黄，但外表有一层白粉，故而颜色如银。虽然形如小杏，但从植物分类学的角度上说，它与我们吃的杏相差甚远。杏是蔷薇科，而银杏是银杏科。银杏科仅银杏1属1种，孤零零的，没有其他亲近。怎么会这样呢？

一开始，银杏科植物并非只有一种。它的始祖最早可追溯至距今约3亿年前的古生代石炭纪。在恐龙生活的中生代三叠纪、侏罗纪，银杏科植物曾广泛分布、种类繁盛。新生代第四纪大冰川期来临后，

〔德〕菲利普·弗朗兹·冯·西博尔德《日本植物志》，银杏，1870

西博尔德（1796—1866）原是一名服务于荷属东印度军队的外科医生，1823 年
被派往日本长崎，行医之余注重搜集、研究当地动植物。1829 年被发现收藏日
本地图，遂被怀疑为间谍而遭到驱逐。《日本植物志》由他与德国植物学家约
瑟夫·格哈德·楚卡里尼（Joseph Gerhard Zuccarini，1797—1848）合著完成。
图中绿色细梗且顶端两分叉的花序为雌花，左下侧黄色下垂的葇荑花序为雄花。

全球气温急剧下降，银杏科家族绝大多数物种灭绝，只有一种幸免于
难，那就是我们现在看到的银杏，为我国所特产。[1] 据《中国植物志》，

1　郑万钧主编：《中国树木志》，中国林业出版社，1983 年，第 1 卷，第 154 页。

野生状态的银杏，在我国仅分布于浙江天目山。作为优质的园林树种，银杏早已遍布大江南北，日韩、欧美也都有引进栽培。

银杏这样起源久远的植物有个特有的名称叫"孑遗植物"，它们在新生代第三纪及以前曾广泛分布，绝大部分亲缘因地质或气候的变化相继灭绝。所以它们大都"茕茕孑立"，因此进化缓慢，还保留着远古祖先的原始形态，堪称植物界的活化石。我国特有的孑遗植物有100多种，除了银杏，较为知名的还有水杉、水松、珙桐、银杉等。想到它们历经磨难、穿越几亿年时光才来到我们身边，就忍不住对这些美丽的树木多了一层敬意。

作为古老的孑遗植物，银杏的一个特征是雌雄异株，主要靠风媒传粉，这是植物在进化之初所具有的特点。所以我们会看到，马路边的一排银杏，有的满树都是果子，枝干上密密匝匝，而有的一眼望过去颗粒无收。是雌树还是雄树，从花序就能看出区别。雄树是柔荑花序，长条形下垂；雌树的花序只是一根长梗，顶端常分为两叉，但通常只有一个叉端能结出银杏果。

由种子培育而成的银杏树苗，一般在20年后才开始结果。所以明代周文华在其园艺著作《汝南圃史》中夸张地说："一名公孙树，言公种而孙始得食。"但是银杏产量极高，如果你见过它在秋天挂果的样子，一定会认同《本草纲目》里"一枝结子百十"的说法。在雌树底下的路面，通常有一片斑斑驳驳的黑点，那是果子掉在地上被人踩爆、被车轮压扁后残留的痕迹。夜晚在路灯下看，像是贴了一地的碎金。

穿越冰期、躲过浩劫的银杏，生命力极其顽强，寿命可达千年之久。所以这种树也多古木，尤其在人迹罕至的深山古刹，更有可能见到多人才可合抱的古老银杏。北京西郊的大觉寺就有这样一株，在无量寿佛殿的左前方，树高20余米，树围8米，相传为辽代所植。位于门头沟潭柘寺里的一株，据说历史更为久远。由于种在寺庙，银杏又名灵眼、佛指甲，皆是托神以贵。

这些古寺里的古树阅尽兴亡，与那些历经战火而幸存的庙宇楼阁一样，最易引人遐思。一年雨天去大觉寺，坐在无量寿佛殿前的紫藤花架下，檐角风铃，细雨如丝，那株历经沧桑但依然茂盛的古银杏在风雨中静默，深沉而幽远。后来在《清稗类钞·植物类》中读到下面这首诗：

> 古寺参天树，连蜷野殿阴。
>
> 兴亡犹在眼，荣悴自无心。
>
> 碧叶风霜劲，铜柯岁月深。
>
> 儿童随野拾，零落满平林。

作者是雍正年间钱塘人姚彦晖，诗中所咏乃是杭州报国寺里一株参天的古银杏。读此诗，回想起大觉寺的那个雨天，直感慨古人于我心有戚戚焉。

2. 宋代的银杏果

银杏虽然年代久远，但载入史籍的历史并不算早。据介绍，江苏徐州的汉画像石中已有银杏树的形象。也有人怀疑，司马相如

《上林赋》中的"枰"、左思《吴都赋》中的"平仲"即为银杏，但缺乏足够的证据。[1] 大体而言，银杏在唐及以前的文献中鲜有记载。

从北宋开始，关于银杏的记载才多了起来。一开始它的名字叫"鸭脚树"，以其扇形叶片如鸭掌而得名。宋初入贡为皇室享用，才改名为文雅一些的"银杏"。[2]

银杏可食用的部分不是肉质的外种皮，毕竟味道不好闻，而且含有不少毒素。去掉外种皮，就露出一层薄薄的外壳，骨质而色白，"白果"一名即由此而来。《清稗类钞·植物类》："秋末结实颇繁，霜后肉烂，取核为果，色白，故或谓之白果，其仁可食。"此处可食之"仁"，即为银杏的肉质胚乳。

北宋初年，京师河南开封还没有这种树，入贡的银杏主要来自安徽宣城，北宋晁补之诗云："宣城此物常充贡，谁与连艘送万囷。"囷是一种圆形的谷仓，"连艘送万囷"，可见京师对银杏果的需求之大，也可以想见秋日宣城人采白果的盛况。

北宋梅尧臣的故乡就在宣城，诗人对于家乡的银杏果很有感情，而且颇以家乡的这种特产为荣，在很多诗里都写到它。例如《永叔内翰遗李太博家新生鸭脚》"吾乡宣城郡，每以此为劳"，这是说每到果实成熟的季节，乡人就忙碌着采收银杏果；《宣州杂诗》"遂压葡

1　司马相如《上林赋》"沙棠栎槠，华枫枰栌"，颜师古注："枰，即平仲木也。"《文选·吴都赋》"平仲桾櫏，松梓古度"，刘逵注引刘成曰："平仲之木，实如白银。"李时珍《本草纲目》据此怀疑"枰"或为银杏。

2　《本草纲目》卷三十"银杏"："原生江南，叶似鸭掌，因名鸭脚。宋初始入贡，改呼银杏，因其形似小杏而核色白也。今名白果。"

曾孝濂《孑遗植物》，银杏、水松、珙桐、鹅掌楸，2006

《孑遗植物》特种邮票于 2006 年植树节在"银杏之乡"山东省郯城县首发。郯城县银杏栽培历史悠久，是全国著名的银杏集中产区。此套邮票的发行旨在呼吁民众保护珍稀濒危植物。

萄贵，秋来遍上都"，意思是家中银杏价格可比当年的葡萄，每到秋天就北上运至都城。

后来，驸马都尉李和文将银杏从南京移植至京师，种在自家宅院。[1] 据北宋阮阅《诗话总龟》卷二十九"书事门"记载，这些银杏树"因而着子，自后稍稍蕃多，不复以南方者为贵"。北方有了银杏树，而且数量越来越多，银杏的价格也一落千丈。元代王祯《农书》

---

1 〔南宋〕黄震《黄氏日抄》卷六一："《李侯家鸭脚》云：'鸭脚生江南。'自注云：'京师无鸭脚，李驸马自南方移植。'"此处"李驸马"当指李遵勖（988—1038），谥号和文。阮阅《诗话总龟》卷二十九"李文和自南方来，移植于私第"，"李文和"当作"李和文"。

〔日〕岩崎灌园《本草图谱》，银杏，1828

古人吃银杏，趁打霜的时节，将白果和橘子一起采收；等到下雪时天寒地冻，一家人围着火炉，将白果同芋头一起放在炭灰里烤着吃。

载："今人以其多而易得，往往贱之。然绛囊入贡，玉碗荐酒，其初名价，岂减于葡萄、安石榴哉？"可见至元代，银杏果已经不再值钱，相比于当年以红色纱囊包裹入贡、盛于玉碗中以佐酒的待遇，以及与葡萄和石榴比肩的价格，岂可同日而语？以至于梅尧臣晚年再写到家乡的银杏时，将其比作鹅毛，"人将比鹅毛，贵多不贵珍"（《依韵酬永叔示予银杏》）。从"名价"到"鹅毛"，时间也不过是几十年。

3. 淡苦众所狎

作为北宋皇室享用的贡品，白果的味道想必一定很好。但是吃过的人都知道，它并不是我们通常认为的那种美味，不够甜，甚至还有点苦，例如梅尧臣《鸭脚子》所言"非甘复非酸，淡苦众所狎"。"狎"即亲昵、喜爱，不甜不酸还有一丝淡淡的苦味，为何众人都爱吃呢？杨万里《德远叔坐上赋肴核八首·银杏》给出了他的答案：

> 深灰浅火略相遭，小苦微甘韵最高。
> 未必鸡头如鸭脚，不妨银杏伴金桃。

"小苦微甘"，反而是"韵最高"。由此我想到了慈姑，慈姑同样甜中带苦，但沈从文说它"格比土豆高"。"韵"和"格"，即韵味和格调，原本用于评价文艺作品，这里却用于评价吃食。甜中带苦，则韵味、格调更高，这其中大概含有食客对于人生的感悟。记得杨绛先生在《我们仨》里写道："人间没有单纯的快乐。快乐总夹带着烦恼和忧虑。"快乐和忧愁并存，就像甜中有苦、苦中有甜，这才是人生的常态。前人品尝白果或慈姑，就如同咀嚼人生一样吧。

古人是如何吃银杏果的呢？杨万里此诗"深灰浅火略相遭"，所说的即是烹饪之法：将银杏果放入带火的炭灰中烤熟。前文提及的《汝南圃史》也有类似的记载："核白肉青，煨熟食之，甘香可人。""煨"原本是名词，《说文解字》释为"盆中之火"，东汉末《通俗文》"热灰谓之煻煨"。作动词讲时，"煨"就是将生食放在带火的炭灰里慢慢烤熟，后来引申为文火慢炖，比如武汉方言里的"煨汤"。小时候吃烤红薯，就是将红薯扔在灶里埋进草木灰中，等饭后再捞出来就"煨熟"了。原来银杏果的吃法也是如此。

明人吴宽《谢济之送银杏》也用到"煨"字："错落朱提数百枚，洞庭秋色满盘堆。霜余乱摘连柑子，雪里同煨有芋魁。"首句中的"朱提"是云南昭通的一座山，历史上以盛产白银闻名，"朱提"或"朱提银"是以常指代白银，在明清笔记小说中多见，此处用来比喻银杏。"柑子"是某种柑橘，"芋魁"是芋头茎块。打霜的时节，将白果和橘子一起采收；等到下雪时天寒地冻，一家人围着火炉，将白果、柑橘、芋头一起放在炭灰里慢慢烤着吃。这一定是诗人生命中极其温暖的回忆。

银杏虽"韵最高"，但有小毒，切忌多食，多食甚至会丧命。《广群芳谱》引宋末元初《三元参赞延寿书》就记载了此类悲剧："白果食满千颗，杀人。昔有岁饥，以白果代饭，食饱者次日皆死。"

回想第一次吃到白果还是几年前在日料店，碟子底下铺一层粗盐，剥开壳，露出里面嫩绿的果仁，味道微苦但很有嚼劲。除了日料店，别的地方似乎很少能吃到专门的烤白果。京菜里一般将白果的果仁作为配料来炒，比如白果松仁玉米、白果西芹百合，其色泽金黄，玲珑可爱，摆盘点缀很漂亮。

冬天再去京西徒步，又路过大觉寺，在门口见有小摊贩架着炉子卖炒白果，连忙上前买了些，然后隆重地推荐给同行的朋友们。其中不少人第一次吃，都觉得味道很独特。我对他们说，这就是古人讲的"小苦微甘韵最高"。

乌桕

—

门前乌桕树，留著系郎舟

一到秋天，全国各地的红叶景点就会人头攒动。殊不知，在江南的乡野泽国，那里有一种兀自生长的野树，正悄然换上一身红妆，鲜艳明媚，如霞似火，比起著名的红枫和黄栌也毫不逊色，南方人对它都很熟悉。有一年岁末，"自然之友"野鸟会组织我们去江西鄱阳湖观鸟。在湖边的荒原，渔民的棚屋门口正对着一棵光秃秃的树，走近一看，正是乌桕。时至深秋，乌桕的红叶落尽，但我还是一眼就认出它来。这是我见过最大的乌桕树，有两层楼那么高，树干有脸盆那么粗，靠近树根的地方已虚空成槽。

1. 远近成林，真可作画

大戟科的乌桕（*Triadica sebifera*），我小的时候是见过的，只是最近才知道，原来它就是"风吹乌桕树"里的"乌桕"。李时珍解释说，"乌喜食其子，因以名之"，"其木老则根下黑烂成臼，故得此名"。这些都符合事实。乌桕的种子富含油脂，是鸟儿们冬天喜爱的美食。古籍中，乌桕又称作乌臼、鸦臼、鸦舅。

江南水乡，乌桕多生于田埂湖岸，是山野湖泽里的杂树之一。四月清明，乌桕抽出嫩黄的新叶，到五月换上一身绿装，微风拂过，那些倒卵形的树叶翩翩起舞，光影在枝叶间摇晃。春末夏初，黄绿色的

火红的乌桕，蒋天沐 / 摄影

秋日江南，清晨薄雾中火红的乌桕，是陆游、杨万里和周作人都曾醉心过的风景。

花序从枝叶间垂散下来，花序上密密麻麻地挤满了雄花，而雌花通常只分布在花序轴的下部。所以，尽管乌桕的花序是长长的一串，但只在末端才结出果实。

未入秋时，乌桕是不太起眼的野树，毕竟河湖经常淹水，乌桕一般长不高。而一过中秋，乌桕的树叶就开始变换颜色。早有诗人写到乌桕的这种美。"梧桐已逐晨霜尽，乌桕犹争夕照红"，陆游这首《晓晴肩舆至湖上》写湖边的乌桕火红如夕阳，诗人晚年蛰居山阴，对家乡乌桕的印象想必是很深的。而在杨万里《秋山》中，乌桕是

〔日〕岩崎灌园《本草图谱》，乌桕树，1828

乌桕是周作人最喜欢的两种树之一。未入秋时，乌桕是不太起眼的野树，而一过中秋，乌桕的树叶就开始变换颜色，那样鲜艳夺目的朱红，比起红枫和黄栌来也毫不逊色。

西湖秋色的重要构成：

> 梧叶新黄柿叶红，更兼乌桕与丹枫。
>
> 只言山色秋萧索，绣出西湖三四峰。

清代凌廷堪《咏道旁乌桕树》写出乌桕树秋天前后的区别。凌廷堪是安徽歙县人，那里乌桕也多。未到秋天之前，人们都把乌桕当作寻常的野树看待："乌桕婆娑解耐寒，一经霜信便成丹。即今未到清秋节，都作寻常野树看。"《广群芳谱》引罗逸长《青山记》，写到朱熹祖上居处的乌桕树，"遥望木叶着霜如渥丹，始见怪以为红花，久之知为乌桕树也"，描绘的画面也非常美。

也有人认为，唐人张继"江枫渔火对愁眠"中的"江枫"实乃乌桕。例如，清代藏书家王端履《重论文斋笔录》卷九论及此诗，认为枫树怕湿，不宜种于水边，乌桕却多临水而植，张继恐怕是误把乌桕认作了红枫：

> 江南临水多植乌桕，秋叶饱霜，鲜红可爱，诗人类指为枫，不知枫生山中，性最恶湿，不能种之江畔也。此诗"江枫"二字亦未免误认耳。

历代的诗文，除了赞美乌桕的红叶，还留意到这种树在冬日的美感。冬天，乌桕的果实挂在光秃秃的树枝上，它们裂开成三瓣，露出里面三枚白色的种子，看上去就像是梅花盛开，正如元代田园诗人黄镇成《东阳道上》所云：

> 山谷苍烟薄，穿林白日斜。
> 崖崩迂客路，木落见人家。
> 野碓喧春水，山桥枕浅沙。
> 前村乌桕熟，疑是早梅花。

明代冯时可《蓬窗续录》亦载：

> 陆子渊《豫章录》言：饶信间桕树冬初叶落，结子放蜡，每颗作十字裂，一丛有数颗，望之若梅花初绽。枝柯诘曲，多在

野水乱石间，远近成林，真可作画。此与柿树俱称美荫，园圃植之最宜。

"枝柯诘曲"一词很是贴切。乌桕树的身姿婀娜，与其他树有所不同，倒有些像虬枝旁逸的龙爪槐，在冬天看尤为明显，这也是我一眼就能认出它的原因。

清代学者高士奇《北墅抱瓮录》共收录222种植物，关于乌桕有两句话，算是对以上乌桕特点的总结：

> 乌桕亦称鸦舅，深秋叶赤，最可耽赏。至冬，叶落结子，作十字裂，色白，似梅花，累累不坠。

这么美的树，北方看不到。它主要分布于黄河以南，尤其在江浙一带最为多见，比如周作人的故乡绍兴。江南草木茂盛，种类繁多，但乌桕却是周作人最喜欢的两种树之一。他在《两株树》里说："它的特色仿佛可以说是中国画的，不过此种景色自从我离了水乡的故国已经有三十年不曾看见了。"用"中国画的"来形容乌桕的美，再合适不过。这也正是上文《蓬窗续录》里所说的："远近成林，真可作画。"

2. 乌桕与离别

古诗词中写乌桕的，并非都是表现其叶红如枫、结子如梅，比如南朝民歌《西洲曲》对乌桕的描写仅"风吹乌桕树"一句。这是一首美丽动人的民间情歌，悉录于下：

忆梅下西洲，折梅寄江北。

单衫杏子红，双鬓鸦雏色。

西洲在何处？两桨桥头渡。

日暮伯劳飞，风吹乌臼树。

树下即门前，门中露翠钿。

开门郎不至，出门采红莲。

采莲南塘秋，莲花过人头。

低头弄莲子，莲子青如水。

置莲怀袖中，莲心彻底红。

忆郎郎不至，仰首望飞鸿。

鸿飞满西洲，望郎上青楼。

楼高望不见，尽日栏杆头。

栏杆十二曲，垂手明如玉。

卷帘天自高，海水摇空绿。

海水梦悠悠，君愁我亦愁。

南风知我意，吹梦到西洲。

这首诗以时间为序，讲述对远方情郎别后的思念。"折梅寄江北"
在早春，"单衫杏子红"是夏初，"日暮伯劳飞"乃在仲夏。[1] 到"忆郎

1　伯劳鸟是雀形目伯劳科的一种鸟，生性凶猛，除了昆虫外，还嗜吃鼠、蜥蜴等小动物，
　　素有小猛禽之称，古名"鵙"，《诗经·豳风·七月》"七月鸣鵙"，《礼记·月令》"小
　　暑至，鵙始鸣"，指明季节都在夏天。

郎不至，仰首望飞鸿"，时令已由初秋转入深秋。

伯劳除暗示时序外，也许还有特殊含义。成语"劳燕分飞"中的"劳"就是伯劳，源自南朝梁武帝萧衍所作《东飞伯劳歌》，首句"东飞伯劳西飞燕，黄姑织女时相见"寓意情人分离。此外，唐类书《艺文类聚》引《易纬通卦验》："博劳性好单栖，其飞擊，其声嗅嗅，夏至应阴而鸣，冬至而止。""博劳"即伯劳，其"性好单栖"，所以也被认为是孤单的象征。

从时间的顺序来看，位于伯劳之后、采莲之前的"风吹乌桕树"，时节当在盛夏。那时候乌桕树叶尚未变红，还没到最美的时候。而伯劳为何与乌桕连用？我想这里并没有什么特别的原因。因为在南北朝及以前，"乌桕"这一意象并没有被赋予什么特定的情感寄托。这首民歌里的乌桕，可能与红莲一样，是现实生活中的实有之景。"树下即门前"，乌桕的确有可能就出现在诗人的家门口，正如我在鄱阳湖渔民的棚屋前见到的那样，辛弃疾《临江仙》也说"手种门前乌桕树，而今千尺苍苍"。我们在观鸟时，也的确在乌桕树上见到过伯劳鸟。

所以，诗人采用了白描的手法，写到了家门前的乌桕：太阳落山，天色已晚，一只伯劳鸟从眼前倏忽飞过，门前的乌桕在晚风吹过时簌簌作响；乌桕树的底下就是家门之前，而门内的人（诗人自己），像伯劳一样形单影只。

因为这首诗，门前的那棵乌桕树，被后世的诗人写到与离别有关的诗歌里，渐渐成为一个典故。例如明代"后七子"谢榛的这首《远别曲》：

伯劳与乌桕树，蒋天沐 / 摄影

"日暮伯劳飞，风吹乌桕树"，停在枝头的那只鸟正是伯劳，或许它刚刚饱餐一顿，此时乌桕树的果实已成熟。

阿郎几载客三秦，好忆侬家汉水滨。

门外两株乌桕树，叮咛说向寄书人。

再如清末眉山人毛澄《巴女词·其一》：

填却瞿唐峡，郎船何处流。

门前乌桕树，留著系郎舟。

这些富有民歌意味的小调，因为门前的乌桕树，便与那首古老的

《西洲曲》产生联系。"乌桕"这个意象的内涵，也因此变得丰富起来。

3. 收子取油，甚为民利

乌桕这种树，不但风景如画，还有诸多实际用途，在寻常百姓的生活中曾扮演过重要的角色。这也是周作人喜欢乌桕的一个重要原因："桕树子有极大的用处，可以榨油制烛。""榨油"和"制烛"，说的是乌桕的种子。

前面我们说，乌桕的果实在冬天裂开，露出里面白色的种子，形如梅花。那白色的部分其实是它的假种皮，富含蜡质，可制蜡烛；假种皮里面才是它的种仁，榨取后可得清油。

《广群芳谱》详细记载了二者的提取方法及用途："捡取净子晒干，入臼舂，落外白穰筛出，蒸熟作饼，下榨取油，如常法，即成白油如蜡，以制烛。"此处筛出的"白穰"就是白色的假种皮。假种皮里面黑色的种仁，榨取所得的清油则有另一种用途："核中仁复磨，或碾细蒸熟，榨油如常法，即成清油，燃灯极明，涂发变黑，又可入漆，可造伞。"

早在魏晋时，人们已了解乌桕子富含油性的特点。《齐民要术》引晋人郭璞《玄中记》云："荆、扬有乌臼，其实如鸡头。迮之如胡麻子，其汁味如猪脂。""鸡头"乃芡实，剥开也是白色；"迮"通"榨"。这里是说将乌桕的种子榨油，味道如同猪油。唐代人用乌桕油来染发、燃灯，陈藏器《本草拾遗》："子多取压为油，涂头令黑变白，为灯极明。"

到明代，乌桕的用途受到极大的推崇。《天工开物》（1637）详细记载了乌桕子榨油、取蜡的方法，并且对乌桕油燃灯、造烛的评价最高："燃灯则桕仁内水油为上"，"造烛则桕皮油为上"，"榨出水油清亮无比，贮小盏之中，独根心草燃至天明，盖诸清油所不及者"，而以其"皮油"制成的蜡烛，"任置风尘中，再经寒暑，不敝坏也"。

乌桕子的产量还特别高，家中若种有几棵乌桕，点灯的膏油就可自给自足。《广群芳谱》载："收子一石，可得白油十斤，浙中一亩之宫，但有树数株，生平膏油足用，不复市买。"如此高产的经济作物，于百姓而言是大有裨益，因此在《农政全书》（1639）中，徐光启几乎是大声疾呼地号召大家都来种乌桕："乌桕之属，比诸麻菽荏菜，有十倍之收。且取诸荒山隙地，以供膏油，而省麻菽以充粮，省荏菜之田以种谷，其益于积贮，不为少矣。""乌臼树，收子取油，甚为民利，他果实总佳，论济人实用，无胜此者。"

除了采子榨油外，乌桕还有诸多用处，《广群芳谱》："用油之外，其查仍可壅田，可燎爨，可宿火。其叶可染皂，其木可刻书及雕造器物，且树久不坏，至合抱以上。收子愈多，故一种即为子孙数世之利。""查"同"渣"，即榨油剩下的渣滓，可肥田，可做燃料，并且隔夜不息。"皂"即黑色，乌桕叶可染黑，民间煮乌饭，乌桕是染色原料之一。

更重要的是，乌桕还会影响到田租的轻重。《广群芳谱》："其田主岁收白子，便可完粮，如是者租轻。佃户乐种，谓之熟田。若无此树于田，收粮租额重，谓之生田。"种有乌桕树的田称为"熟田"，否则为"生田"，"熟田"比"生田"的租额要轻。

4. 近代乌桕树的命运

乌桕的益处如此之多，尤其是在减轻田租的驱使之下，这种树曾在江浙一带广为种植。《广群芳谱》记载："临安人每田十数亩，田畔必种曰数株。……江浙之人，凡高山大道、溪边宅畔，无不种。"可以推断，在明清时，乌桕曾是江浙一带最为普遍的树种。直到今天，乌桕在杭州等地依然寻常可见，从这里大概可以找到原因。

一直到晚清，乌桕子油制成的蜡烛依然有着广泛的用途。浙江乌程人汪曰桢所著湖州物产录《湖雅》卷八记载，当地祭祀祝寿、婚丧嫁娶，所燃蜡烛皆为桕烛："湖俗祀神祭先必燃两炬，皆用红桕烛。婚嫁用之曰喜烛，缀蜡花者曰花烛，祝寿所用曰寿烛，丧家则用绿烛或白烛，亦桕烛也。"

彼时，每逢深秋桕子成熟的季节，江浙地区的乡下人家都会热热闹闹地采收乌桕子，榨油后卖于富贵之家。山阴人史福济《桕子》就写到了这个热闹场景：

> 芦荻萧疏渔浦夕，千树垂垂疏复密。乍疑开遍老梅花，朔雪封枝同一白。村前村后闻喧嚣，晶莹万颗珍珠跳。压油得膏足继晷，莲檠兰焰光不摇。豪家烈炬凝烟碧，火树银花排锦室。有时把酒对丹枫，错讶枝头结朱实。君不见，江村儿女打乌桕，星火光中博升斗。枫林月黑趁鱼镫，满身凉露君知否？

这首诗收录于清代潘衍桐所编地方诗歌总集《两浙𬨎轩续录》补遗卷五。"继晷"即夜以继日，"烈炬"即火把，"檠"指灯架，"镫"

〔宋〕佚名《乌桕文禽图》

这是一幅雪后溪边的冬景图，一对红嘴蓝鹊在寒风中栖于一株乌桕树上，画家
在树的枝头画了一些白点，那是乌桕成熟的果实，看上去像梅花。

是古代青铜制成的照明器具，"鱼镫"即鱼形灯。"村前村后闻喧器，
晶莹万颗珍珠跳"，打乌桕虽然热闹，但从最后几句来看，这首诗是
想表达江村儿女生活之不易。富豪之家的"烈炬凝烟"和"火树银

花"，都来自他们寒夜挑灯、"满身凉露"打来的柏子。

一直到清末民国年间，乌桕油还大量出口海外。但随着电灯的普及，以及更为廉价的牛油、洋油、洋蜡取而代之，桕油则不再有竞争力。据统计，其出口量从 1916 年的二十五万担，到 1935 年锐减至五百担。[1] 对于乌桕油的衰落，周作人在《两株树》（1930）里感慨道：

> 近年来蜡烛恐怕已是倒了运，有洋人替我们造了电灯，其次也有洋蜡洋油，除了拿到妙峰山上去之外大约没有它的什么用处了。就是要用蜡烛，反正牛羊脂也凑合可以用得，神佛未必会见怪，——日本真宗的和尚不是都要娶妻吃肉了么？那么桕油并不再需要，田边水畔的红叶白实不久也将绝迹了罢。

近代的科技革命及国际贸易的蓬勃发展，促使乌桕油和乌桕树的命运由此改写。周作人担心，田边水畔的乌桕树不久将会"绝迹"。"绝迹"倒还不至于，但江浙一带乌桕树与明清的时候相比大量减少则是肯定的。今天，人们早已不用乌桕子来榨油、取蜡。乌桕又回归到乡野泽国，变回我们并不熟悉的一种野树。每年秋天，当它们换上惊艳的红装，乡野就会变成画一般的风景，和陆游、杨万里等人当年看到的一样。

---

1 "中国桕油出口始于光绪二十年（1894 年），主要供国外造烛用，起初输出量每年约数万担，到民国年间，出口量有所增长，民国五年（1916 年）曾达二十五万担，以后由于电灯、煤油灯的普及，加之廉价的牛油与桕油竞争，桕油的出口量到民国二十四年（1935 年）仅五百担。"见葛威等著：《东南地区民族植物学调查与研究》，厦门大学出版社，2017 年，第 98 页。

蘼芜

—

著名雕塑家滑田友有一件浮雕《长跪问故夫》，取材于汉代古诗《上山采蘼芜》。浮雕以汉代画像砖为表现形式，画面中，妇人跪在地上，握住前夫的手，微微屈背，把头深埋在他的手里；前夫默默站立，低头看着妇人，双手捧着她的脸，心中似有无限悲戚。

这是滑田友 1934 年留学法国时创作的第一件作品。我很好奇，留学时的第一件作品，竟然是以这首汉代古诗为题材。浮雕背后的那首诗，以及诗中的蘼芜，也在我心里留下一个疑问：蘼芜是什么植物？在诗中有何特殊意义？

1. 长跪问故夫

《上山采蘼芜》写一位妇人到山上去采摘蘼芜，下山时遇到当年抛弃自己的丈夫，二人之间展开了一段对话：

> 上山采蘼芜，下山逢故夫。
> 长跪问故夫："新人复何如？"
> "新人虽言好，未若故人姝。
> 颜色类相似，手爪不相如。"
> "新人从门入，故人从阁去。"

"新人工织缣，故人工织素。

织缣日一匹，织素五丈余。

将缣来比素，新人不如故。"

　　据余冠英先生解释，"手爪"指纺织剪裁等女工手艺，"阁"指旁门。妇人问故夫："新过门的妻子如何？"故夫答："新人的纺织手艺比不上你。"这让弃妇感到意外，说明故夫尚有念旧之情，她想到当初自己被赶出家门的委屈："当初你从正门迎娶新人，而我则从旁门默默离开。"男人继续解释为何"新人不如故"：新人每日织缣（黄色的绢）一匹，一匹等于四丈；而故人每日能织素（洁白的绢）五丈。[1]

　　古代社会，女子地位卑微。先秦两汉有不少诗歌表现妻子被丈夫抛弃，如《诗经·卫风·氓》《孔雀东南飞》。自西汉董仲舒《春秋繁露》提出"三纲五常"，"夫为妻纲"遂成为贯穿整个封建社会的道德伦理。丈夫有权休妻，弃妇诗也是古诗里的常见题材。而关于"休妻"的理由，先秦两汉儒家礼制《大戴礼记》中录有七条，分别是不顺父母（逆德）、无子（绝世）、淫（乱族）、妒（乱家）、有恶疾（不可参加祭祀）、多言（离亲）、窃盗（反义）。[2]

1　余冠英选注：《乐府诗选》，人民文学出版社，1954年，第46—47页。

2　《大戴礼记》卷十三："妇有七去：不顺父母，去；无子，去；淫，去；妒，去；有恶疾，去；多言，去；窃盗，去。不顺父母为其逆德也，无子为其绝世也，淫为其乱族也，妒为其乱家也，有恶疾为其不可与共粢盛也，口多言为其离亲也，窃盗为其反义也。"《大戴礼记》旧说成书于西汉中期，现一般认为成书于东汉中期，是当时儒生为传习《仪礼》而编定的参考资料，性质与后来被尊为儒家经典的《礼记》（《小戴礼记》）一样，所录内容皆为先秦两汉儒家礼制。

结合《上山采蘼芜》的内容来看，不顺父母、淫、妒、有恶疾、窃盗这几条似乎都与诗中的妇人形象不符。妇人遇到故夫后，首先行长跪之礼。"长跪"是直身屈膝成直角的跪礼，以表示对故夫的敬重。如汉乐府诗《饮马长城窟行》中妻子阅读丈夫的来信："长跪读素书，书上竟何如？"如此来看，这位妇人应该是一位知书达理之人，她对前夫依然是尊重的，二人似乎没有感情上的裂痕。其容貌不输新人，织布技能也比她强许多，那么"新人从门入，故人从阁去"的原因究竟是什么呢？

答案在妇人上山所采的草药——蘼芜。

2. 蘼芜的疗效

蘼芜是何种植物？弄清楚这个问题，对于理解它在古诗里的意义十分必要。先秦两汉典籍《山海经》《管子》《尔雅》《楚辞》《淮南子》等文献都记载了这种香草。先秦《尔雅》释为蕲茝。东汉《说文解字》认为是江蓠，即屈原笔下的芳草。魏晋时的《吴普本草》《名医别录》认为是芎䓖。

芎䓖即川芎（*Ligusticum sinense* cv. *Chuanxiong*），以产自川蜀者最胜，乃伞形科著名中药，叶羽状全裂，复伞形花序顶生或侧生，夏月开小白花，有清香。伞形科以其下属植物的伞形花序而得名，其中不少种类可做蔬菜和香料，例如我们常吃的芹菜、胡萝卜、芫荽（香菜）。此外还有当归、白芷、防风、柴胡、蛇床等一批享誉国内外的中药材，川芎也是其中之一。这些植物从外形上看有许多相似

〔日〕岩崎灌园《本草图谱》，蛇床（左上）、川芎（右上）、白芷（下），1828

蛇床、川芎、白芷、当归、防风、柴胡等知名中药材都是伞形科，从外形上看
很相似。

之处，所以唐代苏恭认为蘼芜的所指包含芹和蛇床。

南宋罗愿《尔雅翼》则将《说文解字》和魏晋医家的解释结合起来，认为蘼芜、江蓠都是川芎，只不过是叶片大小不同。在其基础上，明代李时珍《本草纲目》卷十四以不同的生长阶段来区分蘼芜和江蓠："盖嫩苗未结根时，则为蘼芜；既结根后，乃为芎䓖。大叶似芹者为江蓠，细叶似蛇床者为蘼芜。如此分别，自明白矣。"值此之故，《中华本草》将蘼芜认定为川芎的苗叶。[1]

但是有学者认为上古时代，"蘼芜"可能指向多种外形与香味相似的伞形科植物。这也就是为什么在《中国植物志》里，川芎、白芷、蛇床等中药都有植物对应，而蘼芜、江蓠则没有。

尽管如此，我们依然可以从它在中医古籍中的药效入手。因为这种植物的疗效，对于解释采药人的目的更为重要。东汉的医书《神农本草经》就已经记载"蘼芜"："一名薇芜，味辛温，生川泽。治咳逆，定惊气，辟邪恶，除蛊毒鬼注，去三虫，久服通神。"但这并不能使我们满意，因为它与诗意之间并无多大关系。

但如果按照前文提到的，将蘼芜解释为芎䓖，那么意义就大不一样。在《神农本草经》中，"芎䓖"正好位于"蘼芜"之前，其功效如下：

> 芎䓖，味辛温，生川谷。治中风入脑头痛，寒痹筋挛缓急，金创，妇人血闭无子。

1　国家中药管理局编委会：《中华本草》，上海科学技术出版社，1999 年，第 5 册，第 984 页。

芎蒌可治疗"妇人血闭无子",即能够令妇人生育,这是理解这首诗的关键。这应当就是妇人当初被抛弃的原因,即《大戴礼记》中的"无子"。

这让我想到闻一多先生对《诗经·周南·芣苢》的社会学解读。芣苢是车前草,《毛传》《名医别录》均指出其种子"宜怀妊""令人有子"。所以,采采芣苢,采的是一个女人的希望,因为在宗法社会里,"一个女人是在为种族传递并繁衍生机的功能上而存在着的。如果她不能证实这功能,就得被她的侪类贱视,被她的男人诅咒以致驱逐,而尤其令人胆颤的是据说还得遭神——祖宗的谴责"。[1]

汉诗中采蘼芜的妇人与《诗经》中采芣苢的妇人一样,都是祈求能够生育的女子。余冠英对于蘼芜的解释正是这个思路:"香草之一种,叶风干可以做香料。古人相信蘼芜可使妇人多子。"

由此,我们对这首诗的理解可以更进一步。我们可以想象,夫妻二人原本恩爱,只是由于无法生育而被迫分开,但双方依然都保留着一份情意。所以当妇人诉说"新人从门入,故人从閤去"的悲戚往事时,故夫一定心怀歉疚,不敢正面回应她的问题,只是继续说新人哪里不如故人。

再回到滑田友的浮雕,画面中二人重逢,都似有千言万语,但无法诉说,很准确地表现了这首诗所蕴含的情感。

---

1 闻一多著:《神话与诗》,生活·读书·新知三联书店,1982年,第347页。

3. 当归与王孙草

还有一种观点认为蘼芜是当归。罗愿首先提出这一观点，其《尔雅翼》引《唐本草注》："当归有两种，一似大叶芎䓖，一似细叶芎䓖，惟茎叶卑下于芎䓖也。"当归与芎䓖都是伞形科，从外表上看的确很接近。而上文我们介绍蘼芜即芎䓖，那么古人将蘼芜与当归弄混也不是没有可能。

说到当归，大家都知道它的寓意：期盼离人早归。东晋中期史学家孙盛《魏氏春秋同异》记载，三国时期，名将姜维原是魏人，后归降蜀汉。他曾收到家乡的母亲寄来的信，信中随附中药当归。姜维回信说："良田百顷，不在一亩。但有远志，不见当归。"（《三国志·蜀书·姜维传》裴松之注）"远志"也是一味中药，寓意正好与"当归"相反。姜维以男儿志在四方，狠心拒绝了母亲。

西晋崔豹《古今注》卷下记载："相招召赠之以文无，文无亦名当归也。"学者夏纬英认为，"文无"与"蘼芜"音近，而当归的形状又与蘼芜相似，所以他也怀疑"古之蘼芜与当归不分"，认为"文无"即蘼芜。[1]但这只是一种猜测，没有可靠的文献依据。

将蘼芜解释为当归，放回诗中是否说得通呢？罗愿认为可以这么理解："以夫当归，故下山逢之尔，如'藁砧''刀头'之义也。"藁砧、刀头出自一首古诗："藁砧今何在？山上复有山。何当大刀头，破镜飞上天。"藁是禾秆，砧是指切禾秆时垫在底下的器具，有藁有

1　夏纬瑛著：《植物名释札记》，农业出版社，1990年，第51页。

〔日〕岩崎灌园《本草图谱》，当归，1828

砧，却没有铁（铡草的刀），由于"铁"与"夫"谐音，所以"藁砧今何在"隐喻丈夫今不在之义；刀头有环，谐音"还"。后世以"藁砧"为女子称丈夫时的隐语，以"刀头"寓意归来，例如唐徐彦伯《芳树》"藁砧刀头未有时，攀条拭泪坐相思"。其寓意与当归相似，只不过专用于夫妻之间。然而一个被抛弃的妇人，如何还能希望前夫归来呢？所以罗愿的解释有些牵强。

《上山采蘼芜》这首诗，大体而言写的是两个"分别"之人的重逢，因此"蘼芜"也多少带有离别的意味。晚唐代诗人孟迟将蘼芜写入一首闺怨诗，其《闺情》云：

> 山上有山归不得，湘江暮雨鹧鸪飞。
> 蘼芜亦是王孙草，莫送春香入客衣。

"王孙草"典出西汉淮南王刘安门客"淮南小山"《招隐士》："王孙游兮不归，春草生兮萋萋。……王孙兮归来，山中兮不可以久留。"所以"王孙草"也多出现在表现离愁别绪的诗词里，例如欧阳修《渔家傲》上阕："妾解清歌并巧笑。郎多才俊兼年少。何事抛儿行远道。无音耗。江头又绿王孙草。"元明间诗人胡奎《上山采蘼芜》以古诗为题，用典和诗旨都与上述《闺情》如出一辙：

> 上山采蘼芜，本是王孙草。
> 王孙去不归，妾颜为谁好。
> 磨砖作明镜，照妾不见容。
> 年年湘水上，洒泪向春风。

但是像这样的诗歌并不多，蘼芜并没有像折柳等成为诗词中表现离别时常用的意象。毕竟，将蘼芜视同于当归或王孙草，已经偏离了它在《上山采蘼芜》这首诗中的寓意。

冬辑

慈姑

姜梦不离江水上，
人传郎在凤凰山

十一月末，北京下了第一场雪。下雪总是让人开心的事，那天正好是周六，为了下楼赏雪，决定散步去附近的菜市场，发现慈姑已上市，八块钱一斤。慈姑又写作茨菇，古籍中又称作藉姑。汪曾祺有一篇散文《咸菜茨菇汤》，正是从下雪天说起。

1."格"比土豆高

第一次知道慈姑是在毕业后的那年冬天。那时候住在南城的蒲黄榆，天坛南边的永定门外早市离家不远。那半年我自己做饭，每个周六的早晨都要去逛早市。早市面积很大，最里头的一个摊位，专卖比较小众的蔬菜，其中有些是家乡的特产，比如夏天的藕带、冬天的菜薹；还有一些产自别处，我从未见过。那时候刚毕业参加工作，对生活满怀热情，见到不认识的菜总要问：

"那个长得像芋头的是什么？"——"慈姑。"

"怎么吃？"——"炒五花肉。"

"好吃吗？"——"南方人爱吃！"

我是南方人，却从来没有见过这种食物。原来，江浙一带流行吃慈姑。在苏南和浙北，慈姑是"水中八仙"之一。茭白、莲藕、水芹、芡实、荸荠、莼菜、菱角，这"七仙"都吃过，唯独没有吃过慈姑。

没吃过，当然要尝尝看。回到家上网找到菜谱。先去皮，再切块，五花肉炸出油后入锅翻炒，放入酱油调色，加水煮烂后放盐和胡椒。这步骤和炖土豆差不多。起锅后撒上葱花，闻起来不错，卖相还可以，我和室友迫不及待尝了一块。什么味道呢？甜中略带一丝苦和涩，口感比土豆脆，的确有些特别，但还称不上有多美味。室友说，咱下回还是吃土豆吧。

这道菜，汪曾祺小时候也不爱吃。他是江苏高邮人，1931 年家乡发大水，农作物减产，慈姑却丰收，因此那一年吃了很多，"而且是不去茨菇的嘴子的，真难吃"，用我们武汉话说就是"吃伤了"。所以汪老在十九岁离家后，三四十年间并不想念这道菜。有一年他去老师沈从文家拜年，师母张兆和炒了一盘茨菇肉片，沈从文评价道："这个好！格比土豆高。"这句话让汪曾祺印象深刻，他写道：

> 我承认他这话。吃菜讲究"格"的高低，这种语言正是沈老师的语言。他是对什么事物都讲"格"的，包括对于茨菇、土豆。

"格"即格调。沈先生早年写小说，后从事服饰研究，皆有审美的眼光在其中。将艺术领域的审美，延伸到日常生活中的吃食，也是自然。汪曾祺亦是小说家，他自然能领会沈从文所说的"格"。

慈姑怎么就比土豆"格"高呢？难道是因为那一丝苦和涩？相比于土豆，慈姑毕竟吃得少，只有冬天才有。汪曾祺于是转变了对慈姑的态度："北京的菜市场在春节前后有卖茨菇的。我见到，必要买一点回来加肉炒了。"他家里的人不爱吃，所有的慈姑都被他一个人

〔日〕岩崎灌园《本草图谱》，慈姑，1828

"包圆儿"。那时候北京的慈姑卖得很贵，价钱和温室里的西红柿、野鸡脖韭菜差不多。[1] 现在交通便利，慈姑已不是多么名贵的菜肴。

几年前，南京的一位朋友去王府井南京大饭店，点了一桌南京特色菜，其中就有慈姑红烧肉。有甜口的红烧肉在，慈姑本身的苦味和涩味轻了许多。这几年，京城知名度最高的南京菜馆可能要数南京大牌档，他家常推出时令菜。每逢慈姑上市的时候去吃，看菜单，并没有。到底还是少见。直到最近，终于有了凉拌慈姑，搁葱油，价格倒不贵，一碟十八元，足够尝尝鲜。

2. 慈姑与乌芋

慈姑是泽泻科慈姑属多年生的水生或沼生草本。也是看图鉴才知道，这不就是家乡荷塘中的杂草吗？它的外形挺有特点，叶形如燕尾，夏天开白花，圆锥花序挺水而出，三片花瓣洁白平展，中间点以橙黄的花蕊。仔细看还挺精致，只是生于荷塘中，容易被亭亭荷叶所遮蔽。我们那里没有人挖它的球茎当菜吃，似乎也没有别的用途，所以管它叫杂草。

据《中国植物志》，按照植株高矮、叶片大小及其形状等特征，慈姑可分为原变种、变形和变种。原变种名为野慈姑，变形者名剪刀草。此二者球茎较小，不宜食用。球茎较大且可食用的品种即其变种，又名华夏慈姑。其植株要高大、粗壮，叶片也宽大、肥厚，

1　野鸡脖韭菜乃当时京城冬天的蔬菜佳品，从根到梢呈现白、黄、绿、红、紫5种颜色，颜色丰富、光彩夺目，犹如野鸡脖上的羽毛，故此得名。

圆锥花序亦高挺，在我国长江以南各省区广泛栽培。

慈姑二字均不带草字头，何以得名？李时珍曰："慈姑，一根岁生十二子，如慈姑之乳诸子，故以名之。"由于叶形似剪刀和燕尾，它在古籍中又名剪刀草、箭搭草、槎丫草、燕尾草。《本草纲目》卷三十三"慈姑"对其形态及食用方法描述如下：

> 慈姑生浅水中，人亦种之。三月生苗，青茎中空，其外有棱。叶如燕尾，前尖后岐。霜后叶枯，根乃练结，冬及春初，掘以为果，须灰汤煮熟，去皮食，乃不麻涩戟人咽也。嫩茎亦可炸食。又取汁，可制粉霜、雌黄。

据李时珍介绍，霜后慈姑叶片枯萎，地下的球状茎乃趋成熟，整个冬天一直到初春，都可以挖来煮着吃，吃时去皮即可。由于球茎如芋头，慈姑又名乌芋。如《本草纲目》引陶弘景："藉姑生水田中。叶有桠，状如泽泻。其根黄，似芋子而小，煮之可啖。"唐以前，乌芋一直是慈姑的别名。北宋苏颂《本草图经》却将乌芋描述为另一种植物："乌芋，今凫茈也。苗似龙须而细，色正青。根如指头大，黑色，皮厚有毛。又有一种皮薄无毛者，亦同。田中人并食之。"这种"苗似龙须而细"的显然不是慈姑，而是我们熟知的荸荠。李时珍承袭其误，将慈姑与乌芋分为两篇，以乌芋为荸荠。清代吴其濬《植物名实图考》已纠正其误。[1] 不过现在有些地方，例如湖南、

---

1 〔清〕吴其濬《植物名实图考》卷三十一"荸荠"："《尔雅》'芍、凫茈'，即此，诸家多误以为乌芋。宋《图经》所述形状，正是今荸荠。"卷三十二"乌芋"："《别录》中品，即慈姑。"

〔日〕岩崎灌园《本草图谱》，野慈姑，1828

四川宜宾等地，仍然称荸荠为慈姑。

如今一些公园的荷花池里，会种些慈姑来观赏。在岸边的浅水处，时常能见到慈姑、香蒲、梭鱼草、荇菜，等等，这些都是常见的湿地布景水草。夏天的夜晚，月色如银，知了在林间鸣唱，慈姑在水塘里悄然展开三片洁白的花瓣，清新素雅、小家碧玉的气质，有些像水仙。

南宋杨长孺仔细端详过月下的慈姑，发现了慈姑的美，于是作了一首《慈姑花》，说它是小花茉莉：

折来趁得未晨光，清露晞风带月凉。
长叶剪刀廉不割，小花茉莉淡无香。
稀疏略糁瑶台雪，升降常涵翠管浆。
恰恨山中穷到骨，茨菰也遣入诗囊。

清初诗人查慎行曾在盆池中偶然种下一棵慈姑，"立秋后忽发细蕊，每节丛生，花开纯白色，如玉蝶梅差小，颇有清香"。立秋后重又开花的慈姑令诗人很是激动，他以为前人未曾咏过慈姑花，于是作诗一首，以补诗家之缺：

旧叶复新叶，碧茎忽抽芽。
谁将绿剪刀，剪出白玉花。
水边有秋意，凉蝶来西家。

3.唐诗中的慈姑

由于慈姑常生于荷塘，历史上，慈姑也与莲叶等水生植物一起作为纹饰出现于瓷器、漆器等工艺品中。青花瓷中的纹饰"青花一束莲"，就是莲花、荷叶、莲蓬、慈姑、红蓼等水生植物，用一根缎带扎起来。由于"青莲"谐音"清廉"，因此明代的皇帝喜欢将此种青花瓷盘赐给大臣。

比起亭亭玉立的莲花，慈姑是名副其实的配角。相较于"水八仙"中的其他"七仙"，古代诗文中关于慈姑的记载要少得可怜。据潘富俊先生统计，在中国古典文学作品中"慈姑"出现的次数为：《全唐诗》3次，《全宋词》2次，《明诗综》1次，《全明词》2次，《清诗汇》4次，《红楼梦》里没有写到慈姑。[1]

《全唐诗》中的三处"慈姑"，两处出自白居易，其一《履道池上作》：

> 家池动作经旬别，松竹禽鱼好在无？
> 树暗小巢藏巧妇[2]，渠荒新叶长慈姑。
> 不因车马时时到，岂觉林园日日芜？
> 犹喜春深公事少，每来花下得蹰躇。

---

1 潘富俊著：《草木缘情：中国古典文学中的植物世界》，商务印书馆，2015年，第450页。

2 "巧妇"即鹪鹩，一种生性灵巧、歌声嘹亮的鸣禽，身长10—17厘米，常于灌木间跳跃，尾巴翘得很高，筑巢亦精细，故得名为"巧妇"。

其二《湖上闲望》：

> 藤花浪拂紫茸条，菰叶风翻绿剪刀。
>
> 闲弄水芳生楚思，时时合眼咏离骚。

从诗意来看，白居易家中的池渠中种有慈姑。诗人因公务繁忙离家数日，心中挂念园中的松竹禽鱼。灌木丛的深处有巧妇新筑的小巢，经过漫长的冬季，荒芜的池渠里，慈姑已长出鲜绿的新叶。这些都让诗人感到欣喜。白居易也是热爱生活之人，他期待暮春时节公事能少一些，这样可以多些时间来园林赏花踱步、亲近自然。看到慈姑，他便联想起楚辞中的那些水中芳草。在他眼里，慈姑也是审美对象之一。

唐诗中关于慈姑的第三处记载出自张潮《江南行》，这首诗写得美极了：

> 茨菰叶烂别西湾，莲子花开犹未还。
>
> 妾梦不离江水上，人传郎在凤凰山。

张潮是唐代宗大历年间（766—779）处士，处士就是虽有德才而不愿做官的读书人。张潮的诗作在《全唐诗》中仅存五首，其中一首《长干行》亦作李白或李益诗。五首诗歌中，除了《采莲词》，其余几首都写到商人之妇。"商人重利轻别离"，于是商人的妻子对外出丈夫的思念，也成为思妇诗中的一个类别。

张潮的这些诗明显受到民歌的影响，这首《江南行》就很典型。它好在哪？学者赵其钧先生称这首诗"明快而蕴含，语浅而情深，深

〔日〕岩崎灌园《本草图谱》，剪刀草，1828

与野慈姑相比，剪刀草的植株更加细弱，叶片窄小呈飞燕状。

得民歌的神髓"。深秋在西湾分别，枯烂的慈姑衬托离别时的萧索，第二年的炎夏犹不见归，热闹盛放的荷花更突显内心的孤寂。一般写秋日江上的离别都会写到蓼花，但这首诗不走寻常路，选取了并无任何文化寓意的慈姑。也许慈姑和莲花一样，都是西湾岸边实有的风景。这两种风物一前一后，一方面暗示季节的变化，表现时间之久；另一方面也衬托出妇人的心境，倾诉的是别后相思之苦。

日有所思，夜有所梦。由于在西湾分别，所以做梦都离不开江水之上。后两句是情感脉络的自然延伸。一般来说，后一句可能会写梦中或梦后的情景，但诗人却回到现实，"人传郎在凤凰山"。这一句将思绪从眼前的江上转移到更为遥远的凤凰山，上联写时间之久，下联写空间之远。按照赵其钧先生的解释，梦在江上，人在深山，可见往日多少"不离江水上"的梦竟是空梦一场；同时也暗示商人行踪不定，他没有给妇人写信，以至于妇人要从别处得知郎君的消息。多么无奈！但起码，现在知道他人在凤凰山。得知此讯，妇人是喜还是忧呢？诗歌到此戛然而止，只剩下江水悠悠，未尽之言，留给我们去体会。

关于慈姑的诗歌虽然少，却有这样一首耐人寻味的。如果不是写慈姑，也不会遇到这样好的一首小诗。这首诗也让我想起沈从文的《边城》：

> 那个在月下唱歌，使翠翠在睡梦里为歌声把灵魂轻轻浮起的年青人，还不曾回到茶峒来。
> 这个人也许永远不回来了，也许明天回来！

慈姑由于球状茎形似芋头，故又名为"乌芋"。历史上一些医书，例如《本草图经》《本草纲目》却将荸荠称作"乌芋"，从而将荸荠与慈姑弄混。这可能是因为二者同为冬季上市的水中鲜果，产地相近，异名也多。如今四川、湖南等地，还有将荸荠称为"慈姑"的。但慈姑是泽泻科，荸荠是莎草科，二者从外表看就相去甚远。

1. 荸荠的历史与诗歌

荸荠原产于我国，在长江以南各省均有栽培，性喜温暖湿润，不耐寒。可供食用的部分也是它的球茎。武汉方言称之为"蒲席"（音），广州人称之为"马蹄"。"马蹄"这个名字很有意思，但实在想不到荸荠与马蹄有何关联。有一种说法认为，"马"与"蹄"均源自古台语，"马"（mak）意为果子，如今台语中水果一类词多以之前置；"蹄"是古台语词"地"的语音遗存。因此，"马蹄"的意思是"地下的果子"。[1]

古人很早就发现荸荠可以食用，它在先秦文献

1　游汝杰、周振鹤：《方言与中国文化》，《复旦学报》，1985 年第 3
　　期，第 236 页。

《尔雅》中的名字叫"芍"，解释为"凫茈"。"凫"是一种水鸟，类似绿头鸭；"茈"亦见于《尔雅》，"藐，茈草"，乃是紫草科紫草。何以名为"凫茈"？据李时珍《本草纲目》解释，"凫"这类水鸟喜欢吃它的果实：

> 凫喜食之，故《尔雅》名"凫茈"，后遂讹为"凫茨"，又讹为"荸脐"。盖切韵"凫""荸"同一字母，音相近也。三棱、地栗，皆形似也。

由此可知，"凫茈"后又被称为"凫茨""荸脐"，乃是语音上的流变所造成。"三棱"即常用的中药黑三棱的干燥块茎，外形与荸荠相近。"地栗"从字面上看，是将荸荠比作生于地下的栗子，二者都富含淀粉。

荸荠起初野生于荒野湖泽，饥荒之年，灾民采以充饥。《后汉书·刘玄传》载："王莽末，南方饥馑，人庶群入野泽，掘凫茈而食，更相侵夺。"王莽新朝末年，南方发生饥荒，人们就是靠挖吃荸荠度过灾年。明代王磐所著《野菜谱》中也有野荸荠：

> 野荸荠，生稻畦。苦薅不尽心力疲。造物有意防民饥，年来水患绝五谷，尔独结实何累累。

明代水患频繁，农田被淹，五谷不收，荸荠这样的湿地植物却生长茂盛，果实累累。"造物有意防民饥"，心忧百姓的作者感叹：多亏还有野生荸荠！

不过明代之前已有荸荠的栽培种，南宋《嘉泰吴兴志·物产》有

〔英〕威廉·罗克斯堡《科罗曼德尔海岸植物图谱》，荸荠，1819

《科罗曼德尔海岸植物图谱》(*Plants of the coast of Coromandel*) 由"印度植物学之父"威廉·罗克斯堡（William Roxburgh，1751—1815）雇佣的印度画师绘制而成。这些画师曾受过莫卧尔细密画的艺术训练，其绘画风格洗练、细腻，非常适合于植物科学画。1795 年起，英国皇家学会会长约瑟夫·班克斯（Joseph Banks）将图谱分 3 卷陆续出版，每卷含插图 100 幅。 本图出自第 3 卷。

相关记载，《本草纲目》从个头、颜色和口感上，对荸荠的野生和栽培品做了区分：

> 其根白蒻，秋后结颗，大如山楂、栗子，而脐有聚毛，累累下生入泥底。野生者，黑而小，食之多滓。种出者，紫而大，食之多毛。吴人以沃田种之，三月下种，霜后苗枯，冬春掘收为果，生食、煮食皆良。

野生的荸荠颜色发黑、个头小；栽培的荸荠颜色发紫、个头大，已经接近我们今天吃的荸荠。生于湖泽的荸荠高产且易得，古往今来的文人多有吟咏。在南宋诗人陆游《野饮》这首诗中，荸荠出现于荒村孤店，是放在炉子上蒸着吃的：

> 春雨行路难，春寒客衣薄。
> 客衣薄尚可，泥深畏驴弱。
> 溪桥有孤店，村酒亦可酌。
> 凫茈小甑炊，丹柿青篾络。
> 人生忧患窟，骇机日夜作。
> 野饮君勿轻，名宦无此乐。

春寒料峭，诗人衣衫单薄，行路疲惫之时，溪边桥头出现了一家酒馆；走进去点一些村酒，小酌以解乏。"甑"是古代的蒸食用具，类似今天的蒸锅。热气腾腾的炉子上蒸着荸荠，一旁青绿的竹筐里装着几个火红的柿子。"骇机"指突然触发的弩机，此处比喻祸难猝发。旅途奔波，但还好有这荒野的荸荠和柿子可配村酒，豁达的诗

〔清〕石涛《蔬果》，荸荠

石涛（1642—约1707），原名朱若极，明皇室后裔，与弘仁、髡残、朱耷合称"清初四僧"，擅山水、花鸟。此图为《蔬果》册页之一，此外还有柿子、扁豆、木瓜、赤梨、百合、石榴、竹笋，均为寻常蔬果，造型生动，为石涛晚年所绘。

人称之为"野饮"，并且从中得到了慰藉：人生无常，忧患不断，也要学会苦中作乐。

同为南宋诗人的陈宓则将荸荠比作紫色的玉石，风味不凡，虽不比霜后的蜜橘，但依然可以作为礼品酬赠。其《凫茈饷王丞》云：

仙溪剩得紫琅玕，风味仍同荔子看。

何似清漳霜后橘，野人还敢荐君盘。

"野饮""野人"，都指出荸荠生于郊野、与众果不同的气质。明代著名文人、画家徐渭《渔鼓词》写"骨董羹"，诸多食材中就有洞庭所产之荸荠：

> 洞庭橘子凫芡菱，茨菰香芋落花生。
> 娄唐九黄三白酒，此是老人骨董羹。

"骨董羹"又称"和气羹""贺年羹"，"骨董"二字或以食材在水中煮沸发出"咕咚"的声音而得名。此羹以各种食材杂混烹煮而成，有点像东北乱炖，乃是元宵节吴中老人所食。徐渭这首诗所记的骨董羹，不仅包括橘子、荸荠、菱角这类水果，慈姑、香芋、花生这类杂粮，还有娄塘（今上海嘉定娄塘镇）的"九黄"（韭黄）和三白酒，可以说是十分丰富。

除了以上提到的诗歌外，明人吴宽《赞荸荠》"累累满筐盛，大带荮门土。咀嚼味还佳，地栗何足数"，清人谢墉《食味杂咏·荸荠》"春台鼓舞遍江南，地栗青梅月正三"，都是对江南荸荠的称赞。"春台"指春台戏，乃春季祈农祥之戏。根据诗后作者自注，可知春台戏常于田场间开阔处搭台，台下看戏者云集，此时便有小贩叫卖食物鲜果，其中梅子、荸荠甚多。

周作人尤其推崇家乡绍兴的荸荠，他在《关于荸荠》一文中写道：

> 荸荠自然最好是生吃，嫩的皮色黑中带红，漆器中有一种名叫荸荠红的颜色，正比得恰好。这种荸荠吃起来顶好，说它怎么甜并不见得，但自有特殊的质朴新鲜的味道，与浓厚的珍果正是别一路的。

周作人说荸荠与"浓厚的珍果"不同，所谓"土膏露气尚未全失"。相比于莲藕、菱角、莼菜这类有着丰厚文化底蕴的水中食材，荸荠给人的感觉似乎就是质朴的、乡野的、清新的。

2.《受戒》里的小英子和荸荠

在古代医书中，荸荠的主要功效是消食，传说可治"误吞铜"，"合铜钱嚼之，则钱化"。小时候奶奶经常买，带皮煮成紫色，或者削皮与甘蔗煮成糖水，我和妹妹每人可以喝掉一大碗。可是吃了这么多年荸荠，还没见过它的茎和叶长什么样。

后来翻到图鉴，看到荸荠的植株时着实惊讶：只是那样一丛笔直的管状细秆，压根没有叶片，靠近地面的基部留有一些叶鞘。这才知道古人的描述很是形象："苗似龙须而细""粗近葱、蒲""花穗聚于茎端，颇似笔头"。荸荠原来长这样，比起可供园林观赏的慈姑，它实在其貌不扬。

知道荸荠在地面以上的部分长什么样，就能更好地想象汪曾祺在《受戒》中的这段描写：

秋天过去了，地净场光，荸荠的叶子枯了，——荸荠的笔直的小葱一样的圆叶子里是一格一格的，用手一捋，哔哔地响，小英子最爱捋着玩，——荸荠藏在烂泥里。赤了脚，在凉浸浸滑溜溜的泥里踩着，——哎，一个硬疙瘩！伸手下去，一个红紫红紫的荸荠。她自己爱干这生活，还拉了明子一起去。她老是故意用自己的光脚去踩明子的脚。

文中"笔直的小葱一样的圆叶子",就是那管状的细秆。细秆里面有横隔膜,干枯的秆表面有节,所以是"一格一格的",用手一捋,这格子就爆裂作响。挖荸荠也确实是等到霜后叶子枯了最合适,据说那时候的荸荠更甜。小英子挖荸荠,先用脚去那又凉又滑的泥里踩,等踩到了,再用手去掏。这个方法与挖藕类似。此处踩荸荠、挖荸荠的描写特别重要,小和尚就是这个时候动了心:

> 她挎着一篮子荸荠回去了,在柔软的田埂上留了一串脚印。明海看着她的脚印,傻了。五个小小的趾头,脚掌平平的,脚跟细细的,脚弓部分缺了一块。明海身上有一种从来没有过的感觉,他觉得心里痒痒的。这一串美丽的脚印把小和尚的心搞乱了。

《受戒》这篇小说,为何会以荸荠作为重要的元素呢?一个重要的原因是,汪曾祺家乡江苏高邮盛产荸荠,他所写的是儿时所见、再熟悉不过的风景。在《关于〈受戒〉》一文中汪曾祺交代,这篇小说正是源于他十七八岁时的记忆,他曾在乡下的小庵住过几个月,小英子一家也是真实世界里存在的:

> 这一家,人特别的勤劳,房屋、用具特别的整齐干净,小英子眉眼的明秀,性格的开放爽朗,身体姿态的优美和健康,都使我留下难忘的印象,和我在城里所见的女孩子不一样。她的全身,都发散着一种青春的气息。

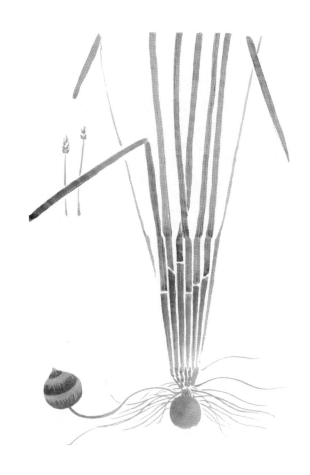

〔日〕岩崎灌园《本草图谱》，荸荠，1828

小英子爱吃荸荠、爱挖荸荠的喜好或许也是实际存在的。我想，如果把与荸荠有关的场景换成采莲、采菱、采桑，都会落入俗套，会打破整篇小说的意境，但是踩荸荠、挖荸荠来得正好。汪曾祺说《受戒》有点像《边城》，小英子就是他笔下的翠翠，是"很美，很健康，很诗意的"。荸荠这种质朴的、乡野的、清新的，"自有特殊的质朴新鲜的味道，与浓厚的珍果正是别一路"的鲜果，与整个故事的情景氛围、与人物的精神气质，正好契合。

可见在文艺创作中，作为背景的植物也可以用得很妙。汪曾祺对此是极其擅长的。重读《受戒》会发现，原来作者提到了那么多家乡的植物，而且都那么美。比如这结尾：

> 英子跳到中舱，两只桨飞快地划起来，划进了芦花荡。
>
> 芦花才吐新穗。紫灰色的芦穗，发着银光，软软的，滑溜溜的，像一串丝线。有的地方结了蒲棒，通红的，像一枝一枝小蜡烛。青浮萍，紫浮萍。长脚蚊子，水蜘蛛。野菱角开着四瓣的小白花。惊起一只青桩（一种水鸟），擦着芦穗，扑鲁鲁飞远了。
>
> ……

芦花荡里，芦穗、蒲棒、浮萍，菱角的四瓣小白花，长脚蚊子、水蜘蛛，还有惊起的水鸟，都如在眼前。这样好的作品，最能带给人以美的愉悦和享受。因为这样美的小说，这篇荸荠也写得尤其愉快。

——

一年冬天，友人送给我一盒红茶。沏茶时觉得香气不同寻常，看包装上的配料，其中有佛手柑。佛手柑是什么？带着好奇心去网上搜了图片，几乎是由多根长短不一的手指状肉条组成，外皮橙黄如橘，果然"名副其实"。茶包里黄色的碎末想必就是它了。浙江金华的佛手鼎鼎有名，当地人将佛手切片晒干，泡茶或泡酒。

1. 佛手的近亲香橼

佛手柑（*Citrus medica* cv. *Fingered*）与我们常吃的柑橘、甜橙、柠檬、柚等同为芸香科柑橘属，它们的花和叶都相似。唯独佛手能长成这样，主要是因为它的子房在花柱脱落后便开始分裂。所以佛手又叫五指柑或十指柑。

提到佛手柑，不得不提它的近亲——同为柑橘属的香橼（*C. medica*）。从拉丁名上可以看出，佛手柑是香橼的变种（cv. 表示园艺栽培变种），也就是说，先有香橼，后才有佛手。它们的区别主要在于果实的外形。

香橼为椭圆形、近圆形或两端狭的纺锤形，椭圆形的酷似柠檬，不像佛手有那么多的"手指"。除此之外二者很难区分，它们都是灌木或小乔木，喜爱

〔意大利〕乔瓦娜·加尔佐尼《一盘香橼》，17 世纪 40 年代末

乔瓦娜·加尔佐尼（Giovanna Garzoni，1600—1670）是意大利巴洛克时期女画家，早年绘画以宗教题材为主，后以精细的植物类绘画而闻名。这幅静物画将香橼的花、未成熟的青果、成熟后金黄的果实，置于一个陶盘中，这种别出心裁的搭配也是其画作风格之一。

南方温暖潮湿的环境，花期、果期、果实的功用都一样。福建省志《闽书》（1620）明确地指出二者的关系："香橼气芬郁，袭人衣，又有形似人手者，名佛手香橼。"佛手柑又被称为佛手香橼。

　　香橼在古籍中又名枸橼子、香橼子。早在唐代，刘恂的岭南博物志《岭表录异》对香橼的外形、用途等已有较为详细的记载：

> 枸橼子，形如瓜，皮似橙而金色，故人重之，爱其香气。
> 京辇豪贵家钉盘筵，怜其远方异果。肉甚厚，白如萝卜。南中
> 女子竞取其肉雕镂花鸟，浸之蜂蜜，点以胭脂，擅其妙巧，亦不
> 让湘中人镂木瓜也。

"形如瓜"说明它的个头非常大。香橼没有柑橘那种一瓣一瓣饱含水分的果肉，切开之后里面是一层厚厚的棉质、松软的白色内皮，果实中心才有一圈10—15瓣的瓢囊，里面藏着种子，所以说它"肉甚厚，白如萝卜"，佛手也是类似的构造。南方地区的女子会取其果肉，雕镂花鸟之类的图案，以蜂蜜浸之，再点上红胭脂以装饰。

如同湘中人雕刻木瓜一样，这便是我国古代的雕花食品之一雕花蜜煎：在果品用蜜渍之前，先雕花，然后制成蜜饯，置之几案，以供玩赏、品尝。我小的时候，乡里的宴席流行用胡萝卜、冬瓜等雕成各种花卉和小鸟造型，但只是用来观赏，一般不吃。

在唐代，原产南方的香橼在北地算是稀罕之物。"京辇"（长安）的富贵之家在设宴之时，会摆上这种来自远方的新奇异果。《南方草木状》记载了一则西晋富豪王恺、石崇以香橼争豪斗富的故事："太康五年，大秦贡十缶，帝以三缶赐王恺，助其珍味，夸示于石崇。"

一直到北宋时，源自南方的香橼依然为北人所喜爱，苏颂《本草图经》记载说"寄至北方，人甚贵重"，而且也像《岭表录异》一样强调其香气："虽味短而香芬大胜，置衣笥中，则数日香不歇。"香橼散发的香气经久不息，这的确是它最大的特点。明代高濂《遵生八笺》"起居安乐笺"有一则讲，香橼成熟时，山斋里最重要的一件事，

就是将其采摘回来，"每盆置橼廿四头，或十二三者，方足香味，满室清芬"。

2. 探春书房里的佛手

作为香橼的变种，佛手的香气更甚。在《红楼梦》里，探春的书房就用佛手做香薰，一个盘子摆数十个：

> 案上设着大鼎。左边紫檀架上放着一个大官窑的大盘，盘内盛着数十个娇黄玲珑大佛手。右边洋漆架上悬着一个白玉比目磬，旁边挂着小槌。
>
> 那板儿略熟了些，便要摘那槌子要击，丫鬟们忙拦住他。他又要那佛手吃，探春拣了一个与他，说："玩罢，吃不得的。"

佛手和香橼经霜不落，在枝头能挂很长时间。乾隆间，长居云南二十余年的官员檀萃写有一部地方志《滇海虞衡志》，其卷十说佛手柑能在枝头上挂四五年，秋天变黄，次年春天又能返青：

> 香橼，佛手柑之大者，直如斗，重三四斤，皆可生片以摆盘。二物经霜不落，在枝头历四五年，秋冬色黄，开春回青。吴学使应枚诗"硕果何曾怕雪霜，树头数载历青黄"是也。

养过佛手的人对此应深有体会。文中也说香橼的个头之大，重量可达三四斤，类似于一个大柚子。"硕果何曾怕雪霜，树头数载历青黄"（原文作"硕果何曾堕雪霜"），这句诗出自吴应枚《滇南杂咏

〔日〕岩崎灌园《本草图谱》，香橼，1828

香橼产于南方，香气袭人，古人常作清供摆在案头间。由于"橼"谐音"圆"，寓意吉利，所以多出现在清供画中。

三十首·其五》。清雍正十一年（1733），吴应枚赴云南任督学，督导教育工作的同时也体察风土民情。诗的后两句"饷君佛手柑如斗，漉取珠槽半瓮香"，作者自注云："佛手柑有历四五年者，取以酿酒，味香辣。"说佛手可酿酒，香橼亦可。贵州铜仁县志《思南府志》记载："香橼即蜜罗柑，气芬肉厚，点茶酿酒俱宜。"

古籍中还有一种名为"香圆"的植物，其果实同样香气袭人，见于我国最早的柑橘类水果专著《橘录》（1178）[1]：

---

1 《橘录》又名《永嘉橘录》《橘谱》，作者韩彦直（1131—？），字子温，陕西延安府（今延安市）人，南宋名将韩世忠长子。《橘录》有多种版本行世，近代以来流传于欧美和日本等国。

〔日〕岩崎灌园《本草图谱》，佛手柑，1828

佛手根据"手指"的开合状态，可以分为开佛手、闭佛手。图中大的就是开佛手，小的是闭佛手。闭佛手如同握紧的拳头，因此又名合拳、拳佛手。

香圆，木似朱栾，叶尖长，枝间有刺，植之近水乃生。其长如瓜，有及一尺四五寸者，清香袭人。横阳多有之，土人置之明窗净几间，颇可赏玩。酒阑，并刀破之，盖不减新橙也。叶可以药病。

李时珍《本草纲目》认为此处的香圆就是香橼，在介绍香橼时有一句话明显摘录自上文中的《橘录》："木似朱栾，而叶尖长，枝间有刺，植之近水乃生。"但现代植物学认为，香圆（*C. grandis × junos*）并非香橼，从其拉丁名可知，它是柚与橙的杂交品种。其用途与香橼一样，都是置于案头取其香气。

3. 新年与清供画

喝过佛手柑泡的茶，一直惦念着这种外形奇特的果实，后来终于在年前的花市里见到了盆栽佛手。一盆四五个金黄的果实，用红色的布条绑在竹竿上固定，尤其好看，过年时摆在家里也很喜庆。

除了花市之外，其他地方似乎很少见到卖佛手的。我第一次见到真正的佛手，是在几年前中国美术馆举办的陈师曾个人纪念展，展厅入口处的案台上就放有一枚，半青半黄，凑近了能闻到淡淡清香。陈师曾是二十世纪二十年代北京著名的国画家之一，他师从泰斗级画家吴昌硕，与鲁迅、李叔同是挚友，也是齐白石的伯乐。作为国画家，其画作题材以传统人物风俗、山水花鸟为主。那次参展的作品中，好几幅清供画里都有佛手。

由于香气清新且经久不息，佛手、香橼常常成为文人雅士的案头清供。明文震亨《长物志》卷七"香橼盘"介绍以香橼入清供的方法，他反对常人堆积佛手的做法，认为"以大盘置二三十，尤俗"，不如在朱雕的茶托上摆一个，或者"得旧磁盘长样者，置二头于几案间"。

以"清供"入画，便称之为清供画。[1] 清供画在明清是中国画的常见题材，文人画家可借此表现自己的审美趣味。佛手也因此在清供图中常见，香橼亦如是。汪曾祺《岁朝清供》云：

> "岁朝清供"是中国画家爱画的画题。明清以后画这个题目的尤其多。任伯年就画过不少幅。画里画的、实际生活里供的，无非是这几样：天竹果、腊梅花、水仙。有时为了填补空白，画里加两个香橼。"橼"谐音圆，取其吉利。水仙、腊梅、天竹，是取其颜色鲜丽。隆冬风厉，百卉凋残，晴窗坐对，眼目增明，是岁朝乐事。

岁朝是一岁之始，即元旦新年。画家在这天作清供图，以寄托新年的美好愿望。古人寄托祝福，爱取物之谐音，就像"橼"谐音"圆"一样，佛手谐音"福寿"，因而成为清供图的常见主角，与桃、石榴一起合称"三多"，即多福、多寿、多子。

寓意如此美好，佛手也是清代工艺品中广泛采用的题材，一些玉雕、根雕、蜡雕也制成佛手的造型。《红楼梦》第七十二回"王熙凤恃强羞说病 来旺妇倚势霸成亲"，一个和尚曾赠送一枚佛手给贾母，这佛手由一种蜜蜡般的黄色冻石雕刻而成。

> 鸳鸯因问："又有什么说的？"贾琏未语先笑道："因有一件

---

1 清供即清雅的供品。旧俗于节序或祭祀时，以清香、鲜花、素食、鲜果等为供品。如新岁每以松、竹、梅供于几案，称岁朝清供。后也以花卉盆景、奇石古玩等置于书斋案头，以添清雅意趣。

〔清〕蜜蜡佛手

这件佛手采用进口的蜜蜡雕刻而成，蜡质发黄，现藏北京故宫博物院。

事，我竟忘了，只怕姐姐还记得。上年老太太生日，曾有一个外路和尚来孝敬一个蜡油冻的佛手，因老太太爱，就即刻拿过来摆着了。"

几年前，在美国读博的朋友说在纽约的超市买到了佛手，我很惊讶，在国内的超市我可从未见过，不过网上有卖。中等的小黄果，一斤二至三个，三十五元；大一点一斤以上的，要六十元一个。店家说，可摆放、闻香、清供、泡茶，亦可切片后泡在蜂蜜里。现在我们知道，佛手的这些功用其实由来已久。

新年伊始，不妨买几个佛手置于案头，许以新年的美好祝愿；也闻一闻香，感受古人之雅趣幽情。

水仙

—

冰雪肌肤姑射来

春节前去花市买水仙，老板说，她是漳州人，这些水仙都来自漳州。漳州就对了，那里的水仙很有名。与其他年宵花相比，水仙价格便宜，放在深口的白瓷盘子里，用水就能养活。因此自上中学开始，每逢过年打年货，水仙花是一定要买的。

1. "水仙"之得名与由来

不少人第一次见到水仙，都会误以为那是大蒜。由于叶片如蒜、茎空如葱，水仙也被称为"雅蒜""天葱"。但与百合科的葱和蒜不同，水仙属于石蒜科，鳞茎含有石蒜碱、多花水仙碱等多种生物碱，误食会中毒。等到水仙开花，它与葱、蒜的区别就一目了然。晶莹洁白的六枚花被平展开来，中间那一圈是副花冠，颜色淡黄，形似杯盏，水仙是以又名"金盏银台"。凑近了闻，香味清幽提神，可用于制造高级精油。

《本草纲目》卷十三"水仙"描述其外形时写到以上特征，最后用"莹韵"一词来总结，很是传神：

> 水仙丛生下湿处，其根似蒜及薤而长，外有赤皮裹之。冬月生叶，似薤及蒜。春初抽茎，如葱头。茎头开花数朵，大如簪头，状如酒杯，

五尖上承，黄心，宛然盏样。其花莹韵，其香清幽。

像其他许多花卉一样，水仙也有单瓣、重瓣之分。重瓣的品种称"玉玲珑"，状如莲花，一度很受欢迎，杨万里在《咏千叶水仙花并序》中称"千叶者"（重瓣）才是真的水仙。但重瓣"玉玲珑"的香味稍逊于单瓣的"金盏银台"，明代人的审美已更倾向于单瓣水仙。王世懋《学圃余疏》云："凡花重台者为贵，水仙以单瓣者为贵，出嘉定，短叶高花，最佳种也。"

与"金盏银台"这些名称相比，"水仙"一名确实妙极，既点出其水生环境，又指出其超凡脱俗的气质。清代文人李渔尤其喜爱它，称"水仙"一名将此花"淡而多姿"的神态"摹写殆尽"，恨不得对命名者"颓然下拜"：

> 若如水仙之淡而多姿，不动不摇，而能作态者，吾实未之见也。以"水仙"二字呼之，可谓摹写殆尽。使吾得见命名者，必颓然下拜。

如此传神的名字是怎么来的呢？"水仙"一名，最早见于唐代岭南风物笔记《北户录》卷三"睡莲"一条的注释：

> 孙光宪续注曰："从事江陵日，寄住蕃客穆思密，尝遗水仙花数本，如橘，置于水器中，经年不萎。"[1]

---

[1] "如橘"是《北户录》在传抄的过程中所误添。北宋翰林学士钱易笔记《南部新书》（多记唐、五代事）："孙光宪从事江陵日，寄住蕃客穆思密，尝遗水仙花数本，植之水器中，经年不萎。"清代藏书家陆心源《十万卷楼丛书》本《北户录》此句作："孙客穆思密尝遗水仙花数本，如摘之于水器中，经年不萎也。"皆无"如橘"二字。

〔日〕佚名《本草图汇》，重瓣、红色、绿色、黄色的水仙，19世纪

水仙属的品种之一红水仙在唐代传入我国后，在福建和浙江的沿海地区和近海岛屿被归化，变成如今我们最常见的水仙品种——中国水仙。

　　《北户录》的作者为段公路，崔龟图为此书作注，后来孙光宪又加以注释，所以叫"续注"。孙光宪生于唐末，约926年左右避难江陵（湖北荆州），著有历史笔记《北梦琐言》。江陵是五代十国中南方割据政权南平的政治中心，孙光宪侍奉南平三位国君，时间达37年之久。这段话交代，彼时寄住江陵的外国商人穆思密，曾送给孙光宪几颗水仙。由此可知，晚唐时，水仙已由外国商人带入我国。

其实，早在段公路著《北户录》之前，段公路之父段成式的笔记小说《酉阳杂俎》就已经提到了水仙，只不过名字叫"捺祗"：

> 捺祗，出拂林国，苗长三四尺，根大如鸭卵，叶似蒜叶，中心抽条甚长，茎端有花六出，红白色，花心黄赤，不结子。其草冬生夏死，与荞麦相类，取其花，压以为油，涂身，除风气，拂林国王及国内贵人皆用之。

"捺祗"是音译名，很可能是从水仙的波斯名称 nargis 翻译而来。[1]"拂林国"即东罗马帝国，首都在今土耳其伊斯坦布尔，该国的王公贵族用水仙花压油涂身。

细读上文，段成式所言拂林国之水仙为"红白色"，此乃水仙属下的另一个品种——红水仙。明万历年间王路《花史左编》卷十一记载："唐玄宗赐虢国夫人红水仙十二盆，盆皆金玉、七宝所造。"这说明，早在唐玄宗时（712—756），红水仙已传入我国。

因此，《中国植物志》英文版所说的"水仙在 1300—1400 年以前引进栽培"，当是指唐玄宗时的红水仙。红水仙传入我国后，在福建和浙江的沿海地区和近海岛屿被归化，从而产生了一个新种，这

---

1 "水仙是传入中世纪中国的罗马植物。但是它的汉文名叫作'nai-gi'（捺祗），这个名字很像希腊名'narkissos'，很可能是从波斯名称'nargis'翻译过来的。段成式笔下的捺祗是一种'红白色，花心黄赤'的花。这位坚持不懈的观察家还写道：'取其花，压以为油，涂身，除风气。拂林国王及国内贵人皆用之。'普林尼也曾经记载，从水仙中榨取的一种油对于冻伤具有加热升温的效用。根据中医的看法，冻伤也是属于'风'疾的一种病症。"见〔美〕薛爱华著，吴玉贵译：《撒马尔罕的金桃——唐代舶来品研究》，社会科学文献出版社，2016 年，第 325 页。

就是本文所说的水仙，又名中国水仙，其拉丁名 *Narcissus tazetta* var. *chinensis* 中，var. *chinensis* 意思就是此水仙乃 *Narcissus tazetta* 的中国培育品种。

水仙的归化地——福建、浙江沿海岛屿，正好就是我国当代三大水仙产地福建漳州、浙江普陀、上海崇明的所在地。由于历来广受欢迎，水仙的栽培技术逐渐成熟。清代乾隆以后，福建漳州的水仙一举成名，远销国外。如今，水仙相继成为漳州市市花、福建省省花。

2. 希腊神话中的水仙

水仙属下种类众多，除了我国的"金盏银台"外，如今我们在花市中还能见到一种花色全黄、中心花冠如喇叭者。该品种源自欧洲，中文正式名为黄水仙（*N. pseudonarcissus*），又名喇叭水仙、洋水仙。

欧洲是水仙的原产地之一，水仙在西方文化中也有着悠久的历史，关于它还有一则著名的古希腊神话。英国画家约翰·威廉姆·沃特豪斯的油画《厄科与那喀索斯》（*Echo and Narcissus*）所表现的就是这个神话故事。画面的背景是一片森林，前景是一条小溪，趴在地上观看水中倒影的那位男子名叫那喀索斯。在他出生时，他的母亲得到神谕：那喀索斯长大后会成为天下第一美男子，但是会因为迷恋自己的容貌郁郁而终。为了逃避神谕，母亲特地安排他在山林长大，远离水源，不让他有任何机会看见自己的容貌。

画面左边的美少女是山林女神厄科，由于得罪了宙斯的妻子赫拉

〔英〕约翰·威廉姆·沃特豪斯《厄科与那喀索斯》，1903

水仙在西方文化中有着悠久的历史，关于它还有一则著名的希腊神话，油画
《厄科与那喀索斯》所表现的就是这个神话故事。

而受到惩罚不能正常说话，只能重复她听到的最后几个字。这也是
回音（echo）一词的由来。厄科见到英俊帅气的那喀索斯后便一见
钟情，但她却无法倾诉衷肠。而且那喀索斯对这位美丽的仙女毫无
心动的感觉。爱而不可得，山林女神伤心欲绝，身体日渐消瘦，她
的骨头变成了岩石，只剩下忧郁的声音在山谷中回荡。

厄科死后，那喀索斯同样也拒绝了所有其他的仙女，其中一位仙
女愤懑又懊恼，她祈求那喀索斯有朝一日也能遭受爱而不得的痛苦。
报应女神娜米西斯听到这一祈求后，决定教训一下那喀索斯。她让
那喀索斯在打猎后又累又渴时遇到一湾清泉。那喀索斯忙走过去，

弯下身准备喝水时，在水中看到自己英俊的倒影，于是瞬间爱上了自己。从此他与水中自己的倒影日夜相伴，以至于废寝忘食，最终憔悴而死。

爱神阿佛洛狄忒怜惜那喀索斯，把他变成了一丛水仙花，开在有水的地方，让他永远能看着自己的倒影。这幅画的左下角就是一丛黄水仙。从此，希腊神话中的美男子Narkissos就成了水仙的名字，水仙的英文名narcissus，以及"自恋"的英文单词narcissism都是来自于此。

3. 东方的水中仙子

古希腊的神话故事中已有水仙，而在我国，迟至唐代史籍中才有水仙的相关记载。比起梅花、兰花等传统花卉，水仙的栽培历史可能不够长，但其清新脱俗的气质、凌寒盛开的品格深得文人雅士的喜爱，被称为"岁寒伴侣"。宋代以来，无论是诗词歌赋，还是书画题咏，与水仙有关的文艺作品层出不穷。

北宋黄庭坚是较早吟咏水仙的诗人，其《王充道送水仙花五十枝》"凌波仙子生尘袜，水上轻盈步微月"，将水仙比作曹植笔下"凌波微步，罗袜生尘"的洛水女神。北宋史学家刘攽的《水仙花》一诗，则以庄子《逍遥游》中的姑射神人、独居月宫的嫦娥、掌管霜雪的仙人青女比喻水仙：

> 早于桃李晚于梅，冰雪肌肤姑射来。

明月寒霜中夜静，素娥青女共徘徊。

此后，文学作品中将水仙比作"水中仙子"的书写方式延续下来，几成定式。南宋高似孙写过两篇水仙花赋，前赋序中以"幽楚窈眇，脱去埃滓"的特点比之于"湘君、湘夫人、离骚大夫与宋玉诸人"，后赋仿《洛神赋》将水仙描绘成一位冰清玉洁、风姿绰约的水中仙子。

清代李渔《闲情偶寄》一书将水仙与春兰、夏莲、秋海棠、冬蜡梅并举，视之如命，喜爱至极。通过下面这段文字，可以想见他对水仙的情有独钟：

> 水仙一花，予之命也。予有四命，各司一时：春以水仙、兰花为命，夏以莲为命，秋以秋海棠为命，冬以蜡梅为命。无此四花，是无命也；一季缺予一花，是夺予一季之命也。水仙以秣陵为最，予之家于秣陵，非家秣陵，家于水仙之乡也。记丙午之春，先以度岁无资，衣囊质尽，迨水仙开时，则为强弩之末，索一钱不得矣。欲购无资，家人曰："请已之。一年不看此花，亦非怪事。"予曰："汝欲夺吾命乎？宁短一岁之寿，勿减一岁之花。且予自他乡冒雪而归，就水仙也，不看水仙，是何异于不返金陵，仍在他乡卒岁乎？"家人不能止，听予质簪珥购之。

"丙午之春"即康熙五年（1666）年春天，五十五岁的李渔生活困窘，等到水仙开花的时节，仍然执意要去当铺抵押发簪和耳饰，换钱以购之。为了看水仙，他不惜冒雪返回秣陵（今南京）。从以上李渔对水仙的钟情，亦可以瞥见李渔的可爱。杜书瀛先生点评此文说："在李渔所有以草木为题材的性灵小品中，此文写得最为情真意浓，风趣洒脱。"

水仙虽然用水就能养活，但并不是随随便便就能养好。养水仙需要注意光照和温度。光线不够，温度太高，叶片徒长却开不了花。我有个朋友养水仙，将水仙放在客厅的茶几上，客厅朝北，几乎接触不到阳光，加上北方室内有暖气，温度高，水仙最后真成了大蒜。

中国美术馆的一位老师告诉我，为了避免叶片过长，还可以将水仙的球茎进行雕刻。我试过一次，被刀削过的叶片会向受伤的一面弯曲。这可是门手艺活，通过雕刻可以做出不同的造型。汪曾祺《岁朝清供》提到雕刻水仙虽然美，但却不入画：

> 养水仙得会"刻"，否则叶子长得很高，花弱而小，甚至花未放蕾即枯瘪。但是画水仙都还是画完整的球茎，极少画刻过的，即福建画家郑乃珖也不画刻过的水仙。刻过的水仙花美，而形态不入画。

汪曾祺说的"画水仙"，指的是岁朝清供图。"岁朝"是一年之始，新年这天，画一幅水仙这类时令花卉，以寄托新春吉祥的美好寓意。就像每年春节前，我都会买一盆水仙。

山茶

世间耐久孰如君

知道山茶，还是小时候看电视剧《天龙八部》。在姑苏的曼陀山庄，段誉因向王夫人讲述山茶花的相关知识，不仅由此死里逃生，而且被王夫人设宴相邀。出身云南大理王室的段誉，家中种有不少山茶名种，自幼耳濡目染，与王夫人谈起山茶时，可谓精彩连连，如数家珍。又因为王夫人以人肉做花肥，甚为奇异，所以，山茶给我留下很深的印象。

1.《天龙八部》中的山茶

在金庸的原著中，段誉与王夫人谈论山茶花的情节出现在第十二回《从此醉》，一开始出现的就是曼陀山庄的山茶花：

> 小船转过一排垂柳，远远看见水边一丛花树映水而红，灿若云霞。段誉"啊"的一声低呼。
>
> 阿朱道："怎么啦？"段誉指着花树道："这是我们大理的山茶花啊，怎么太湖之中，居然也种得有这种滇茶？"山茶花以云南所产者最为有名，世间称之为"滇茶"。阿朱道："是么？这庄子叫作曼陀山庄，种满了山茶花。"段誉心道："山茶花又名玉茗，另有个名字叫作曼陀罗花。此庄以曼陀为名，倒要看看有何名种。"

文中提到，山茶花别名叫作曼陀罗花，所以王夫人所在的山庄叫曼陀山庄。但是曼陀罗（*Datura stramonium*）是茄科曼陀罗属的草本植物，此处金庸以曼陀罗指代山茶，可能源自明人王象晋《群芳谱》："山茶，一名曼陀罗树。"

据《中国植物志》，山茶（*Camellia japonica*）是山茶科山茶属下的灌木或小乔木，高可达 9 米。之所以名为"茶"，是因为用于观赏的山茶与作为饮料的茶（*C. sinensis*）同源，二者是山茶属下的近亲。山茶的嫩叶也可以制成茶叶。《本草纲目》卷三十六"山茶"记载："其叶类茗，又可作饮，故得茶名。"

我们常说的山茶花，从植物分类学的角度说，还包括山茶属的另几个种，比如茶梅（*C. sasanqua*）和滇山茶（*C. reticulata*）。滇山茶就是段誉所说产自云南的山茶。古人不做区分，我们在介绍山茶时，统指山茶属中具有观赏价值的种类。

山茶原产我国，但是一直到晚唐时才有诗人写到山茶。在五代《花经》中，山茶位列"七品三命"，地位并不高。可能是当时山茶尚未普及，不像后来有如此多的栽培品种。自北宋开始，上层社会热衷园林营造、莳花弄草，山茶也在其中，关于山茶的诗文也多了起来。

清代《广群芳谱》中记载的有关山茶的诗词歌赋，多集中在宋代。宋人徐月溪《山茶花》记录了黄花、白花、桃叶等栽培品种，对于层出不穷的山茶种类，诗人不由得感慨："愈出愈奇怪，一见一欲惊。"到了明代，山茶花的栽培品种越来越多，《群芳谱》记载了

20 个品种，赵璧《云南山茶谱》则多达近百种[1]。

在《天龙八部》中，段誉向王夫人介绍的山茶名种包括十八学士、十三太保、八仙过海、七仙女、风尘三侠、二乔。其中，对于十八学士的描述最吸引人：

> 大理有一种名种茶花，叫作"十八学士"，那是天下的极品，一株上共开十八朵花，朵朵颜色不同，红的就是全红，紫的便是全紫，决无半分混杂。而且十八朵花形状朵朵不同，各有各的妙处，开时齐开，谢时齐谢。

如此看来，"十八学士"得名是因为有 18 朵花，且朵朵颜色不同。但在现实中，十八学士并不是因为有 18 种颜色，而是相邻两角花瓣排列多为 18 轮。清初园艺著作《花镜》介绍的 19 种山茶花中，并不包括段誉说的这些。[2]《天龙八部》的故事发生在北宋，金庸先生对于十八学士的描述是虚构的。

---

1 《广群芳谱》引《云南志》："土产山茶花，谢肇淛谓其品七十有二，赵璧作谱近百种，大抵以深红、软枝、分心、卷瓣者为上。"

2 〔清〕陈淏《花镜》卷三"山茶"："玛瑙茶（产温州，红黄白粉为心大红盘），鹤顶红（大红莲瓣，中心塞满如鹤顶，出云南），宝珠茶（千叶攒簇殷红，若丹砂，出苏、杭），焦萼白宝珠（似宝珠，蕊白，九月开，甚香），杨妃茶（单叶花，开最早，桃红色），正宫粉，赛宫粉（花皆粉红色），石榴茶（中有碎花），梅榴茶（青蒂而小花），真珠茶（淡红色），菜榴茶（有类山踯躅），踯躅茶（色深红，如杜鹃），串珠茶（亦粉红），磬口茶（花瓣皆圆转），茉莉茶（色纯白，一名白菱，开久而繁，亦畏寒），一捻红（白瓣有红点），照殿红（叶大而且红），晚山茶（二月方开），南山茶（出广州，叶有毛，实大如拳）。"

〔日〕岩崎灌园《本草图谱》，单瓣、重瓣山茶，1828

下图左侧的可能是十八学士。山茶花大致在宋代受到文人雅士的推崇。

2. 蜀茶与滇茶

据史籍记载，十八学士之前，最有名的山茶品种当数宝珠山茶。如《本草纲目》引元末明初曹昭《格古要论》："花有数种：宝珠者，花簇如珠，最胜。"这种宝珠山茶是蜀茶的一种。王世懋《学圃杂疏》记载，他在福建为官时，宝珠山茶在当地最受重视，士大夫家皆种：

> 吾地山茶重宝珠，有一种花大而心繁者，以蜀茶称，然其色类殷红。尝闻人言滇中绝胜。余官莆中，见士大夫家皆种蜀茶，花数千朵，色鲜红，作密瓣，其大如盆，云种自林中丞蜀中得来，性特畏寒，又不喜盆栽。

据上文描述，宝珠山茶的特点是花朵众多，颜色鲜红，花瓣浓密，且花形巨大。王世懋说这种山茶以蜀茶称，盖自蜀中得来。如同"蜀葵"，"蜀茶"的"蜀"并非地名，而是"大"的意思。[1] 明谢肇淛《五杂俎》卷十亦指出，福建产此蜀茶，其花形巨大可敌牡丹，开花时光耀园林，以至于不可正视，与上文《学圃杂疏》所述一致：

> 闽中有蜀茶一种，足敌牡丹。其树似山茶而大，高者丈余。花大亦如牡丹，而色皆正红。其开以二三月，照耀园林，至不可正视。所恨者香稍不及耳。

虽然"蜀茶"并非产自四川，但是四川也产山茶。例如陆游《山茶》一诗写到成都云海寺里的山茶："雪里开花到春晚，世间耐久孰如君？凭阑叹息无人会，三十年前宴海云。"诗后注曰："成都海云

---

[1] "这是一种大形的茶花，生于闽中，其名曰'蜀茶'者，自与巴蜀之义无关。"见夏纬瑛著：《植物名释札记》，农业出版社，1990年，第220页。

寺山茶开，故事宴集甚盛。"他在《人日偶游民家小园，有山茶方开》这首诗后注释说："成都海云寺山茶花，一树千苞，特为繁丽。"此"一树千苞"者，可能也是宝珠山茶。

除了蜀茶外，云南的滇茶历来为人推崇。谢肇淛所著云南地方志《滇略》卷三记载：

> 滇中茶花甲于天下，而会城内外尤胜。其品七十有二，冬春之交，霰雪纷积，而繁英艳质，照耀庭除，不可正视，信尤物也。

"会城"即省城。云南行省自元朝至元十一年（1274）建立时，省城由大理迁至昆明。有明一代，昆城内外皆种山茶。据明嘉靖四十四年（1565）进士顾养谦《滇云纪胜书》，昆明山茶以沐氏西园为最，"紫者、朱者、红者、红白兼者，映日如锦，落英铺地，如坐锦茵"，视之可与日本樱花媲美。《清稗类钞·植物类》记载，清代昆明山茶又以归化寺为第一，"其本合抱，花大如盂，为元、明以前物，游宦羁客，多饯别于此，每歌咏之"。

文献中蜀茶、滇茶颇有名气，但经过历史流变，已经很难将彼时的品种与如今的一一对应，山茶花的栽培中心也逐渐从西南迁移至华东地区。现今存世的山茶花品种中，大部分出自于浙江等地，数量达 400 种之多，其中就包括前文所说的十八学士。[1]

1　张晓庆：《中国茶花品种分类、测试指南及已知品种数据库构建》，中国林业科学研究院 2008 年硕士学位论文，第 60 页。

3.岁寒之种

几年前，母亲从亲戚那里要了一盆山茶，种在阳台上，每年过年回到家，那棵茶花正好开出粉红色的花朵。父母喜欢山茶，不仅是因为山茶花好看，还因为它与梅花一样傲雪盛开，并且花期很长，能从冬天开到春天。

古人吟咏山茶花，多离不开山茶的这两个特点。而凌寒盛开，是与松柏、蜡梅一样受人推崇的精神品格，山茶是以又名"耐冬"。两宋诗人梅尧臣《山茶花树子赠李廷老》"曾无冬春改，常冒霰雪开"、王十朋《山茶》"道人赠我岁寒种，不是寻常儿女花"、杨万里《山茶》"春早横招桃李炉，岁寒不受雪霜侵"，说的都是山茶花耐寒的特征。

明代万历年间进士邓渼曾任职云南，他总结了茶花十个方面的特点，称之为茶花"十德"，可以看出他对茶花是真爱。[1] 其中第八德"性耐霜雪，四时常青"，第九德"自开至落，可历旬余"，所说便是茶花之耐寒与花期之久。

清初李渔对山茶十分钟情，他将山茶与桂花、玉兰、石榴花相比。春天的玉兰虽然美，秋天的桂花虽然香，但是花期太短，不经

---

1 〔清〕阮元等修纂《道光云南通志稿》载〔明〕邓渼《茶花百韵并序》："色之艳而不妖，一也；树之寿有经二三百年者，犹如新植，二也；枝干高耸有四五丈者，大可合抱，三也；肤纹苍润，黯若古云气樽罍，四也；枝条黝斜，状似麈尾，龙形可爱，五也；蟠根兽攫，轮囷离奇，可屏可枕，六也；丰叶如幄，森沉蒙茂，七也；性耐霜雪，四时常青，有松柏操，八也；次第开放，近二月始谢，每朵自开至落，可历旬余，九也；折入瓶中，水养十余日不变，半吐者亦能开，十也。

〔清〕钱维城《景敷四气·冬景图册》,山茶

山茶不畏严寒的精神品格,使它成为历代花鸟画的常见题材。清初李渔称其为
"草木而神仙者"。

开。石榴花的花期虽然长,但是不像山茶能够凌寒冒雪。他称赞山
茶:"具松柏之骨,挟桃李之姿,历春夏秋冬如一日,殆草木而神仙
者乎?"此外,山茶的种类也极多,"可谓极浅深浓淡之致,而无一
毫遗憾者矣。得此花一二本,可抵群花数十本"。李渔对山茶可谓
推崇备至。

山茶不畏严寒的精神品格,使它成为历代花鸟画中的常见题材,

《中国自然历史绘画》，单瓣与重瓣的山茶花，18—19 世纪

山茶拉丁名中的加种词 japonica 意为"日本"，可知这种美丽的花卉当初经由日本传入欧洲。

并且经常与蜡梅、水仙等冬季花卉一同出现。寒冬腊月，家中如果有一两盆盛开得如火如荼的山茶，是很能提振精神的。

在李渔的心中，山茶花堪称完美，无丝毫之遗憾。但真的毫无缺憾吗？古人所恨的"海棠无香"，放在山茶身上同样适用。就像前文谢肇淛在《五杂俎》中所遗憾的："所恨者香稍不及耳。"

蜡梅

年前打电话回家，母亲告诉我，家门口的那株蜡梅开花了，香得不得了！语气很是激动，像是在告诉我家中发生的一件喜事。以前每年除夕，我都要折几枝放在房间。父母知道我喜欢，所以特地告诉我这个消息。

1. 蜡梅不是梅

一直以来，我都以为蜡梅是梅花的一种，但是从植物分类学上看，它们并没有什么关系。蜡梅是蜡梅科，而梅是蔷薇科。这一点从它们的果实就可以看出来。梅是杏属，所以果实外形如杏。蜡梅的果实呢，长相有点奇特。还没长大的时候，特别像一条大青虫。父亲就曾发出疑问："这蜡梅树上结出来的，是个什么东西？"南宋范成大《梅谱》描述说："结实如垂铃，尖长寸余，又如大桃奴，子在其中。""桃奴"指冬天挂在树上的小干桃，多为纺锤形。蜡梅的果实就是两头尖尖的，里面包裹的种子呈椭圆形、深褐色。

对于蜡梅之得名，范成大在《梅谱》中解释说："本非梅类，以其与梅同时，香又相近，色酷似蜜脾，故名蜡梅。"可知蜡梅被称为梅，是因为花期、香味均与梅接近；其花颜色金黄，莹润有光泽，很像"蜜脾"即蜂蜡制成的巢房，故而名中有"蜡"。又因为南方的蜡梅开于腊月，"蜡梅"是以又写作"腊梅"。

"梅"很早就见于《诗经》，而"蜡梅"一名则出现较晚。北宋黄庭坚是最早写到蜡梅的诗人之一。周紫芝《竹坡诗话》介绍："东南之有腊梅，盖自近时始。余为儿童时犹未之见。元祐间，鲁直诸公方有诗，前此未尝有赋此诗者。"周紫芝说，他小时候并未见过蜡梅，元祐年间（1086—1094），黄庭坚（字鲁直）等人才有诗歌写到蜡梅。黄庭坚有《戏咏蜡梅二首》，第一首称蜡梅"虽无桃李颜，风味极不浅"，第二首说"披拂不满襟，时有暗香度"，两首诗都突出了蜡梅的香味。黄庭坚题注云：

> 京洛间有一种花，香气似梅花，五出，而不能晶明，类女工捻蜡所成，京洛人因谓蜡梅。本身与叶乃类蒴藋，窦高州家有灌丛，能香一园也。

这段话将蜡梅与梅花类比，说蜡梅"亦五出"，即五瓣。而实际上蜡梅花瓣分为内外两层，不止五瓣。"不能晶明"是说黄色的蜡梅花不似白色、红色的梅花那般晶莹明亮。"蒴藋"是忍冬科接骨木，"灌丛"这个词用得准确，蜡梅就是灌木，跟接骨木一样长不高。

上文周紫芝所提到的"鲁直诸公"还包括苏轼。元祐六年（1091）十二月，苏轼作《蜡梅一首赠赵景贶》："君不见，万松岭上黄千叶，玉蕊檀心两奇绝。醉中不觉度千山，夜闻梅香失醉眠。""玉蕊檀心"说的是蜡梅的两个品种。

苏黄之后，宋代诗人诸如陈师道、陈与义、周必大、杨万里、王

〔日〕岩崎灌园《本草图说》，蜡梅，1810

这幅图画出了蜡梅的花、叶、果实及种子。蜡梅不是梅，因为花期、花香相近，才被称为梅。

十朋等都写过蜡梅。王十朋《蜡梅》："蝶采花成蜡，还将蜡染花。一经坡谷眼，名字压群葩。""坡谷"即苏轼（号东坡居士）和黄庭坚（号山谷道人）。这首诗是说，蜡梅经苏轼和黄庭坚吟咏后而力压群芳、声名鹊起。北宋王直方《诗话》亦云："蜡梅，山谷初见之，戏作二绝，缘此盛于京师。"

〔清〕恽寿平《花卉图册》，蜡梅、南天竹、罗汉松

岁寒三友一般指松、竹、梅。恽寿平此图取蜡梅、南天竹、罗汉松（左上），
爱其有凌寒之姿。

　　虽然苏黄是最早写到蜡梅的诗人，但早在他们之前，五代张翊
《花经》中已载有蜡梅，只不过写作"蠟梅"，"蠟"即"蜡"。《花
经》中，蜡梅排在"一品九命"，与兰、牡丹并列，位最高；梅则排
在"四品六命"，与菊、杏同等。张翊世居长安，因唐末战乱而迁至
江南，南唐时在江西做官。江西产蜡梅，张翊应当见过蜡梅。对于

《花经》的排序，时人服其允当。[1] 可见在当时，蜡梅比梅的地位要高，这种凌寒盛开、香气袭人的植物，早在苏黄之前已受世人推崇。

北宋政和年间（1111—1118），蜡梅已广为栽培。周紫芝《竹坡诗话》记载：

> 政和间，李端叔在姑溪，元夕见之僧舍中，尝作两绝。其后篇云："程氏园当尺五天，千金争赏凭朱栏。莫因今日家家有，便作寻常两等看。"

李端叔即李之仪，苏轼门人之一。从李端叔这首诗来看，蜡梅在当时已广为种植，以至于家家皆有。

2.蜡梅品种分类

宋代开始，蜡梅即广为种植，经嫁接培育，品种各异。范成大《梅谱》即总结了三个不同的蜡梅品种：

> 凡三种：以子种出，不经接，花小香淡，其品最下，俗谓之狗蝇梅。经接，花疏，虽盛开，花常半含，名磬口梅，言似僧磬之口也。最先开，色深黄，如紫檀，花密香秾，名檀香梅，此品最佳。

1　现存最早记载《花经》的文献是宋人陶穀《清异录》，前有陶穀序："张翊者，世本长安，因乱南来，先主擢置上列，时拜西平昌令，卒。翊好学多思致，尝戏造《花经》，以九品九命升降次第之，时服其允当。"北宋龙衮《江南野史》卷九亦有张翊传。按，西平昌并非南唐属地，陶穀序中"西平昌令"当为"西昌令"。

按照他的分类，品类最下的是狗蝇梅。狗蝇梅由种子繁殖而出，未经嫁接，花期晚，花量较少，瓣尖细。为什么叫"狗蝇"？以"狗"和"蝇"作为名字，大概是为了表示这种品类之次。狗蝇又写作狗缨、狗英，后讹为"九英"。经过嫁接的是磬口梅，花盛开时半开半含，如同"僧磬"之口，"僧磬"是寺庙中敲击以集僧众的鸣器或钵形铜乐器。品种最佳的是檀香梅，颜色深黄如紫檀花，香味最为浓郁。《本草纲目》对于蜡梅的分类，依据的便是范成大《梅谱》。

现代园艺上的分类方法之一，是按照内层花瓣的颜色，将蜡梅大致分为三个系列：素心蜡梅系列，内外层花瓣均为纯黄色，例如上述檀香梅；晕心蜡梅系列，内层花瓣为淡淡的紫红色，像要慢慢晕开一样，例如上述磬口梅；红心蜡梅系列，内层花瓣的紫红色较深，例如所谓狗蝇梅。

中药铺里则将蜡梅简单地分为素心蜡梅和狗心蜡梅两种。前者花心黄色，重瓣，花瓣圆而大；后者花心红色，单瓣，花瓣狭而尖。汪曾祺《腊梅花》一文的分类也与此同：

> 腊梅有两种，一种是檀心的，一种是白心的。我的家乡偏重白心的，美其名曰"冰心腊梅"，而将檀心的贬为"狗心腊梅"。腊梅和狗有什么关系呢？真是毫无道理！因为它是狗心的，我们也就不大看得起它。

"白心"即素心蜡梅；"檀心"即狗心蜡梅，"檀"，此处指紫檀木一样的紫红色，与前文所说品种最佳的檀香梅不同。高邮人以白心为重，檀心为次，与范成大《梅谱》中的排序一脉相承。

3. 寒花之绝品

蜡梅在南唐已受推崇，自苏黄吟咏后在文人圈内流行开来。明代张谦德《瓶花谱·品花》仿《花经》为群芳排行，蜡梅依然牢牢地位列"一品九命"。[1] 王世懋《学圃杂疏》说"蜡梅是寒花绝品"，蜡梅在清供图中也时常见到。汪曾祺是极喜欢蜡梅的，每年过年都要去折蜡梅作插花。其《岁朝清供》说：

> 初一一早，我就爬上树去，选择一大枝 —— 要枝子好看，花蕾多的，拗折下来 —— 腊梅枝脆，极易折，插在大胆瓶里。

与汪曾祺的家乡高邮一样，武汉的蜡梅也在春节前就盛开。北京的蜡梅则要等到二月中下旬。国家植物园北边的卧佛寺里种了上百株蜡梅，是观赏蜡梅的绝佳去处。每至花期，游人如织，都是去闻它的香味，仿佛一年一度的盛会。夕阳西下，梅枝的影子落在红墙上，疏影横斜，活像一幅墨梅图。如果嫌植物园太远，可以去城内的中山公园或大观园，尤其是中山公园，檀香梅和磬口梅皆有，而且就位于兰室之外，赏完蜡梅还可以赏兰花。

中国人民大学校内有一株蜡梅，就在求是楼东南角的报亭旁边。初春开学，正是蜡梅盛开的时候，极盛。可惜直到读硕士的时候，我才发现它。那时候我住在靠近东门的红楼，离求是楼比较近。一

---

1 〔明〕张谦德《瓶花谱·品花》："一品九命：兰，牡丹，梅，蜡梅，各色细叶菊，水仙，滇茶，瑞香，菖阳。"

〔日〕佚名《本草图汇》，蜡梅，19 世纪

图中蜡梅花心为紫红色，可见是晕心蜡梅系列。

天下晚自习，路过那附近时闻到一阵熟悉的花香。循味而去，正是蜡梅！那是我第一次在北京见到蜡梅，并且就在宿舍附近，和自家种的一样，那般欣喜，如同他乡遇故知。

发现蜡梅的那天晚上，趁夜深人静，我踏着月光去树底下悄悄折了几枝。的确如汪曾祺所说，蜡梅树枝很脆，很容易折，似乎是专门为了方便人折一样。回来插在玻璃瓶里，放在宿舍的书桌上，鹅黄的台灯照着它，很快就香满一室。身在异乡，但一闻到蜡梅的香味，就仿佛置身于故乡。蜡梅不在花期的时候，枝干和树叶都极普通，没人会注意到它的存在。要是早些知道那是一株蜡梅，我想每年开学的时候会多一种盼头。

北京的花店里也有卖整株蜡梅的。年前我去南四环的花卉市场，在那里见到一株，有小碗的碗口那么粗，养在温室里已经开花，还没走近就闻到它的香味，问价格，才五十块钱。当时真想把它扛回家，但又怕养不活。我发图片到朋友圈，有一个师姐看到了，问我具体在哪个位置，想去把它买下。喜欢蜡梅的人真不少。

南
天
竹

—

岁
寒
不
改
色
，
可
以
比
君
子

北京的公园和小区，常见一种绿化灌木，秋冬会结满小红果，遇到下雪更显晶莹透亮，那是忍冬科的金银忍冬。在南方，冬天也有类似的小红果，那是南天竹的果实，同样与雪搭配更佳。明代人王世懋在《学圃余疏》里写道："天竹累累朱实，扶摇绿叶上，雪中视之尤佳，人所在种之。"

1. 天竹还是天竺？

南天竹（*Nandina domestica*）是小檗科南天竹属常绿灌木。这是一种优美的观赏植物。其幼枝常为红色，叶互生，三回羽状复叶，叶片形状与楝叶相似，到冬天树叶会变成红色。红叶之外，红彤彤的果实是最大看点。由于南天竹的花序是长达20—35厘米的圆锥花序，因此果实成熟时，鲜红色的小红果就像麦穗一样缀满枝头，原本直立的花序被压弯了腰，非常漂亮。

上中学时，我就在校园里见过南天竹，只是如今才知道它有个这么好听的名字。南天竹又叫南天竺、蓝田竹，简称天竺、天竹。这些名字是怎么来的呢？元代画家李衎《竹谱详录》卷十"有名而非竹品"里有记载，名字叫"蓝田竹"：

〔日〕岩崎灌园《本草图谱》，南天竹，1828

南天竹是小檗科的常绿灌木，庭院多植以观赏，秋冬结实如珊瑚，鲜红可爱。

　　蓝田竹，在处有之，人家喜栽花圃中。木身上生小枝，叶叶相对，而颇类竹。春花穗生，色白微红，结子如豌豆，正碧色，至冬色渐变如红豆颗，圆正可爱，腊后始凋。

　　为何叫"蓝田"？"世传以为子碧如玉，取蓝田种玉之义，故名。"以其成熟之前的果实碧绿如蓝田之玉，这种解释有些牵强。李衎接着补充说："或云，此本自南天竺国来，目为南天竺，人讹为蓝田竹。""天竺"即印度，"南天竺国"即今印度南部。据《中国植物志》，南天竹主要分布于长江以南，日本亦有。目前，尚不知道印度是否曾经有过分布，文献中也未见到该物种自印度传入我国的记载。

南朝梁人程詧曾作《东天竺赋》:

> 中大同二年秋,河东柳恽为秘书监,詧以散骑为之贰。雠校之暇,情甚相狎。监署西庑,有异草数本,绿茎疏节,叶膏如剪,朱实离离,炳如渥丹。恽为詧言:"《西真书》号此为东天竺……"

为何名为"东天竺",作者未作解释,只是记录了柳恽转述的《西真书》中的一则传说。这则传说记载,女娲补天时曾用到东天竺,它能断水息风,神通广大。但并未提及"天竺"何以得名,与印度也无关。

我们再来看看上述文献中的主人公柳恽。据《梁书》记载,柳恽,字文畅,河东解(今山西运城)人,南朝齐、梁间大臣、诗人,梁天监十六年(517)卒,时年五十三岁。而上则文献中,"中大同"是梁武帝萧衍的第六个年号,共计两年(546—547),"中大同二年"即547年,彼时柳恽已身故三十年。时间上前后矛盾,故此则文献的真实性存疑。

因此,"南天竹"的别名"南天竺"是否与印度有关,还要打个问号。但可以确定的是,其名中有"竹",乃是因其外形似竹。名中有"竹",又生于南方,故而"南天竹"更可能是其本名。清代《植物名实图考》即以"南天竹"作为条目名,《中国植物志》从之。

而"蓝田竹""南天竺"可能都是由于与"南天竹"音近而出现的讹误。此外,明人王象晋《群芳谱》称之为"阑天竹",晚清词人薛时雨有词《一萼红》,亦称之为"阑天竹"。薛时雨是安徽全椒人,全椒

〔清〕汪承霈《四时花卉》卷四（局部），南天竹、水仙花

位于安徽东部、长江西北,介于合肥与南京之间,这一地区说江淮方言的大多 n、l 不分。因此,"阑天竹"恐怕也是"南天竹"之讹。

2. 清供画里的常客

作为观赏植物,南天竹在我国南方大部分地区都有种植。宋人有专门吟咏南天竹的诗歌,如杨巽斋《南天竺》:"花发朱明雨后天,结成红颗更轻圆。"但是这两句写得十分平淡,不如《群芳谱》里描述得生动:"叶如竹,小锐,有刻缺,梅雨中开碎白花。结实枝头,赤红如珊瑚,成穗,一穗数十子,红鲜可爱,且耐霜雪,经久不脱",因此"可作盆景,供书舍清玩"。

结实满枝头,赤红如珊瑚,凌霜雪而不凋,简直可与松、竹、梅媲美,这恐怕是南天竹受到明清文人喜爱的原因。清代薛时雨《一萼红》就着重歌颂了这种植物"耐冰霜"的气节:"最难得、丹成粒粒,耐冰霜、节与此君同。"南天竹于是也与蜡梅、水仙一样,成为岁朝清供图中的常客。汪曾祺《岁朝清供》说:

> 画里画的、实际生活里供的,无非是这几样:天竹果、腊梅花、水仙……取其颜色鲜丽。隆冬风厉,百卉凋残,晴窗坐对,眼目增明,是岁朝乐事。

对于大师们笔下的南天竹,汪曾祺曾经这样总结:"任伯年画天竹,果极繁密。齐白石画天竹,果较疏,粒大,而色近朱红,叶亦不作羽状。"齐白石的老师、近代花鸟画大师吴昌硕画过很多南天竹,

〔清〕陈书《岁朝丽景》，清供画，1735

其中的一幅题画诗写道"岁寒不改色，可以比君子"，也是在强调南天竹的精神品格。

江苏高邮人汪曾祺很喜欢南天竹，他家旧园的西墙角曾种有一棵，但是长得并不好：

> 不知道为什么总是长不大，细弱伶仃，结果也少。我不忍心多折，只是剪两三穗，插进胆瓶，为腊梅增色而已。

但是安徽黟县古民居里的南天竹却长得很好，"简直是岂有此理！"

> 在安徽黟县参观古民居，几乎家家都有两三丛天竹。有一家有一棵天竹，结了那么多果子，简直是岂有此理！而且颜色是正红——一般天竹果都偏一点紫。我驻足看了半天，已经走出门了，又回去看了一会。大概黟县土壤气候特宜天竹。

黟县位于黄山西北，隶属于黄山市，境内有大量的明清古民居，被称为"中国明清古民居博物馆"，近年来主打古镇旅游的热门景点——西递和宏村就位于此。硕士毕业旅行，我和室友从黄山下来，顺道去了宏村，青瓦白墙的徽式建筑保存完好，古香古色的气息扑面而来。如果赶上人少的下雨天，大概会感觉自己穿越到了古代。

汪曾祺说黟县的古民居几乎家家都种有南天竹，而南天竹所做的盆景，正是明清两代文人所热衷的"书舍清玩"。古民居里的南天竹种得好、结实多、颜色正，恐怕也是历史的传承。汪老"驻足看了半天，已经走出门了，又回去看了一会"。看把他羡慕的！南天竹在文人那里多受欢迎，由此可见。

南烛

——

岂无青精饭，使我颜色好

天宝三载（744），四十三岁的李白结束并不愉快的翰林生活，被玄宗赐金放还，途经洛阳时与杜甫相遇，这是两位大诗人的首次会面。当时李白已名满天下，三十二岁的杜甫还寂寂无闻。得知李白接下来的行程，杜甫写下这首《赠李白》，想象着与他同游梁宋、求仙访道：

> 二年客东都，所历厌机巧。
> 野人对膻腥，蔬食常不饱。
> 岂无青精饭，使我颜色好。
> 苦乏大药资，山林迹如扫。
> 李侯金闺彦，脱身事幽讨。
> 亦有梁宋游，方期拾瑶草。[1]

诗中"青精饭"即如今江南地区所食乌米饭，其乌黑的颜色源于一种植物染汁，这种植物名叫南烛。南烛，名字这么好听，长什么样？青精饭的味道如何？背后又有哪些习俗？

---

[1] "机巧"指习俗难居，"膻腥"指臭味不投。李白曾供奉翰林，故称李侯。"金闺"是金马门的别称，亦指朝廷。"彦"是旧时对士人的美称。李白供奉翰林，不久被玄宗赐金放还，托鹦鹉赋诗"落羽辞金殿"，是谓"脱身"。此年李白从高天师授箓，皈依道教，即"事幽讨"。"拾瑶草"含隐居之意，其典故源自东方朔《与友人书》："不可使尘网名缰拘锁，怡然长笑，脱去十洲三岛，相期拾瑶草，吞日月之光华，共轻举耳。"

南烛，李聪颖 / 手绘

1. 南烛与青精饭

说起南烛（*Vaccinium bracteatum*），我们可能会感觉陌生，但一定知道蓝莓。二者同为杜鹃花科越橘属。据《中国植物志》，越橘属下一些植物能结出比较大的浆果，味道不错且富含维生素 C，可以制成果酱，比如蓝莓，其中文正式名就是笃斯越橘。

作为近亲，南烛与蓝莓的花、果近似，花形都是坛状，果实都是浆果。南烛的果实可以看作是缩小版的蓝莓，熟时黑紫色，酸美可食。南烛主要分布于南方，而蓝莓则产于大兴安岭北部的黑龙江、内蒙古、吉林长白山。从长白山旅行回来的朋友曾送我一大包蓝莓干，现在知道，原来蓝莓是当地的特产。

生于南方的南烛，又被称为"南烛草木"。据苏颂《本草图经》，这是因为南烛"是木而似草"，而且"此木至难长，初生三四年，状若菘菜之属，亦颇似苨子。二三十年乃成大株，故曰木而似草也"。此外，《本草图经》还载有南烛的诸多异名，包括男续、猴药、后草等，"凡有八名，各从其邦域所称，而正号是南烛也"。一种植物的异名越多，说明其分布越广，而且一定有着某种实际的用途，是以广为人知。

南烛的这种用途就是制作青精饭，北宋《嘉祐本草》对此有详细的记载：

> 取茎、叶捣碎，渍汁浸粳米，九浸、九蒸、九曝，米粒紧
> 小，正黑如瑿珠，袋盛之，可适远方。日进一合，不饥，益颜
> 色，坚筋骨，能行。取汁炊饭，名乌饭，亦名乌草，亦名牛筋，

《中国自然历史绘画》，南烛，18—19 世纪

《中国自然历史绘画》中的本草图集共包含中国草药 300 余种。从画风来看，
很可能由当时中国的本草学者所绘。画中的南烛也更像是南天竹。

言食之健如牛筋也。色赤，名文烛。生高山，经冬不凋。

工序并不复杂，本质上是榨取南烛茎叶中的汁液给米上色，蒸熟
后就是颜色乌黑的乌饭，又名乌米饭。因此南烛也有着许多与此相
关的别名：乌饭草、黑饭草、染菽、米饭树、饭筒树、米饭花等。

青精饭最初只是道家用以修真炼养的食物，到了中晚唐，这种食
物受到热衷于学道的文人的青睐。张贲、皮日休、陆龟蒙等都写过
相关的诗句，如陆龟蒙"乌饭新饮芼臞香，道家斋日以为常"。杜甫

那首《赠李白》之所以会写到"青精饭",也是因为此乃道家所食。

南宋林洪《山家清供》记一百零四道山居待客之肴馔,青精饭乃开篇之首,称"首以此,重谷也"。介绍完青精饭的做法,作者也提到杜甫的那首《赠李白》,而后感慨:"当时才名如杜、李,可谓切于爱君忧国矣。天乃不使之壮年以行其志,而使之俱有青精、瑶草之思,惜哉!"意思是说,李白、杜甫这样的爱君忧国之士,正当壮年却无法施展抱负,以至于有求仙访道的想法,实在可惜。知道青精饭最初乃道家仙方,就能理解林洪对李白和杜甫的惋惜之情。

2. 从古至今的乌米饭

宋代以后,道家的青精饭逐渐为佛家吸收,四月初八浴佛节(佛诞日)这天,民间以青精饭供佛。由于"乌米"与"阿弥"音相近,青精饭、乌米饭又名阿弥饭。《本草纲目》卷二十五"青精干石饲饭":"此饭乃仙家服食之法,而今之释家多于四月八日造之,以供佛耳。"清代顾禄《清嘉录》以月份为序记录江苏一带风俗,其四月"阿弥饭"一条记载,当地市场上有出售糕点样式的青精饭,人们买来供佛:

> 市肆煮青精饭为糕式,居人买以供佛,名曰阿弥饭,亦名乌米糕。周宗泰《姑苏竹枝词》云:"阿弥陀佛起何时,经典相传或有之。予意但知啖饭好,底须拜佛诵阿弥。"

佛诞日这天,寺庙亦以青精饭来馈赠香客,此种习俗由来已久。

清代吴其濬《植物名实图考》卷三十五"南烛":"四月八日,俚俗寺庙染饭馈问,其风犹古。"

从道家食物,到山家清供,再到礼佛供品,青精饭渐渐走入寻常百姓家,成为人们在上巳节、寒食节、清明节、浴佛节和立夏等节日都会享用的一道美食。例如宋代梁克家《淳熙三山志》卷四十"青饭"记载:"南烛木,冬夏常青,取其叶捣碎,渍米为饭,染成绀青之色,日进一合,可以延年,……今上巳青饭以此。"此处"南烛"即"南烛"。《本草纲目》卷三十六"南烛"引《古今诗话》云:"寒食采其叶,渍水染饭,色青而光,能资阳气。"明田汝成《西湖游览志余》卷二十"熙朝乐事·清明":"僧道采杨桐叶染饭,谓之青精饭,以馈施主。"《本草纲目》卷三十六"石南":"杨桐即南烛。"根据李时珍的说法,"杨桐"也是南烛。

南烛之外,枫树、桦树、乌桕、榕树的嫩叶都可以用来制作青精饭。方以智《通雅》卷四十四"乌饭树":"枫、桦、乌桕皆可青精,广或以榕。"清屈大均《广东新语》卷十四"诸饭":"西宁之俗,岁三月,以青枫、乌桕嫩叶,浸之信宿,以其胶液和糯蒸为饭,色黑而香。"

家住南京的师妹告诉我,她们那里还保留着农历四月初八佛诞日这天吃乌饭的习俗,做法和古人是一样的。用南烛叶的汁水浸过的米,除了煮饭,还可以用来包粽子,做糍粑和饭团。浸泡时间的长短决定颜色的深浅,如果时间短,煮出来的米饭就呈青蓝色。我问味道怎么样,她说也没有很特别的味道,只是有一股淡淡的草香。但乌饭对她来说是一种儿时记忆,从小就爱吃。她的母亲会把南烛叶的汁水过滤后装瓶，放进冰箱冷冻，等到想吃的时候再取出来解冻煮饭，可以一直吃到冬天。

3. 被混淆的南烛与南天竹

作为青精饭的主要原料，历史上，南烛曾长时间与南天竹相混淆。如果拿南天竹与米同煮，情况可不妙。要知道，南天竹为小檗科植物，有小毒，不宜食用。但是从外观上看，南烛与南天竹区别很大。之所以被混淆，是因为二者名称相近。

古籍中，"南烛"一名始见于北宋初年官修《开宝本草》（974）。掌禹锡、苏颂等人在《开宝本草》的基础上予以扩充，于嘉祐二年（1057）编成《嘉祐补注本草》，其中介绍了用南烛制作青精饭的步骤及功效，上文已有介绍。等到苏颂编《本草图经》（1061）时，就将南烛与南天竹弄混了：

> 今惟江东州郡有之。株高三五尺，叶类苦楝而小，凌冬不凋，冬生红子作穗。人家多植庭除间，俗谓之南天烛。不拘时采枝叶用。（转引自《本草纲目》卷三十六）

从苏颂对于叶片和果实的描述来看，明显是南天竹，而非南烛，"南天烛"当是"南天竹"的谐音。大概是受其影响，成书于11世纪末的《梦溪笔谈》卷二十九"药议·南烛草木"将二者糅合在了一起：

〔日〕毛利梅园《梅园百花画谱》，南天竹，1825

作者在图中题名"南烛"，别名南天烛、乌饭草，所绘植物却是南天竹，是未分清二者。

　　南烛草木，传记、《本草》所说多端，今人少识者，为其作青精饭色黑，乃误用乌白为之，全非也。此木类也，又似草类，故谓之南烛草木。

到这里说的还是南烛，但紧接着就说，南烛草木就是南天竹：

　　今人谓之"南天烛"者是也。南人多植于庭槛之间，茎如葫蘆，有节，高三四尺，庐山有盈丈者。叶微似楝而小，至秋则实赤如丹，南方至多。

《本草纲目》在记载"南烛"时罗列了以上苏颂和沈括的观点，遗憾的是李时珍并未加以辨析。条目名是"南烛"，内容却包括南天竹。受其影响，江户时期日本本草学者岩崎灌园《本草图谱》为"南烛"所配插图即是南天竹；同样，日本博物学家毛利梅园《梅园百花画谱》题名为"南烛"的植物，所绘也是南天竹。

李时珍没有发现问题，但学者方以智《通雅》指出二者果实的不同："乌饭树，结子黑，可啖；南天烛，结子赤。"到清代，草药学家赵学敏作《本草纲目拾遗》，卷六"南天竹"一条可看作是对《本草纲目》的一处订正：

> 王圣俞云："乌饭草乃南烛，今山人寒食挑入市，卖与人家染乌饭者是也。南天竹乃杨桐，今人植之庭除，冬结红子，以为玩者，非南烛也。古方用乌饭草与天烛，乃山中另有一种，不可以南天竹牵混。"此说理确可从之。

清代吴其濬《植物名实图考》将"南天竹"与"南烛"单列，他看到了前人混淆南天竹与南烛的情况，指出沈括《梦溪笔谈》的失误在于"殊欠访询"。

的确，如果没有亲眼见过南烛和南天竹，很容易为它们的名称所误。在传统本草学中，这样的例子有不少。

梓、楸

斗鸡东郊道，走马长楸间

一年元旦去沈阳，同学带我们去参观张氏帅府。这是东北大帅张作霖、少帅张学良家族的宅邸，前院有几棵树，叶子虽然落尽，但长长的豇豆一样的荚果却还挂在树上。院门上有一块匾额，上书"桑梓功臣"，推测这几棵树应当是梓树。然而为什么叫"桑梓功臣"？桑树和梓树有何特殊寓意？

1. 桑梓功臣

桑树不必多介绍，梓树（*Catalpa ovata*）是梓属乔木。梓属乔木我国一共有五种，除了梓树，还有楸树（*C. bungei*）、灰楸（*C. fargesii*）、黄金树（*C. speciosa*）和藏楸（*C. tibetica*），它们都拥有豇豆一样细长的果实。梓树的线形蒴果长达 20—30 厘米，又被称作木角豆，形如面条，梓树因此被称作面条树；黄金树和楸树的"豇豆"长可达 55 厘米；而灰楸的更长，可达 80 厘米。

梓属乔木属于紫葳科。紫葳科的紫葳，就是我们熟知的凌霄花，本科绝大多数植物都具有凌霄花一样鲜艳夺目、大而美丽的花朵，花冠呈钟状或漏斗状，5 裂。梓属乔木的花便是如此，它们的花冠是二唇形，上唇 2 裂，下唇 3 裂。仔细观察它们的花冠，喉部通常都有两条黄色条纹及紫色细斑点，那是吸引昆虫采蜜的指路灯。

要区分这几种树，最好的方法是在春天的时候看花。梓树的花为黄白色；楸和灰楸的花均为淡红色；黄金树虽然名为"黄金"，花的颜色却洁白如雪，所以俗名又叫"白花梓树"。

据《中国植物志》，梓属乔木生长迅速，材质优良，是优质的家具及装饰用材。例如梓树的木材白色稍软，可制作琴瑟等器具。《诗经》中两处提到梓树，其一见《鄘风·定之方中》："椅桐梓漆，爰伐琴瑟。"《周礼·考工记》中"梓人"是七种木工之一，主要制作钟、磬、镈这类乐器的横梁。《尚书》第十三篇为《梓材》："梓材，告康叔以为政之道，亦如梓人治材。"刻书的木版也以梓木为佳，故书籍印刷出版称"付梓"。北宋学者陆佃《埤雅》总结说："今呼牡丹谓之花王，梓为木王，盖木莫良于梓。"

《诗经》中第二处"梓"见于《小雅·小弁》："维桑与梓，必恭敬止。"意思是说，由于桑树与梓树都是父辈所种，所以要恭敬地立于树前。为何是桑和梓？朱熹《诗集传》解释道："桑、梓二木，古者五亩之宅，树之墙下，以遗子孙，给蚕食、具器用者也。"原来桑树和梓树，都是古代宅院必种之树，是长辈留给后人的一笔财富。古人常在宅边墙下种上梓树和桑树，以供子孙养蚕、制作器具之用。因此桑、梓常常合称以指代故乡，例如柳宗元《闻黄鹂》："乡禽何事亦来此，令我生心忆桑梓。"

〔日〕佚名《本草图汇》，楸树的线形蒴果，19世纪

梓属乔木都有长柱形的蒴果，其中灰楸的长达80厘米，如同豇豆。

2. 伍子胥与楸树

同为梓属乔木的楸树，也有着很高的经济价值。《史记·货殖列传》："淮北、常山已南，河济之间千树萩，……此其人皆与千户侯等。""萩"即楸。《齐民要术》对楸树的评价很高："十年后，一树千钱，柴在外。车、板、盘、合、乐器，所在任用。以为棺材，胜于柏松。"楸树可制棋盘，古诗中常以其代之。如唐温庭筠《谢公墅歌》："文楸方罫花参差，心阵未成星满池。""文楸"即用楸木制成

〔日〕岩崎灌园《本草图谱》，梓树，1828

梓树是一种优质木材，宋代时号称"木王"。古人常在宅边墙下种上梓树和桑树，以供子孙养蚕、制作具器之用。"桑梓"一词是以用来指代故乡。

的有花纹的棋盘，"方罫"指围棋棋盘上的方格，"花参差"即花纹错落有致。

　　梓树、楸树在民间是以广为种植。《孟子·告子上》："拱把之桐梓，人苟欲生之，皆知所以养之者。"意思是说，一两把粗的桐树和梓树，若要使它生长起来，都知道如何去培养。可见梓树的种植在民间甚是普遍，种植技术不难掌握。曹植《名都篇》写京都洛阳贵族子弟打猎宴饮，"斗鸡东郊道，走马长楸间。……归来宴平乐，美酒斗十千"，当时洛阳城东郊道路两旁都种有楸树。北朝人杨衒之

〔荷兰〕亚伯拉罕·雅克布斯·温德尔《荷兰园林植物志》，楸树，1868

《洛阳伽蓝记》卷一"修梵寺"记载，在太傅、录尚书长孙稚等六人的宅第中，种有高大的楸树和槐树，浓荫密布："皆高门华屋，斋馆敞丽，楸槐荫途，桐杨夹植，当世名为贵里。"

先秦文献中，除了梓和楸，椅、条、楰、槚都是梓属乔木。

椅，见于《鄘风·定之方中》："椅桐梓漆，爰伐琴瑟"。《毛传》："椅，梓属。"《尔雅》："椅，梓。"

条，见于《秦风·终南》："终南何有？有条有梅。"三国吴人陆玑《毛诗草木鸟兽虫鱼疏》释"条"作"山楸"，可制车板和棺木。"条"之后的"梅"不是开花结实的梅子，而是楠木，与楸同为良材。

楰，见于《小雅·南山有台》："南山有枸，北山有楰。"对于"楰"，《毛传》《尔雅》均释为"鼠梓"。陆玑《毛诗草木鸟兽虫鱼疏》："其树叶木理如楸，山楸之异者，今人谓之苦楸是也。"

槚，见于《左传·襄公二年》："夏，齐姜薨。初，穆姜使择美槚，以自为榇与颂琴。季文子取以葬。"《说文》："槚，楸也。"穆姜命人用优质的楸树来制作棺椁，以备自己死后之用。

《左传·哀公十一年》载伍子胥被吴王夫差赐属镂剑自刎，死之前，伍子胥要求在墓旁种一棵树，这棵树也是"槚"，即楸树。目的就是用来做棺材，日后好为吴王收尸，以此预示吴国终将灭亡：

> 反役，王闻之，使赐之属镂以死。将死，曰："树吾墓槚，槚可材也。吴其亡乎！三年，其始弱矣。盈必毁，天之道也。"

司马迁写《史记·伍子胥列传》，将"槚"改为"梓"：

必树吾墓上以梓，令可以为器；而抉吾眼县吴东门之上，以观越寇之入灭吴也。

从史籍记载来看，楸树多作棺椁，而梓树多制乐器。[1] 司马迁将"檟"改为"梓"，是何原因呢？我猜测，当时的人们包括司马迁在内，并不能够完全区分梓和楸，认为它们都是同一类，毕竟二者外形如此相似。一直到晋代郭璞注《尔雅》时依然说，梓就是楸。贾思勰《齐民要术》以有子、无子作为区分标准，李时珍《本草纲目》以木材的纹理来区分它们的差别，这些都不够准确。[2] 古人对植物分类的知识有限，今人不必苛责。

1　杨伯峻曰："檟即楸，落叶乔木，干高三丈许，木材密致，古人常以为棺椁，襄二年《传》穆姜使择美檟以自为榇，又四年《传》季孙为己树六檟俱足为证。《史记·吴太伯世家》及《伍子胥列传》'檟'作'梓'，梓木质轻，自古为琴瑟良材，虽亦可供建筑及制器具之用，然今江苏不产此树，或古今之异。"见杨伯峻编著：《春秋左传注》，中华书局，2016年，第1858—1859页。

2　《齐民要术》卷五"楸、梓"："然则楸、梓二木，相类者也。白色有角者名为梓。以楸有角者名为'角楸'，或名'子楸'；黄色无子者为'柳楸'，世人见其木黄，呼为'荆黄楸'也。"《本草纲目》卷三十五"梓"："时珍曰：梓木处处有之，有三种。木理白者为梓，赤者为楸，梓之美纹者为椅，楸之小者为榎。诸家疏注，殊欠分明。桐亦名椅，与此不同。"

款
冬

冬天快结束的时候，总能在朋友圈里见到款冬，它被称为北京最早盛开的野花。黄色的头状花序酷似蒲公英，并没有什么特别，特别的是那丛款冬的不远处是尚未融化的积雪，这就让人刮目相看，这是一种能够在冰雪中绽放的野花！一年春天，远在乌克兰大使馆工作的朋友发给我一张图，问我是什么植物。我一看，正是款冬，它的分布还真广。

1. 春天最早的野花

款冬（*Tussilago farfara*）是菊科款冬属下的多年生草本，其褐色根状茎横生于地下。天气一暖，款冬的花和叶就会从根状茎上破土而出，抽出数个花葶，高可达5—10厘米。花葶外表密被白色茸毛，以及鳞片状、互生的淡紫色苞叶，等到花谢了，这些苞叶就会长成叶片。款冬的花序是典型的菊科头状花序，外围一圈黄色的舌状花冠，比蒲公英的要细一些。

常生于山谷湿地或林下，款冬在我国大部分地区都有。据《中国植物志》，款冬在印度、伊朗、巴基斯坦、俄罗斯等国及西欧和北非也有分布，所以我的朋友能在乌克兰见到款冬花。

作为一味古老的中药，款冬的入药部分是花蕾及

〔德〕赫尔曼·阿道夫·科勒《科勒药用植物》，款冬，1887

叶片，具有止咳、润肺、化痰之功效，各地药圃广泛栽培。在我国最早的医书、成书于东汉的《神农本草经》中，款冬位列下品，有好几个别名：橐吾、颗冻、虎须、菟奚。[1]大约成书于战国秦汉之际的《尔雅》已载有款冬："菟奚，颗冻。"晋代郭璞注曰："款冻也，紫赤华，生水中。"此处"紫赤华"应当说的是款冬刚抽出地表的花葶。款冬尚未开花时，花葶的确是紫红色。唐初类书《艺文类聚》卷八十一"款冬"条目中，《尔雅》注的版本就是茎为紫红色，可为佐证："菟爰、颗冬，生水中，茎紫赤。"[2]

名中有"冬"或"冻"，都与款冬绽放于冰雪中的习性相关。《艺文类聚》引东晋末年郭缘生《述征记》："洛水至岁凝厉，则款冬花茂悦层冰之中。""茂悦"二字是说款冬花在层层寒冰中茂盛、欢快地开放，明显带有作者的感情色彩。李时珍《本草纲目》卷十六"款冬花"也引用了这句，然后解释说："则颗冻之名以此而得。后人讹为款冬，即款冻尔。款者至也，至冬而花也。"李时珍认为"款"是"至"的意思，"款冬"的字面意思是：到冬天就开花。

1　橐吾（*Ligularia sibirica*）为菊科橐吾属多年生草本，花黄色，总状花序长 4.5—42 厘米，花果期 7—10 月，与款冬有很大区别。

2　史籍所载还有一种款冬花，例如苏颂《本草图经》"又有红花者，叶如荷"。陈淏《花镜》卷五"款冬"："又有红花者，叶如荷而斗直，俗呼为蜂斗叶，亦花中之异品也。"据此可知，此乃款冬的近亲蜂斗菜（*Petasites japonicus*），花和叶都较款冬大许多，花序如同蜂窝。据《中国植物志》，蜂斗菜在日本广泛栽培作为蔬菜，叶柄和嫩花芽可供食用，味美可口。

的确，古代医书多记载款冬在十一二月即开花。[1] 清初陈溟园艺著作《花镜》也说："偏于十一二月霜雪中发花独茂。"清末民初《清稗类钞·植物类》乃言："百草中此最先春，虽冰雪之下亦生芽，故有此称。"可见款冬的花期比较长，能从严冬跨越到早春。而款冬乃春天最先开放的野花，是晚清以来就有的说法。

因此，款冬花本身并没有什么特别，其不同之处，便是能够在冰雪覆盖下的旷野中盛开，对此也早有文人加以赞颂。西晋文人傅咸曾于仲冬之月即农历十一月外出打猎，彼时冰凌堆满山谷，悬崖上披着积雪，回头看见款冬，正在太阳下光辉熠熠地盛开，于是激动地写了一篇《款冬花赋》。在序言中，他写下当时的心情：

> 余曾逐禽，登于北山，于时仲冬之月也，冰凌盈谷，积雪被崖，顾见款冬，烨然始敷。华艳春晖，既丽且殊。以坚冰为膏壤，吸霜雪以自濡。非天然之真贵，曷能弥寒暑而不渝？[2]

"华艳春晖，既丽且殊"，傅咸被冰雪中的款冬花所震撼，直呼其为"天然之真贵"。今天，不少植物爱好者也会每年早春前往深山幽谷，在积雪尚未消融的地方探寻这种植物。他们见到款冬时的感受，大概与当年的傅咸一样吧？

---

1 《本草纲目》卷十六"款冬花"引《名医别录》："款冬生常山山谷及上党水旁，十一月采花，阴干。"引陶弘景："其冬月在冰下生，十二月、正月旦取之。"引《本草图经》："十二月开黄花。"

2 转引自《太平御览》卷九百二十二。《艺文类聚》卷八十一引其赋云："惟兹奇卉，款冬而生。原厥物之载育，禀淳粹之至精。用能托体固阴，利此坚贞。恶朱紫之相夺，患居众之易倾。在万物之并作，故韬华而弗逞。逮皆死以枯槁，独保质而全形。"

〔日〕岩崎灌园《本草图谱》，蜂斗菜，1828

图中题名为另一种款冬，实乃款冬的近亲蜂斗菜，即史籍中所载"又有红花者，叶如荷而斗直"者，花、叶比款冬大。据《中国植物志》，蜂斗菜在日本广泛栽培作为蔬菜，叶柄和嫩花芽可供食用，味美可口。

2. 楚辞中的款冬

一般认为，最早记载款冬的文学作品是王褒所作《九怀·株昭》。王褒是西汉时期与扬雄齐名的辞赋家，他熟读楚辞，因崇敬屈原而作《九怀》。《九怀·株昭》开篇云：

悲哉于嗟兮，心内切磋。款冬而生兮，凋彼叶柯。瓦砾进宝兮，捐弃随和。铅刀厉御兮，顿弃太阿。

此文的主旨亦是愤慨于小人当道、君子见黜。对于文中"款冬"的解释，南宋罗愿《尔雅翼》卷三"款冬"解释说："万物丽于土，而款冬独生于冰下；百草荣于春，而款冬独荣于雪中，以况附阴背阳为小人之类。"受到众人推崇的款冬，在此竟然是小人的象征？清代考据学家王念孙《读书杂志》从罗愿，认为此篇"总言小人道长，君子道消耳。款冬、瓦砾、铅刀以喻小人，叶柯、随和、太阿以喻君子"。

可是，唐类书《艺文类聚》"款冬"条，收入了傅咸的《款冬赋》、郭璞的《款冬赞》，却并未收入《九怀》此句。以上将《九怀》中"款冬"视为植物的观点，皆源自宋代以后，例如南宋诗人谢翱将款冬列入《楚辞芳草谱》。更早的《楚辞》注本对"款冬"的解释并非如此。

东汉学者王逸《楚辞章句》将"款冬而生兮，凋彼叶柯"解释为"物叩盛阴，不滋育也"，"伤害根茎，枝卷曲也"。两宋之际的学者洪兴祖《楚辞补注》对于"款"的解释是"叩"，"叩"在这里当"靠近"讲。因此，"款冬而生兮，凋彼叶柯"的字面意思是说，如果在冬天培育草木，其枝叶就会凋残，以比喻当时亲小人、远君子的政治环境，不利于能人志士侍君尽忠、施展抱负。

可见，对于楚辞中的"款冬"是否为今日植物学上的款冬，历代学者有不同的看法。

3. 贾岛、佛经与款冬

不管怎样，在傅咸和郭璞的笔下，款冬与蜡梅、水仙、山茶一样，具有不畏严寒的精神品格。唐代诗人张籍这首《逢贾岛》写到款冬花，是否也是基于款冬冒雪而生的个性呢？这是张籍在长安某座寺庙见到贾岛后写的一首诗：

> 僧房逢着款冬花，出寺吟行日已斜。
> 十二街中春雪遍，马蹄今去入谁家。

"十二街"指长安城。[1] 款冬花绝少在唐诗中出现，此处张籍偏举僧房中的款冬花，是何寓意？这就涉及唐代中期两位重要诗人：张籍和贾岛。

贾岛是唐代以"苦吟"著称的诗人，其"骑驴推敲"的形象最是深入人心，对后世尤其是晚唐五代诗人影响深远。苏轼评价他和孟郊的诗风为"郊寒岛瘦"。闻一多曾描述贾岛说："在古老的禅房或一个小县的廨署里，贾岛、姚合领着一群青年人做诗，为各人自己的出路，也为着癖好，做一种阴黯情调的五言律诗（阴黯由于癖好，五律为着出路）。"[2]

殊不知，前人的这些表述过于片面。据学者陈祖美考证，在贾岛存世的近四百首诗歌中，也有许多如《剑客》"十年磨一剑，霜刃

1　唐代长安南北七街、东西五街，因此唐诗中多以"十二街"借指长安城，如韩愈《南内朝贺归呈同官》"绿槐十二街，涣散驰轮蹄"、白居易《登乐游园望》"下视十二街，绿树间红尘"、《登观音台望城》"百千家似围棋局，十二街如种菜畦"。

2　闻一多：《唐诗杂论》，商务印书馆国际有限公司，2015年，第49页。

未曾试。今日把示君，谁有不平事"这样具有盛唐气概的作品；只不过在影响深远的蒙童读物《千家诗》《唐诗别裁》《唐诗三百首》中，贾岛被收入的作品是《寻隐者不遇》，而非《剑客》。[1]

贾岛的前半生信佛，元和六年（811）在洛阳结识韩愈后，在韩愈的规劝下还俗应举，从此开始半辈子的科场蹭蹬与谪宦漂泊。在结交韩愈的第二年左右，贾岛结识了韩愈的门生——同样为后人推崇的中唐诗人张籍。相识不久，贾岛就写了下面这首《延康吟》送给张籍：

> 寄居延寿里，为与延康邻。
>
> 不爱延康里，爱此里中人。
>
> 人非十年故，人非九族亲。
>
> 人有不朽语，得之烟山春。

"延寿里"与"延康里"是长安城中相邻近的两个里坊。贾岛寄居延寿里，与居于延康里的张籍为邻。诗中说，二人并非"十年故""九族亲"，却一见如故、相见恨晚。二人之间的这种友谊，从张籍《与贾岛闲游》一诗亦可看出：

> 水北原南草色新，雪消风暖不生尘。
>
> 城中车马应无数，能解闲行有几人？

1　陈祖美：《关于贾岛其人其作别解四则》，《文学评论》，2008年第4期，第51页。此文认为，无论是《寻隐者不遇》"松下问童子，言师采药去"，还是《题李凝幽居》"鸟宿池边树，僧敲月下门"，都不是贾岛的作品。

弄清楚了张籍与贾岛的交情，再回过头来看张籍的这首《逢贾岛》，首句"僧房逢着款冬花"，句中的"逢"与诗题中的"逢"相呼应，其实是以款冬花比喻贾岛。为何以款冬花作比？明代学者杨慎在《丹铅总录》卷二十七中作了回答：

> 佛经云："朱炎铄石，不靡萧丘之木；凝冰惨栗，不凋款冬之花。"乃知唐诗"僧房逢着款冬花"，正十二街头春雪时也。诗人之兴于时物如此。

原来，佛经里也有款冬耐寒的记载。张籍此诗，看似写自然之景，实则引用佛典，将贾岛比作凌寒不凋的款冬花。而贾岛在还俗之前正是法号"无本"的佛教弟子，对佛经中的这个典故，想必也是知道的。彼时贾岛刚到长安没几年，受到韩愈的鼓舞备战科举，但是由于科场的排挤等各种现实原因，贾岛多年不第。此诗写到款冬，或是张籍对贾岛在科场"迎难而上"的鼓励。

张籍之后，诗文中很难再见到款冬。这可能是因为这种植物生于野外，而且相貌平平，未能作为观赏花卉走入文人的日常生活，自然也就不可与水仙、茶花等相提并论。它更多的时候是隐匿于山林，只有医家外出采药的时候才会采摘。

与款冬一样，毛茛科的侧金盏（*Adonis amurensis*）也是在冰雪中开花的一种野生的多年生草本。侧金盏主要生于东北林下及坡地，北京郊区也有分布。它的花瓣呈金黄色，与毛茛一样具有耀眼夺目的金属光泽，比款冬更加惊艳动人。

当山林还是一片土黄色、林间的积雪尚未消融之时，这些野花便

〔德〕巴西利勒·贝斯勒（Basilius Besler）《艾斯泰特花园》（*Hortus Eystettensis*），
春侧金盏花，1613

巴西利勒·贝斯勒（1561—1629）是德国药剂师、植物学家，受德国巴伐利亚
艾斯泰特小镇主教的委托，耗时 16 年为主教那宫殿般的花园绘制了这部图谱
《艾斯泰特花园》。该图谱以四季为序编排，春侧金盏花（*A. vernalis*）与款冬共
同列入谱图冬册。

率先破土而出，每一年都会吸引一群植物爱好者前往探寻。它们被
誉为早春最先开放的野花，是春天的使者。

款冬花开，则春日不远矣。

后记 ｜ 如同探险

　　钱锺书先生和杨绛先生在牛津时，每天早饭后、晚饭前都要出门散步，两人将其视作一种"探险"，因为"总挑不认识的地方走，随处有所发现"。我很喜欢"探险"这个词。只有童心未泯的人，才会将寻常的散步说成是"探险"。只要孩童般的好奇心还在，探险的旅程就可以随时开始。

　　《古典植物园》从第一本到第二本，八十篇文章中，绝大部分也都是在好奇心的驱使下写成的：龙猫住的那棵树是樟树还是橡树？王维诗中的"红豆"是哪种红豆？"虞美人"与虞姬有关系吗，与罂粟有何区别？《东风吹遍百花开》这幅画，为何位居 C 位的是黄葵？或者，只是觉得秋天的银杏和乌桕太美，古代花鸟画、西方博物画、日本本草图谱和浮世绘中的植物太美，想要去了解它的前世今生，然后与大家分享。而寻找答案、了解历史、挖掘故事的过程，也未尝不是一种探险。

　　而在出发探险之前，并不知道会遇到怎样的困难。这本书里有很多我国传统的园艺花木，例如海棠、石榴、牡丹、木芙蓉、山茶，它们背后都蕴含着丰富的历史文化，在众多的文献中找到可供利用的资料，是探险路上遇到的第一道关卡。如果涉及的植物年代久远，还需仔细辨析其名实之别：《诗经·郑风》里的"勺药"究竟是不是芍药？"蜀葵"是四川的葵吗？木兰就是玉兰吗？解决这些问题的过程，也正是文章写作的过程。

　　当然，探险路上不只有艰难险阻，还有令人心神荡漾的意外发现。例如，从杏花写到巴旦杏，才知道梵·高那幅著名的《杏花》是巴旦杏花，与我们江南春雨中的杏花并非一物；冬天荸荠上市时，决定重读汪曾祺的小说《受戒》，而在了解荸荠的外形、生境和文化特质之后，对这篇小说的理解又多了一个视角。再如，写冰雪中盛开的款冬，经由"僧房逢着款冬花"这首诗，对中唐诗人贾岛有了颠覆性的认识；由蜀葵写到向日葵，得知它在传入我国之初被嫌弃形如蜂房、丑恶特甚；而探索凤仙花、散沫花这两种可供染色的指甲花，就像在古印度、波斯以及中原文化之间畅意神游……这些意外之喜，便是我在探险的过程中发现的宝藏。这时候，你会打心底认同马尔克斯的这番话：

> 有时候，一切障碍会一扫而光，一切矛盾会迎刃而解，会发生过去梦想不到的许多事情。这时候，你才会感到，写作是人生最美好的事情。(《番石榴飘香》)

希望这本书也能同样带给你探险般的乐趣，能让你遇见很多梦想不到的美好的事情。

由衷感谢中国人民大学文学院孙郁老师、徐楠老师先后为两部《古典植物园》作序，他们对我的鼓励，我将永远铭记于心。一直以来伴随我写作的黄金搭档——微信公众号"植物图鉴"主编蒋天沐，从植物学专业角度为我提供了许多有益参考。他所拍摄的植物图片，使文章更加赏心悦目。植物科学画画家曾孝濂先生、李聪颖女士，为本书提供精美插画。上海辰山植物园高级工程师寿海洋老师、华南国家植物园志愿者陈少平老师等，都曾给我以热情的解答和帮助，在此一并致谢。

汤欢

2023 年 7 月 30 日